2 │ シリーズ 予測と発見の科学

北川 源四郎・有川 節夫・小西 貞則・宮野 悟 ［編集］

情報量規準

小西 貞則
北川 源四郎 ［著］

朝倉書店

まえがき

　計算機システムの急速な発展と利用環境の飛躍的な向上は，データの収集・蓄積・分析の過程を格段に効率化・高度化させたばかりでなく，計測・測定技術の進展とも相俟って，諸科学のあらゆる分野で日々多様なデータの蓄積を促進しつつある．大量に蓄積されたデータから，その背後にある自然現象や社会現象を解明し，法則性を発見するためには，データから有益な情報を効率的に抽出するための手法の開発と数理の研究が不可欠である．特に，不確実現象の解明と予測・制御，そして新たな知識発見のための基礎的な役割を担うのが，現象のモデル化である．現象発生のメカニズムを捉えるためには，当該分野の専門的知識を集約して構築されたモデルを何らかの基準に基づいて評価し，適切なモデルを選択する必要性が常に生じる．これが統計的モデル評価とモデル選択の問題である．

　赤池弘次氏は，構築した統計的モデルを評価するための基準として，予測の誤差を確率分布に基づいてグローバルな視点から捉えた情報量規準 AIC(Akaike Information Criterion) を提唱した．AIC は，最尤法によって推定したモデルを確率分布で表現し，そのよさをカルバック–ライブラー (Kullback-Leibler) 情報量によって予測の観点から評価したことで，きわめて適用範囲の広い柔軟な手法となり，諸分野の現象解明に大きく寄与してきた．例えば，赤池・北川編 (1994，1995) や Bozdogan(1994) には，様々な分野で AIC が情報抽出や予測・制御にどのように寄与したかを紹介している．本書の第 1 の目的は，情報量規準構成のための基本的な考え方を，理論的な枠組みの中で統一的に整理し，できるだけわかりやすく説明することにある．

　現在，計算機，計測・測定技術，通信技術の高度利用によって，理工学，生命科学，地球科学，環境科学などの様々な自然科学技術分野はもとより，経済

学，金融工学における高頻度で観測された大規模経済データやマーケティングにおける POS データなどにみられるように，実社会においても大量かつ複雑なデータが観測・測定され，データベースとして組織化されつつある．特に複雑かつ多様な様相を呈する現象分析のための統計的モデリングの研究は，線形から非線形へ進展し，汎化能力に優れたモデル構築のための多様な方法が提案されてきた．本書の第 2 の目的は，非線形モデリングの手法を中心として，その中でモデルの評価に焦点を当て，最尤法だけでなく様々な方法で構築されたモデルのよさを評価するための基準を導出するための基本的な考え方とその根底にある理論・方法論を，情報量およびベイズ・モデリングの観点から紹介することにある．

1 章では，統計的モデルとは何か，モデルを評価するための基準はどのような考え方に基づいて構成されるかなど，統計的モデリングの基本的な概念について述べる．2 章は，統計的モデルの基礎となる確率分布から始めて，現象発生のメカニズムを捉えるための具体的なモデルについて述べる．3 章は本書の根幹をなす章で，情報量規準を導出するために必要な道具を準備するとともに，その基本的概念について述べる．4 章では，統計的汎関数に基づくアプローチの基礎理論を解説し，広範なクラスのモデルの評価を可能とする一般化情報量規準 GIC について説明する．特に，基底展開法に基づく非線形モデリングを通して，GIC の適用例を挙げる．5 章では，ブートストラップ法とは何かを紹介し，その実行アルゴリズムを述べた後，情報量規準構成において解析的導出をどのようにして数値的計算法に置き換えたかを説明する．6 章は，ベイズアプローチに基づくモデル評価基準を集めた章で，Schwarz の BIC の導出とその拡張，赤池のベイズ型情報量規準 ABIC，ベイズ型予測分布モデルの評価などについて述べる．最後の 7 章では，最終予測誤差 FPE，マローの C_p 基準 (Mallow's C_p) など，様々な観点に基づいて導かれたモデル評価基準を紹介する．

本書では，情報量規準をはじめとして様々なモデル評価基準について，基礎的な概念から先端的な話題へと無理なく読み進めるよう導出の過程はできるだけ詳細に記述した．また，随所に簡単なモデルによる解析例や数値例を入れるとともに，概念のイメージ図を挿入して理解の助けになるように工夫した．今後も科学のあらゆる分野から様々な問題が投げかけられ，複雑な現象分析に有

効に機能する新たなモデリング手法の開発が常に必要になると考えられる．このような状況の中で本書が問題解決の一助になれば幸いである．

　本書の執筆に至る研究活動において，統計数理研究所の赤池弘次元所長をはじめとした諸先輩，同僚諸氏から受けた影響は計り知れないものがある．この機会に改めて心からの感謝を申し上げたい．

　東京大学医科学研究所の井元清哉助手，九州大学大学院数理学研究院の二宮嘉行助手，増田弘毅助手，九州大学大学院数理学府の荒木由布子さん，総合研究大学院大学の田野倉葉子さんには，原稿を読んでいただき数々のご指摘をいただいた．また，統計数理研究所の小野節子さんには原稿の編集で大変お世話になった．ここに感謝の意を表します．朝倉書店の編集部の方々には，原稿の仕上げが大幅に遅れ，ご迷惑をおかけしたにもかかわらず，辛抱強く待っていただいた．ここにお詫びと感謝を申し上げたい．

2004 年 8 月

小 西 貞 則
北川源四郎

目　　次

1. **統計的モデリングの考え方** ……………………………………………… 1
   1.1 統計的モデルの役割 ………………………………………………… 1
      1.1.1 統計的モデルによる確率構造の記述 ……………………… 1
      1.1.2 統計的モデルによる予測 …………………………………… 2
      1.1.3 統計的モデルによる情報の抽出 …………………………… 3
   1.2 統計的モデルの構築 ………………………………………………… 4
      1.2.1 統計的モデルの評価 ………………………………………… 4
      1.2.2 モデリングの方法 …………………………………………… 5
   1.3 本書の構成 …………………………………………………………… 7

2. **統計的モデル** ……………………………………………………………… 9
   2.1 確率的現象のモデル化と統計的モデル …………………………… 9
   2.2 確率分布モデル ……………………………………………………… 10
   2.3 条件付き分布モデル ………………………………………………… 15
      2.3.1 回帰モデル …………………………………………………… 16
      2.3.2 時系列モデル ………………………………………………… 22
      2.3.3 空間モデル …………………………………………………… 25

3. **情報量規準** ………………………………………………………………… 27
   3.1 カルバック–ライブラー情報量 …………………………………… 27
      3.1.1 定義と性質 …………………………………………………… 27
      3.1.2 K-L 情報量の例 ……………………………………………… 30
      3.1.3 K-L 情報量に関する話題 …………………………………… 31

3.2 平均対数尤度とその推定量 ································33
3.3 最尤法と最尤推定量 ····································35
　3.3.1 対数尤度関数と最尤推定量 ·························35
　3.3.2 尤度方程式による最尤法の実現 ······················36
　3.3.3 数値的最適化による最尤法の実現 ····················38
　3.3.4 数値例–最尤推定量の変動 ··························39
　3.3.5 最尤推定量の漸近的性質 ··························42
3.4 情報量規準 AIC ······································46
　3.4.1 対数尤度と平均対数尤度 ··························46
　3.4.2 対数尤度のバイアス補正の必要性 ····················47
　3.4.3 バイアスの導出 ·································50
　3.4.4 情報量規準 AIC ·································54
3.5 最小 AIC 推定値の性質について ··························62
　3.5.1 情報量規準の有限修正 ····························62
　3.5.2 AIC によって選択された次数の分布 ··················63
　3.5.3 考　　察 ·······································66

4. 一般化情報量規準 GIC ····································68
4.1 統計的汎関数に基づくアプローチ ························68
　4.1.1 統計的汎関数で定義される推定量 ····················68
　4.1.2 汎関数の微分と影響関数 ··························72
　4.1.3 情報量規準の拡張 ································75
　4.1.4 推定量の確率展開 ································78
4.2 一般化情報量規準 GIC ·································80
　4.2.1 一般化情報量規準 GIC の定義 ······················81
　4.2.2 最尤法の場合：情報量規準 AIC, TIC と GIC の関係 ····83
　4.2.3 ロバスト推定量の場合 ····························86
4.3 正則化法 (罰則付き最尤法) ······························90
　4.3.1 回帰モデル ·····································90
　4.3.2 正　則　化　法 ·································91

        4.3.3　正則化法に基づくモデルの情報量規準 …………………… 93
        4.3.4　基底展開 ………………………………………………… 98
        4.3.5　正則化最小2乗法 ………………………………………… 109
        4.3.6　モデルの自由度 …………………………………………… 111
   4.4　一般化情報量規準 GIC の導出 ……………………………………… 114
        4.4.1　導　　入 …………………………………………………… 114
        4.4.2　推定量の確率展開 ………………………………………… 116
        4.4.3　バイアス補正項の計算 …………………………………… 117
        4.4.4　情報量規準の漸近的性質 ………………………………… 120
        4.4.5　情報量規準の高次補正 …………………………………… 122
        4.4.6　数　値　例 ………………………………………………… 125

5. ブートストラップ情報量規準 …………………………………………… 129
   5.1　ブートストラップ法 ………………………………………………… 129
   5.2　ブートストラップ情報量規準 ……………………………………… 134
        5.2.1　ブートストラップバイアス推定 ………………………… 134
        5.2.2　ブートストラップ情報量規準 EIC ……………………… 136
        5.2.3　バイアス補正の精度 ……………………………………… 138
   5.3　分散減少法 …………………………………………………………… 139
        5.3.1　ブートストラップ法による変動 ………………………… 139
        5.3.2　効率的ブートストラップシミュレーション …………… 140
   5.4　EIC の適用例 ………………………………………………………… 146
        5.4.1　変化点モデル ……………………………………………… 146
        5.4.2　部分回帰モデル …………………………………………… 149

6. ベイズ型情報量規準 ……………………………………………………… 151
   6.1　ベイズ型モデル評価基準 BIC ……………………………………… 151
        6.1.1　BIC の定義 ………………………………………………… 151
        6.1.2　積分のラプラス近似 ……………………………………… 152
        6.1.3　BIC の導出 ………………………………………………… 155

6.1.4　BICの拡張 …………………………………………… 157
    6.2　赤池のベイズ型情報量規準ABIC ………………………………… 160
    6.3　ベイズ型予測分布モデルの評価 …………………………………… 162
          6.3.1　予測分布と予測尤度 ………………………………………… 162
          6.3.2　線形ガウス型ベイズモデルの情報量規準 ………………… 164
          6.3.3　予測情報量規準PICの導出 ………………………………… 165
          6.3.4　数　値　例 ……………………………………………………… 167
    6.4　ラプラス近似によるベイズ型予測分布モデルの評価 …………… 169

7. 様々なモデル評価基準 …………………………………………………… 174
    7.1　クロスバリデーション ……………………………………………… 174
          7.1.1　予測の観点とクロスバリデーション ……………………… 174
          7.1.2　クロスバリデーションによる平滑化パラメータの選択 … 177
          7.1.3　一般化クロスバリデーション ……………………………… 178
    7.2　最終予測誤差FPE …………………………………………………… 180
          7.2.1　FPE ……………………………………………………………… 180
          7.2.2　AICとFPEの関係 …………………………………………… 182
    7.3　マローのC_p基準 ………………………………………………… 183
    7.4　ハナン–クインの基準 ……………………………………………… 185

引 用 文 献 …………………………………………………………………… 187
索　　　引 …………………………………………………………………… 191

1

統計的モデリングの考え方

　本章では，統計的モデリングとは何か，統計的モデルの評価はどのような目的で行われるか，モデルを評価するための基準を構成するに当たってどのような点を考慮する必要があるか，そしてその基準の意味でよいモデルを求めるためにはどのような方法があるかを考えるとともに，本書の構成を示すことにする．

1.1　統計的モデルの役割

　データから本質的な情報を抽出し，知識獲得を目指すデータ解析や予測・制御においては，モデルが重要な役割を果たす．いったんモデルが特定されると，予測・制御，情報抽出，検定，リスク評価，意志決定など，様々な形式の推論を演繹の枠組みで論じることができるようになるからである．したがって，われわれが直面する複雑な現実の問題を解く鍵は，個々の対象に対して，如何にしてよいモデルを求めるかにある．本節では，統計的モデリング，特にモデルの評価において，どのような立場をとるべきかという基本的な問題を考えてみることにする．

1.1.1　統計的モデルによる確率構造の記述

　統計的モデルは，確率的現象を生み出す真の分布をデータに基づき近似した確率分布である．この立場をとると，統計的モデリングの目的は，利用できるデータを用いてなるべく正確に真の構造を再現するモデルを求めることになる（図1.1）．これはデータ解析を行おうとする人々にとってはきわめて自然な前提といえる．実際，例えば回帰モデルにおいては，「真の説明変数」を検出したい

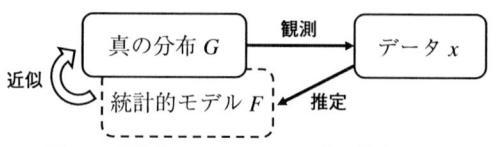

図 1.1　統計的モデリングによる真の構造の近似

という期待となり，また多項式回帰モデルや自己回帰モデルにおいては，真の次数を選択したいという期待となる．これは一見すると当然の要求のようであり，また，数理統計学における問題設定の背景をなしてきたものである．しかし，現実には有限個の説明変数の線形回帰モデルや有限次数の自己回帰 (AR) モデルが真の構造を表す場合などは非常にまれなことである．したがって，これらのモデルは，複雑な現象の一側面を表す近似に過ぎないと考えるべきである．

問題はそのような状況にあっても，真のモデルにできるだけ近い構造を追求すべきであるかどうか，言い換えれば，モデルの不偏性を前提にモデルの評価を考えるべきであるかどうかということである．

1.1.2　統計的モデルによる予測

上記のような認識に立てば，正しい次数や正しいモデルを選ぶという設問自体に問題があるのではないかという疑問が生じる．この疑問に答えるためには，モデリングは何のために行われるのか，モデリングによって得られるモデルは何の目的に使われるかを考え直してみる必要がある．赤池は，統計的モデルにおける重要な視点として予測の問題を指摘した (Akaike (1974), 赤池 (1995))．すなわち，統計的モデリングの目的は，現在のデータをできるだけ忠実に記述することや「真の分布」を推定することにあるのではなく，将来得られるデータをできるだけ精確に予測することにあると考えた．本書では，これを**予測の視点**と呼ぶことにする．

その場合でも，データが無限に得られたり，データにノイズがなければ真の構造を推定するという立場と予測の立場では大きな違いは生じないかもしれない．しかしながら，現実のデータに基づくモデリングにおいては，この 2 つの立場によって大きな違いが生じる．なぜならば，予測のための最適モデルは「真のモデル」の推定値と同じとは限らないからである．実際，本書で解説す

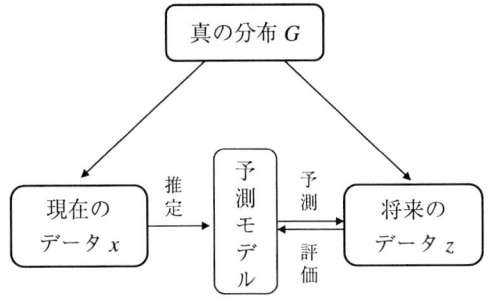

図 1.2　統計的モデリングと予測の視点

る情報量規準が示すように，予測を目的としたモデルの推定のためには，真の構造を仮定したモデルよりもたとえモデルに偏りは存在しても，むしろ簡潔なモデルのほうがよい予測分布が得られることがありうるからである．

1.1.3　統計的モデルによる情報の抽出

情報の抽出も重要な視点である．従来の統計的推論においては，対象を支配する「真の」モデルを既知と仮定したり，少なくとも「真の」モデルが存在すると仮定することが多かった．また，「真の」モデルが存在し，そこに含まれる少数の未知パラメータをデータに基づいて推定するという問題設定が用いられてきた．しかしながら，最近は，むしろモデルを情報抽出や知識獲得のために利用する便宜的な道具とする考え方が強くなってきている．

この場合，統計的モデルは客観的に存在するものではなく，解析する人の対象に関する知識や期待，これまでの経験や過去のデータに基づく知識，さらにはデータからどのような情報を取り出したいのか，あるいは何をしたいのかという解析の目的に応じて作られることになる．したがって，統計的モデリング

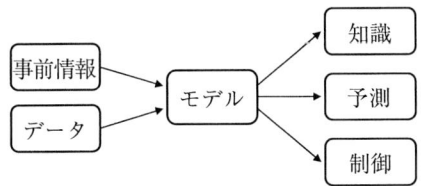

図 1.3　情報抽出のための統計的モデリング

によって特定のモデルが得られた場合でも，通常われわれは，実際の対象が厳密にそのモデルに従って変動していると信じているわけではない．実際の現象は複雑であり，様々な非線形性や非定常性を含んだり，他の系列の影響も受けていると考えるべきことが多い．しかしそのような場合であっても，特定の目的のためには，比較的簡単なモデルが適当なことが多い．要は，統計的モデルについては真の構造を正確に表現しているかどうかではなく，われわれが必要とする情報を取り出すために適当かどうかが問題なのである．

1.2 統計的モデルの構築

1.2.1 統計的モデルの評価——情報量規準への道——

統計的モデルをこのように便宜的なものとして捉えた場合，モデルは対象に対して唯一に決まるものではありえず，モデリングを行う人の立場や利用できる情報によって様々なものが存在することになる．すなわち，統計的モデリングにおいては「唯一無二の」真のモデルを推定あるいは特定することが目的ではなく，対象の特性と目的に応じて情報抽出の道具としての「よい」モデルを構成することが目的となる (赤池 (1995))．

これは，想定するモデルによって，一般に推論や判断の結果が異なることを意味する．よいモデルを用いればよい結果が得られるが，不適切なモデルを用いれば，よい結果が得られることは期待できない．ここに主観性をもったモデルのよさを客観的に評価するためのモデル評価基準の重要性が明らかとなる．

それでは，モデルのよさをどのように評価すべきだろうか．赤池は統計的モデルが実際に利用される状況を考慮して，モデルを予測に用いた場合のよさによって評価すべきであると考えた．しかも，統計的モデルのよさを一般的に評価するためには，単に予測誤差を最小にするのではなく，モデルが規定する予測分布 $f(x)$ と真の分布 $g(x)$ との近さとして捉えることが必要であると考え，それをカルバック–ライブラー (Kullback–Leibler) 情報量で評価することを提案した (Akaike (1973))．本書では，この情報量によるモデルの評価という基本的な考えに基づいて導かれたモデル評価基準を**情報量規準**と呼ぶことにする．情報量規準は，(1) モデリングにおける予測の視点，(2) 分布による予測精度の評

価, (3) カルバック–ライブラー情報量による分布の近さの評価, という3つの基本的な考えから導かれたものといえる.

1.2.2 モデリングの方法

情報量規準は, 限られたデータに基づいてよいモデルを求めるためのいくつかの具体的な方法を示唆している. まず, 第3章で示すように, 基本的には対数尤度が大きなモデルがよいことになる. ただし, 情報量規準は, モデリングに利用できるデータが有限である以上, むやみに自由度の大きなモデルを用いると, 推定されたモデルの不安定さが増大してかえって予測能力が劣るということを示している. すなわち, 全く自由なパラメータを際限なく増加させるのは得策ではない. この点を考慮すると, 与えられたデータに基づいてよいモデルを推定するためにはいくつかの方法が考えられる.

(1) 点推定とモデル選択

まず, 第1は情報量規準を直接パラメータ数の決定やモデル選択に利用する方法である. この方法では, 複数のモデル $M_1, \cdots, M_k$ を想定し, それぞれのモデルがもつ未知のパラメータ $\boldsymbol{\theta}_1, \cdots, \boldsymbol{\theta}_k$ は, 最尤法やロバスト推定法などによって推定する. このとき, 対応する情報量規準は, それぞれのモデルのよさを評価したものであるから, 情報量規準を最小とするモデルを選択することによって, 情報量規準の意味で最良のモデルが得られる.

このモデル選択の方法のひとつに次数選択がある. パラメータ $(\theta_1, \cdots, \theta_p)$ をもつモデルが想定されるとき, $\theta_{k+1} = \cdots = \theta_p = 0$ と仮定したモデルを M_k と表すと, $M_0 \subset M_1 \subset \cdots \subset M_p$ が成り立つ階層モデルが得られる. ここで, 情報量規準を最小にするモデルを選択する次数選択によって, パラメータ数の増加に伴う対数尤度の増加とペナルティ項の増加とをバランスさせたよいモデルを求めることができる.

(2) 正則化法とベイズモデリング

第2は, パラメータ数については制限せず多数のパラメータを用いる代わりに, パラメータに適切な制約を課すことによってよいモデルを得ようとする方法である. そのためには, データ $\boldsymbol{x}_n$ のもつ情報と, 対象に対する知識, これまでの経験, これまでに得られたデータに基づく知見さらには解析の目的など,

さまざまな種類の情報を適切に統合することが必要である．この情報統合は，パラメータの制約に相当する正則化項あるいはペナルティ項を対数尤度関数に付与した

$$\log f(\boldsymbol{x}_n|\boldsymbol{\theta}) - Q(\boldsymbol{\theta}) \tag{1.1}$$

を最大化する正則化法や罰則付き最尤法などによって実現できるが，これらのモデル構成法が多くの場合，適切に表現された事前情報とデータとを併合するベイズモデルによって実現できることが指摘されている (Akaike (1980b))．ベイズモデルにおいては，データ分布 $f(x|\boldsymbol{\theta})$ を規定する未知のパラメータ $\boldsymbol{\theta}$ に対して適当な事前分布 $\pi(\boldsymbol{\theta})$ を導入し，$\boldsymbol{\theta}$ の事後分布

$$\pi(\boldsymbol{\theta}|\boldsymbol{x}_n) = \frac{f(\boldsymbol{x}_n|\boldsymbol{\theta})\pi(\boldsymbol{\theta})}{\int f(\boldsymbol{x}_n|\boldsymbol{\theta})\pi(\boldsymbol{\theta})d\boldsymbol{\theta}} \tag{1.2}$$

を求めることによって，データ $\boldsymbol{x}_n$ に基づくモデル構成が実現される．

(3) 階層ベイズモデリング

このベイズモデリングを一般化すると，複数のベイズモデル $M_1,\cdots,M_k$ が存在する場合が想定できる．ここで，モデル M_j の事前確率を $P(M_j)$，データ分布を $f(x|\boldsymbol{\theta}_j,M_j)$，パラメータの事前分布を $\pi(\boldsymbol{\theta}_j|M_j)$ とするとき，各モデルの事後確率は

$$P(M_j|\boldsymbol{x}_n) \propto P(M_j)p(\boldsymbol{x}_n|M_j) \tag{1.3}$$

で定義できる．ただし，$p(\boldsymbol{x}_n|M_j)$ は

$$p(\boldsymbol{x}_n|M_j) = \prod_{\alpha=1}^{n} \int f(x_\alpha|\boldsymbol{\theta}_j,M_j)\pi(\boldsymbol{\theta}_j|M_j)d\boldsymbol{\theta}_j \tag{1.4}$$

によって定義されるモデル M_j の尤度である．

ここで $p(z|\boldsymbol{x}_n,M_j)$ を

$$p(z|\boldsymbol{x}_n,M_j) = \int p(z|\boldsymbol{\theta}_j,M_j)\pi(\boldsymbol{\theta}_j|\boldsymbol{x}_n,M_j)d\boldsymbol{\theta}_j \tag{1.5}$$

で定義されるモデル M_j の事後予測分布とする．ただし，$\pi(\boldsymbol{\theta}_j|\boldsymbol{x}_n,M_j)$ は (1.2) 式で定義される $\boldsymbol{\theta}_j$ の事後分布である．このとき

$$p(z|\boldsymbol{x}_n) = \sum_{j=1}^{k} P(M_j|\boldsymbol{x}_n)p(z|\boldsymbol{x}_n,M_j) \tag{1.6}$$

は全てのモデルを利用して構成した予測分布となる．

この階層ベイズモデルの構成に当たって，パラメータの事前分布が変則的 (improper) の場合には，ベイズモデルの尤度 $p(\boldsymbol{x}_n|M_j)$ が定義どおりには求められないが，適当に定義された情報量規準を $\mathrm{IC}(M_j)$ とするとき

$$\exp\left\{-\frac{1}{2}\mathrm{IC}(M_j)\right\} \tag{1.7}$$

によって定義した尤度を用いることが考えられる．

1.3 本書の構成

本書は，上記のようなモデリングの基礎となる情報量規準について解説する．第2章では，本書が対象とする統計的モデルとは何かを示し，その基礎となる確率分布モデルを導入し，いくつかの具体例を示す．次に現実のモデリングにおいては，様々な形の情報を利用するために条件付き分布が用いられることを示し，具体的な形として回帰モデル，時系列モデル，空間モデルを紹介する．さらに，非線形構造探索を例としてノンパラメトリック回帰モデルを導入する．

第3章は，本書の根幹をなす章である．まず，データを生成する真の分布を近似する分布のよさを評価する基準としてカルバック–ライブラー情報量を用いることにし，この基準をデータを用いて推定することによって対数尤度と最尤推定量が自然に導かれることを示す．さらに，複数のモデルを比較するためには，対数尤度のバイアス補正が不可欠であることを示し，その結果，赤池情報量規準 AIC が導かれることを示す．

第4章では，一般化情報量規準 GIC を導入する．AIC の導出に当たっては，パラメータ推定に最尤法を利用することが前提であるが，同様の考え方はより一般の場合にも適用できる．本章では，統計的汎関数で定義される推定量に対しても情報量規準が定義でき，広範なクラスのモデルの評価・選択が可能となることを示す．さらに，この方法はバイアスの高次補正も可能であることを示す．

第5章では，モンテカルロ法に基づく情報量規準を紹介する．第4章までの情報量規準の導出においては，対数尤度のバイアスをテイラー展開や中心極限

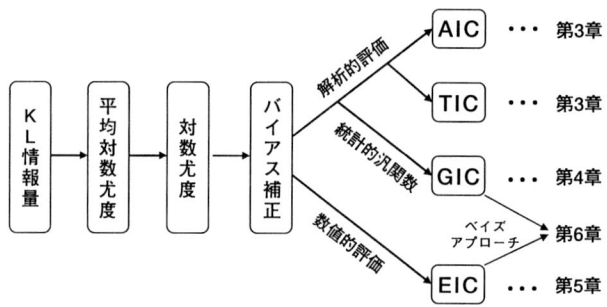

図 1.4 情報量規準の系譜と本書の構成

定理などの解析的手段によって求めた．本章では，ブートストラップ法の利用によって，このバイアスを数値的に求める方法について述べる．さらにこの方法を改良し，2 次補正を行う方法やブートストラップ分散を著しく減少させる分散減少法を紹介する．

第 6 章では，まず，モデルの事後確率最大化の考え方からベイズ型モデル評価基準 BIC を導く．次に，赤池のベイズ型情報量規準 ABIC を紹介する．また，ベイズモデルの予測尤度を評価する基準として，予測情報量規準 PIC を定義し，ガウス型線形モデルの場合に対数尤度のバイアスを解析的に求め，一般のモデルに対しては，積分のラプラス近似を適用する方法について述べる．

第 7 章では，関連する話題として情報量規準以外のいくつかのモデル評価基準を紹介する．具体的には，クロスバリデーション，最終予測誤差 FPE，マローの C_p 基準 (Mallow's C_p)，ハナン–クイン (Hannan-Quinn) の基準について簡単に述べる．

2

統計的モデル

　本章では，まず統計的モデルの基礎となる確率分布について述べる．次に現象のモデリングにおいて，様々な情報を利用するために条件付き分布が用いられることを示す．そして，その具体例として，回帰モデル，時系列モデルなどを取り上げて，統計的モデルの評価がなぜ必要であるかを述べる．

2.1　確率的現象のモデル化と統計的モデル

　統計的なモデルを考える前に，確定的な現象の表現について考えてみよう．それが一定不変の最も簡単な場合には，ある特性について $x = a$ という形で表すことができる．しかし，一般には x はいろいろな条件によって変化する．x が外的要因 u に依存して変化する場合には，$x = h(u)$ という u の関数で表現される．さらに，x が過去の履歴や周囲の値に依存して決まることもあるが，この場合にも x は何らかの関数を用いて表現できる．

　しかし，現実の現象のほとんどは何らかの不確定性を含んでいたり，外的要因に関する情報が不完全な場合が多い．この場合には，x の値を1つに特定することはできない．われわれはこのようなとき確率分布を用いることにする．

　標本空間 Ω 上で定義された確率変数 X が与えられたとき，任意の実数 $x(\in \mathbb{R})$ に対して $X(\omega) \leq x$ となる事象の確率 $\Pr(\{\omega \in \Omega; X(\omega) \leq x\})$ が定められる．これを x の関数とみなして

$$G(x) = \Pr(\{\omega \in \Omega; X(\omega) \leq x\})$$
$$= \Pr(X \leq x) \tag{2.1}$$

と表すとき，$G(x)$ を X の分布関数という．この $G(x)$ を定めることによって確率変数 X を特徴づけることができる．特に，$g(t) \geq 0$ を満たす関数が存在し

$$G(x) = \int_{-\infty}^{x} g(t)dt \tag{2.2}$$

と表現できるとき，X を連続型と呼び，$g(t)$ を密度関数という．連続型の確率分布は，この密度関数 $g(t)$ を定めることによって特定することができる．

確率変数 X が有限または可算無限個の離散値 $x_1, x_2, \cdots$ のみをとるとき，X を離散型と呼ぶ．離散点 $X = x_i$ での確率は

$$\begin{aligned} g_i = g(x_i) &= \Pr(\{\omega \in \Omega; X(\omega) = x_i\}) \\ &= \Pr(X = x_i), \quad i = 1, 2, \cdots \end{aligned} \tag{2.3}$$

で決まり，$g(x)$ は確率関数という．分布関数は $G(x) = \sum_{\{i; x_i \le x\}} g(x_i)$ で与えられる．ただし，$\sum_{\{i; x_i \le x\}}$ は，$x_i \le x$ となる離散値に対する和を表す．

データ $\boldsymbol{x}_n = \{x_1, x_2, \cdots, x_n\}$ は，分布関数 $G(x)$ から生成されるものとする．このとき，$G(x)$ を**真の分布**あるいは**真のモデル**と呼ぶ．これに対して，この真の分布を近似するためにわれわれが想定する分布関数 $F(x)$ を一般に**モデル**と呼び，$F(x)$ は密度関数あるいは確率関数 $f(x)$ をもつとする．モデルが p 次元のパラメータ $\boldsymbol{\theta} = (\theta_1, \theta_2, \cdots, \theta_p)'$ によって規定される場合には，$f(x|\boldsymbol{\theta})$ と表される．また，パラメータが適当な空間の集合 $\Theta \in \mathbb{R}^p$ の1点として与えられるとき，$\{f(x|\boldsymbol{\theta}); \boldsymbol{\theta} \in \Theta\}$ はモデル族と呼ばれる．

データから未知のパラメータ $\boldsymbol{\theta}$ をある推定量 $\hat{\boldsymbol{\theta}}$ で推定することによって，1つのモデル $f(x|\hat{\boldsymbol{\theta}})$ が得られる．このように，データに基づいて構成されたモデルが**統計的モデル**であり，現象を適切に表現するモデルを構築するプロセスを**モデリング**と呼ぶ．統計的モデリングにおいては，未知パラメータの推定が必要となるが，それ以前に適切なモデル族を設定することがより重要である．

以下では，まずモデルの基本としての確率分布を示し，次に他の情報を取り込むための仕組みが条件付き分布モデルの形で表されることを示す．

2.2　確率分布モデル

モデルの最も基本的な形態が，確率分布モデルである．次節で示す条件付き

分布モデルなどのように，より複雑なモデルもこの確率分布モデルを利用して構成される．

［例1　正規分布モデル］　連続型確率分布モデルの代表的なものとして，正規分布モデル (ガウス分布モデル) がある．正規分布の密度関数は

$$f(x|\mu,\sigma^2) = \frac{1}{\sqrt{2\pi\sigma^2}} \exp\left\{-\frac{(x-\mu)^2}{2\sigma^2}\right\}, \quad -\infty < x < \infty \qquad (2.4)$$

で与えられる．この分布はパラメータ μ と σ^2 で完全に規定され，それぞれ，平均，分散と呼ばれる．この正規分布のように密度関数が有限個のパラメータ $\boldsymbol{\theta} = (\mu, \sigma^2)'$ で決まる特定の関数形で表される場合には，このモデルをパラメトリックな確率分布モデルという．

パラメトリックな確率分布モデルとしては，正規分布の他にも以下のような様々なモデルが知られている．

［例2　コーシー分布モデル］　密度関数が

$$f(x|\mu,\tau^2) = \frac{1}{\pi} \cdot \frac{\tau}{(x-\mu)^2 + \tau^2}, \quad -\infty < x < \infty \qquad (2.5)$$

で与えられる場合，その分布はコーシー分布と呼ばれる．μ は分布の中心，τ^2 は分布の広がりを規定するパラメータであるが，コーシー分布の場合には平均，分散は存在しないので，それぞれ，中心および散乱パラメータと呼ばれる．

［例3　ピアソン分布族モデル］　密度関数が

$$f(x|\mu,\tau^2,b) = \frac{\Gamma(b)\tau^{2b-1}}{\Gamma(b-\frac{1}{2})\Gamma(\frac{1}{2})} \frac{1}{\{(x-\mu)^2 + \tau^2\}^b}, \quad -\infty < x < \infty \qquad (2.6)$$

で与えられる場合，その分布はピアソン分布族と呼ばれる．μ, τ^2 はコーシー分布の場合と同様に中心，散乱パラメータと呼ばれる．b は分布形を規定するパラメータで，b の値を変えることによって様々な分布を表現することができる．特に，$b=1$ のときはコーシー分布，$b=(k+1)/2$ (k は整数) のときには自由度 k の t 分布となる．また，$b \to \infty$ のとき，正規分布が得られる．

［例4　混合正規分布モデル］　密度関数が

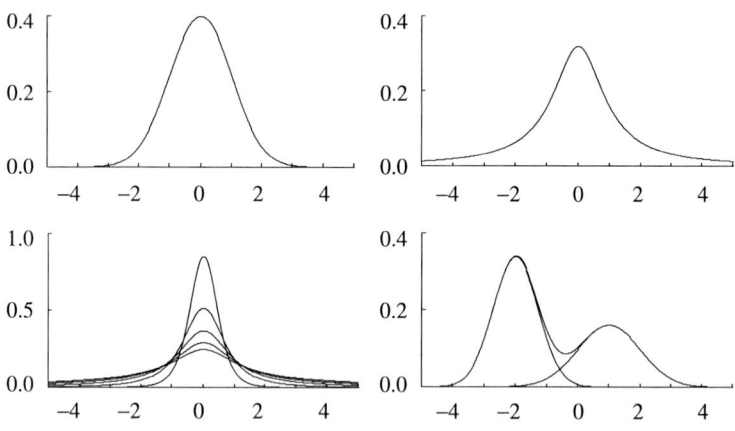

図 2.1 確率分布モデル
左上：正規分布モデル，右上：コーシー分布モデル，左下：ピアソン分布族モデル ($b = 0.6, 0.75, 1.0, 1.5, 3.0$)，右下：混合正規分布モデル ($k = 2$).

$$f(x|m,\boldsymbol{\theta}) = \sum_{j=1}^{m} \alpha_j \frac{1}{\sqrt{2\pi\sigma_j^2}} \exp\left\{-\frac{(x-\mu_j)^2}{2\sigma_j^2}\right\}, \quad -\infty < x < \infty \quad (2.7)$$

で表されるとき，混合正規分布と呼ぶ．ただし，$\boldsymbol{\theta} = (\mu_1, \cdots, \mu_m, \sigma_1^2, \cdots, \sigma_m^2, \alpha_1, \cdots, \alpha_{m-1})'$，$\sum_{j=1}^{m} \alpha_j = 1$ とする．混合正規分布は，m 個の正規分布を重み α_j で重ね合わせたもので，m を成分数という．$m, \alpha_j, \mu_j, \sigma_j^2$ を適当に選択することによって広範な確率分布モデルを表現できる．

図 2.1 は様々な確率分布モデルの例を示す．左上の正規分布モデルは，平均 0，分散 1 の標準正規分布モデル，右上は $\mu = 0, \tau^2 = 1$ のコーシー分布モデルを示す．正規分布より，左右の裾が重いことが特徴である．正規分布の代わりにコーシー分布を用いることにより，ごくまれに絶対値が大きな値が出現する現象をモデル化することができる．この性質は，異常値の検出や，ロバスト推定，トレンドのジャンプの検出などに用いることができる．左下の図は，ピアソン分布族で，b の値として 0.6, 0.75, 1, 1.5 および 3 とした 5 つの場合を示す．b を変化させることにより，コーシー分布よりもさらに裾の重い分布から，正規分布までを連続的に表現することができる．右下は混合正規分布の例である．最も簡単な $m = 2$ の場合でも，複雑な分布を表現することができる．

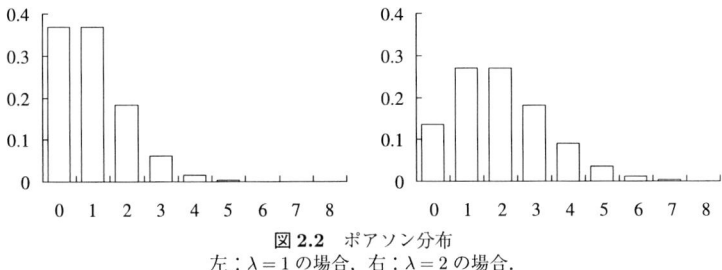

図 2.2 ポアソン分布
左：$\lambda=1$ の場合，右：$\lambda=2$ の場合．

[例 5 2項分布モデル] 確率変数 X は 0 または 1 の 2 値のみをとり，その事象の生起確率 (p) は

$$\Pr(X=1)=p, \quad \Pr(X=0)=1-p \quad (0<p<1) \tag{2.8}$$

であるとする．この確率分布はベルヌーイ分布と呼ばれ，確率関数は

$$f(x|p)=p^x(1-p)^{1-x}, \quad x=0,1 \tag{2.9}$$

で与えられる．

次に，確率変数列 $X_1, X_2, \cdots, X_n$ は，互いに独立に同一のベルヌーイ分布に従うとする．このとき $X=X_1+X_2+\cdots+X_n$ とおくと，確率変数 X は n 回の試行中の事象の生起回数を表し，その確率関数は

$$f(x|p)={}_nC_x p^x(1-p)^{n-x}, \quad x=0,1,2,\cdots,n \tag{2.10}$$

となる．この確率分布は，パラメータ n と p をもつ 2 項分布と呼ばれる．

[例 6 ポアソン分布モデル] きわめてまれな現象を大量に観測するとき，生起した事象の個数の分布は

$$f(x|\lambda)=\frac{\lambda^x}{x!}e^{-\lambda}, \quad x=0,1,2,\cdots \quad (0<\lambda<\infty) \tag{2.11}$$

で与えられ，ポアソン分布という．これは，2項分布の確率関数に対して $np=\lambda$ とおいて，λ は一定にしておいて n が大きく，p が小さいときの 2 項分布の近似分布として導出される．図 2.2 は，パラメータ λ の値が 1 と 2 の場合のポアソン分布を示す．λ の値によって，様々な形の離散分布を表現できる．

[例 7 ヒストグラムモデル] 確率変数の値域 $x_{\min}\leq X\leq x_{\max}$ を適当な区間 $B_1,\cdots,B_k$ に分割し，各区間 $B_j=\{x; x_{j-1}\leq x<x_j\}$ に入る観測値の度数 $n_1,\cdots,n_k$ を求め図示したものをヒストグラムという．$n=n_1+\cdots+n_k$ とし，

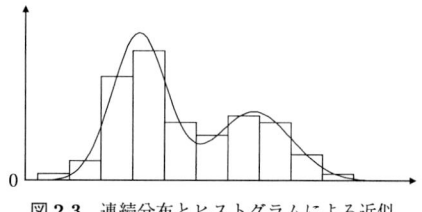

図 2.3　連続分布とヒストグラムによる近似

$f_j = n_j/n$ によって相対度数を定義すれば，ヒストグラムは本来は連続変数であるものを離散化して得られた離散分布モデル $f = \{f_1, \cdots, f_k\}$ を定めているものとも考えられるが，密度関数を階段関数で近似していると考えれば，ヒストグラム自体を連続分布モデルの1種とみなすこともできる (図2.3)．

以上みてきたように，確率分布モデルとして多くのものが知られており，問題に応じて様々な現象を確率分布で表現することができる．それでは，データが観測されたとき，そのデータがどのような確率分布に従って発生しているかをモデル化するにはどうすればよいであろうか．

図 2.4 は，宇宙空間にある 82 の銀河の地球から見た移動速度 (x) を観測したものである (Roeder (1990))．この銀河速度の分布を (2.7) 式の混合正規分布モデルで近似するとする．観測されたデータに基づいて混合正規分布のパラメータを推定し，未知のパラメータを推定値で置き換えた密度関数 $f(x|m, \hat{\boldsymbol{\theta}})$ が1つの統計的モデルである．混合正規分布モデルを当てはめるには，成分の個数 m をいくつに設定するかが本質的な問題となる．成分数が 2 のモデルのパラメータの数は 5 であり，3 のモデルは 8 である．様々なモデルの候補の中で，どのモデルが最もよく特性 X の確率的変動を捉えているかを決定する必要がある．このような問題に対して必要となるのが，統計的モデルの評価基準である．

これまでは，確率変数 X としては 1 変量の場合を考えてきたが，実際のデータでは，気温と気圧あるいは金利と国内総生産 (GDP) などのように，いくつかの変数を同時に考えることが多い．このような場合には $\boldsymbol{X} = (X_1, \cdots, X_p)'$ は多変量の確率変数となり，分布関数は $\boldsymbol{x} = (x_1, \cdots, x_p)' \in \mathbb{R}^p$ に対して

$$G(x_1, \cdots, x_p) = \Pr(\{\omega \in \Omega : X_1(\omega) \leq x_1, \cdots, X_p(\omega) \leq x_p\})$$
$$= \Pr(X_1 \leq x_1, \cdots, X_p \leq x_p) \quad (2.12)$$

によって定義される p 変数関数となる．1 変量の場合と同様に，多変量正規分

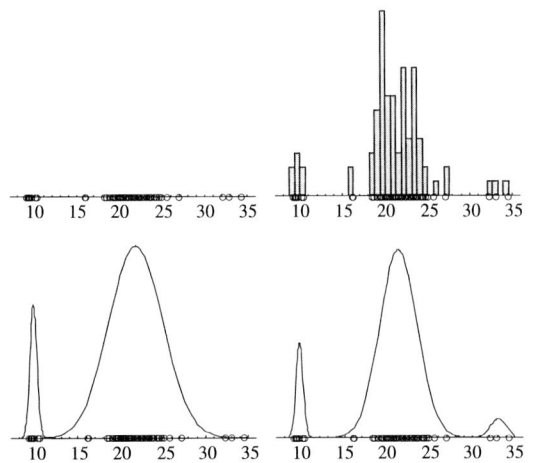

図 2.4 宇宙空間にある 82 の銀河の速度 (x) (Roeder (1990))
上はデータとヒストグラム，下は混合正規分布モデル(左：$m=2$, 右：$m=3$).

布，多項分布などの多変量分布モデルが知られている．

2.3 条件付き分布モデル

統計的モデリングの立場からいえば，確率分布モデルは，確率変数 X の分布が他の様々な要因とは無関係に一定の確率分布に従うと仮定した，最も基本的な形態である．しかしながら，実際の現象においては，何らかの形でそれらの変数に関連する情報が利用できるものである．統計的モデリングの醍醐味は，そのような情報を見出し，モデルの中に適切な形で取り込んでいくことにある．以下では他の変数に依存する場合，過去の履歴に依存する場合，空間的な配置に依存する場合，さらには事前情報に依存する場合などを考えることにする．重要なことは，これらのモデリングが条件付き分布の推定という形で統一的に捉えることができることである．したがって，条件付き分布を求めることが統計的モデリングの本質ともいえる．

一般に，ある p 次元変数 $\boldsymbol{x}=(x_1,x_2,\cdots,x_p)'$ に依存して確率変数 Y の分布が決まる場合，Y の分布を $F(y|\boldsymbol{x})$(あるいは $f(y|\boldsymbol{x})$) と表すことにし，**条件付き分布モデル**と呼ぶことにする．変数 $\boldsymbol{x}$ への依存の仕方には様々なものが考えられ

るが，以下では代表的ないくつかのモデルを取り上げてみる．

2.3.1 回帰モデル

回帰モデルは，目的変数 y の変動に対してそれを説明していると思われるいくつかの説明変数 $\boldsymbol{x} = (x_1, x_2, \cdots, x_p)'$ との間の関係をモデル化する．これは目的変数 y の確率分布が説明変数 $\boldsymbol{x}$ に依存して変化し，条件付き分布が $f(y|\boldsymbol{x})$ の形で与えられることを想定したことに他ならない．

いま，目的変数 y と p 個の説明変数 $\boldsymbol{x}$ に関して観測された n 組のデータを $\{(y_\alpha, \boldsymbol{x}_\alpha); \alpha = 1, 2, \cdots, n\}$ とする．このとき，観測データに関するモデル

$$y_\alpha = u(\boldsymbol{x}_\alpha) + \varepsilon_\alpha, \quad \alpha = 1, 2, \cdots, n \tag{2.13}$$

を回帰モデルと呼ぶ．ここで，$u(\boldsymbol{x})$ は説明変数 $\boldsymbol{x}$ の関数で，誤差項（ノイズ）ε_α は，互いに独立で平均 $E[\varepsilon_\alpha] = 0$，分散 $V(\varepsilon_\alpha) = \sigma^2$ とする．ノイズ ε_α はしばしば正規分布 $N(0, \sigma^2)$ に従うものと仮定するが，このとき y_α は，平均 $u(\boldsymbol{x}_\alpha)$，分散 σ^2 の正規分布 $N(u(\boldsymbol{x}_\alpha), \sigma^2)$ に従い，その密度関数は

$$f(y_\alpha|\boldsymbol{x}_\alpha) = \frac{1}{\sqrt{2\pi\sigma^2}} \exp\left\{-\frac{(y_\alpha - u(\boldsymbol{x}_\alpha))^2}{2\sigma^2}\right\}, \quad \alpha = 1, 2, \cdots, n \tag{2.14}$$

で与えられる．この分布は，説明変数 $\boldsymbol{x}$ の値に依存して平均が $E[Y|\boldsymbol{x}] = u(\boldsymbol{x})$ によって変化する条件付き分布モデルの1種である．

図 2.5 の左の図は，1次元説明変数 x と目的変数 y に関する11個のデータと平均関数 $u(x)$ を表す．各実験点 x_α でのデータ y_α は，真の値 $E[Y_\alpha|x_\alpha] = \mu_\alpha$ にノイズ ε_α を伴って

$$y_\alpha = \mu_\alpha + \varepsilon_\alpha, \quad \alpha = 1, 2, \cdots, 11 \tag{2.15}$$

と観測されたことを示す．$u(x)$ が現象の構造を表し，ε_α がデータ y_α の確率的変動を引き起こすノイズである．図 2.5 の右の図は回帰モデルが定める条件付き分布を示す．説明変数の値 x を決めると平均値を $u(x)$ とする確率分布 $f(y|x)$ が定まる．したがって，(2.14) 式の回帰モデルは x の値によって平行移動する一連の分布を定めることを示している．

(1) 線形回帰モデル

平均関数 $u(\boldsymbol{x})$ が $\boldsymbol{x}$ の線形式 $\beta_0 + \beta_1 x_1 + \beta_2 x_2 + \cdots + \beta_p x_p$ で近似されるとしたとき，(2.13) 式のモデルは

2.3 条件付き分布モデル

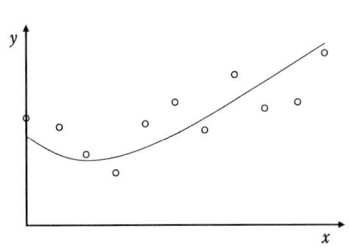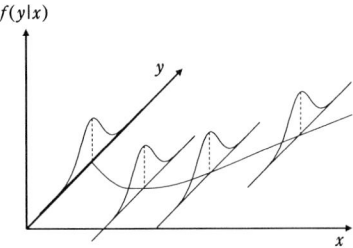

図 2.5 回帰モデル(左)と,説明変数 x に依存して目的変数の平均値が変化する条件付き分布モデル(右)

$$y_\alpha = \beta_0 + \beta_1 x_{\alpha 1} + \cdots + \beta_p x_{\alpha p} + \varepsilon_\alpha$$
$$= \boldsymbol{x}_\alpha' \boldsymbol{\beta} + \varepsilon_\alpha, \quad \alpha = 1, 2, \cdots, n \quad (2.16)$$

と表され,このモデルを**線形回帰モデル**と呼ぶ.ただし,$\boldsymbol{\beta} = (\beta_0, \beta_1, \cdots, \beta_p)'$,$\boldsymbol{x}_\alpha = (1, x_{\alpha 1}, x_{\alpha 2}, \cdots, x_{\alpha p})'$ とおく.ガウスノイズを仮定した線形回帰モデルは,密度関数

$$f(y_\alpha | \boldsymbol{x}_\alpha; \boldsymbol{\theta}) = \frac{1}{\sqrt{2\pi\sigma^2}} \exp\left\{-\frac{(y_\alpha - \boldsymbol{x}_\alpha' \boldsymbol{\beta})^2}{2\sigma^2}\right\}, \quad \alpha = 1, 2, \cdots, n \quad (2.17)$$

で表現される.ここで,モデルの未知パラメータは $\boldsymbol{\theta} = (\boldsymbol{\beta}', \sigma^2)'$ である.この線形回帰モデルにおいては,目的変数 y の分布の変化を適切に捉える説明変数の組を求めることが最も重要な問題であり,**変数選択**の問題といわれる.

(2) 多項式モデル

1次元説明変数 x に対して,平均関数 $u(x)$ が $\beta_0 + \beta_1 x + \beta_2 x^2 + \cdots + \beta_m x^m$ と近似されるとしたのが,次のガウスノイズをもつ多項式モデル

$$y_\alpha = \beta_0 + \beta_1 x_\alpha + \cdots + \beta_m x_\alpha^m + \varepsilon_\alpha, \quad \varepsilon_\alpha \sim n(0, \sigma^2) \quad (2.18)$$

である.各次数 m に対して多項式モデルのパラメータは $\boldsymbol{\beta} = (\beta_0, \beta_1, \cdots, \beta_m)'$ と誤差分散 σ^2 である.多項式回帰モデルにおいては次数 m の決定が重要であり,**次数選択**の問題と呼ばれる.例 8(p.20) で示すように,次数が低すぎるとデータの構造を適切に表現できないが,高すぎると,データの偶然変動に過敏に反応し,かえって本質的な関係を見失うことになる.

平均関数としては多項式以外にも様々なものが想定できる.三角関数モデルは

$$y_\alpha = a_0 + \sum_{j=1}^{m}\{a_j\cos(j\omega x_\alpha) + b_j\sin(j\omega x_\alpha)\} + \varepsilon_\alpha \qquad (2.19)$$

と表される．このほか様々な形の直交関数を用いて平均関数を近似することができる．

(3) 非線形回帰モデル

これまでは，平均関数 $E[Y|\boldsymbol{x}] = u(\boldsymbol{x})$ に対して，例えば多項式のような関数形を仮定してモデルを立ててきた．しかし，複雑かつ多様な様相を呈する現象を分析するには，より柔軟なモデルの設定が必要となる．例えば，図 2.6 はオートバイの衝突実験を繰り返し，衝突した瞬間から経過した時間 X(ms; ミリセカンド) において，頭部に加わる加速度 $Y(g;$ 重力$)$ を計測したものである (Härdle(1990))．このように複雑な非線形構造のみられるデータに対しては，多項式モデルや特定の非線形関数によるモデリングでは，現象の構造を有効に捉えることは難しい．

いま，各実験点 $\boldsymbol{x}_\alpha$ でデータがノイズを伴って $y_\alpha = \mu_\alpha + \varepsilon_\alpha$ $(\alpha = 1, 2, \cdots, n)$ と観測されたとき，データからノイズ ε_α を分離して現象の構造を反映する μ_α $(\alpha = 1, 2, \cdots, n)$ をモデルを通して捉えるために，

$$y_\alpha = u(\boldsymbol{x}_\alpha; \boldsymbol{\theta}) + \varepsilon_\alpha, \quad \alpha = 1, 2, \cdots, n \qquad (2.20)$$

とおく．$u(\boldsymbol{x}_\alpha; \boldsymbol{\theta})$ としては，(1) スプライン (Green and Silverman(1994))，(2) B-スプライン (de Boor(1978), Imoto(2001))，(3) 核関数 (Simonoff(1996), Wand and Jones(1995))，(4) 階層型ニューラルネットワーク (Bishop(1995), Ripley(1996))，など様々なモデルが分析目的に応じて用いられる．これらの柔軟なモデルをもとに，データから現象の平均構造を浮かび上がらせるのがここでの目的である．

(4) 分散変動モデル

以上の回帰モデルが，説明変数 $\boldsymbol{x}$ に依存して平均だけが変化したのに対して，分散変動モデルでは目的変数 y の分布の分散も $\boldsymbol{x}$ に依存して変化し，$\sigma^2(\boldsymbol{x})$ の形で表される．この場合 y の条件付き分布は $N(u(\boldsymbol{x}), \sigma^2(\boldsymbol{x}))$ で与えられる．図 2.7 は，平均が一定の場合の分散変動モデルによって定まる条件付き分布の1例を示したものである．x の値によって分散すなわち分布の広がりが変化していることがわかる．このような分散変動のモデルは，地震データや金融データの解析において重要な役割を果たす．

2.3 条件付き分布モデル

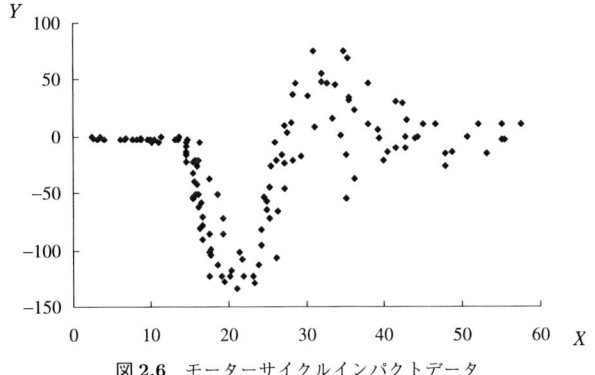

図 2.6 モーターサイクルインパクトデータ

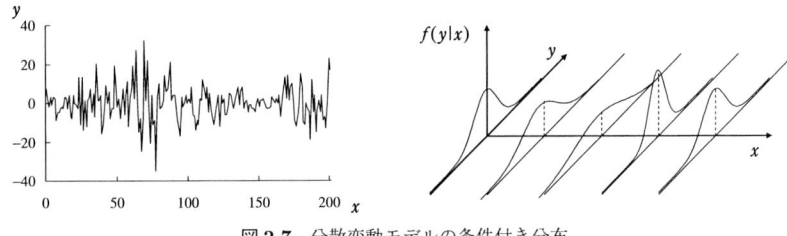

図 2.7 分散変動モデルの条件付き分布

一般に回帰モデルは，現象の構造を表す平均関数 $E[Y|x]$ を近似するモデルとデータの確率的変動を捉える確率分布モデルから構成されることがわかる．平均関数を近似するモデルは，いくつかのパラメータに依存することから $u(\boldsymbol{x};\boldsymbol{\beta})$ と書くことにする．ガウスノイズを伴って観測されたデータ y_α は

$$y_\alpha = u(\boldsymbol{x}_\alpha;\boldsymbol{\beta})+\varepsilon_\alpha, \quad \alpha = 1,2,\cdots,n \tag{2.21}$$

で与えられ，密度関数

$$f(y_\alpha|\boldsymbol{x}_\alpha;\boldsymbol{\theta}) = \frac{1}{\sqrt{2\pi\sigma^2}}\exp\left[-\frac{\{y_\alpha-u(\boldsymbol{x}_\alpha;\boldsymbol{\beta})\}^2}{2\sigma^2}\right], \quad \alpha = 1,2,\cdots,n \tag{2.22}$$

によって表現される．ここで，$\boldsymbol{\theta}=(\boldsymbol{\beta}',\sigma^2)'$ とする．

密度関数によって表現された回帰モデルは，例えば最尤法によってモデルのパラメータ $\boldsymbol{\theta}$ を推定し，これを $\hat{\boldsymbol{\theta}}=(\hat{\boldsymbol{\beta}}',\hat{\sigma}^2)'$ とおく．このとき，(2.22) 式の未知のパラメータを推定量で置き換えた密度関数

$$f(y_\alpha|\boldsymbol{x}_\alpha;\hat{\boldsymbol{\theta}}) = \frac{1}{\sqrt{2\pi\hat{\sigma}^2}}\exp\left[-\frac{\{y_\alpha-u(\boldsymbol{x}_\alpha;\hat{\boldsymbol{\beta}})\}^2}{2\hat{\sigma}^2}\right], \quad \alpha = 1,2,\cdots,n \tag{2.23}$$

が，1つの**統計的モデル**である．

回帰モデルでは平均の動きのモデル化に関心が集中しがちであるが，誤差項の分布も重要であり，たとえ平均関数が同じでも分散の値を変えることによって異なるモデルが得られる．さらに，誤差項の変動にコーシー分布などの正規分布以外の分布を想定するモデルも考えられる．

[例8 多項式モデルの当てはめ] 図2.8は，説明変数 x と目的変数 y に関して観測された15個のデータをプロットしたものである．このデータを順に $\{(x_\alpha, y_\alpha); \alpha = 1, 2, \cdots, 15\}$ として，(2.18)式の多項式モデルを当てはめる．

各次数 m に対して多項式モデルのパラメータ $\boldsymbol{\beta} = (\beta_0, \beta_1, \cdots, \beta_m)'$ は最小2乗法あるいは最尤法，すなわち対数尤度関数

$$\sum_{\alpha=1}^{n} \log f(y_\alpha | x_\alpha; \boldsymbol{\beta}, \sigma^2)$$

$$= -\frac{n}{2}\log(2\pi\sigma^2) - \frac{1}{2\sigma^2}\sum_{\alpha=1}^{n}\{y_\alpha - (\beta_0 + \beta_1 x_\alpha + \cdots + \beta_m x_\alpha^m)\}^2 \quad (2.24)$$

の最大化によって推定し，これを $\hat{\boldsymbol{\beta}} = (\hat{\beta}_0, \hat{\beta}_1, \cdots, \hat{\beta}_m)'$ とする．図には，このようにして推定された3次，8次，12次の多項式曲線を示す．これから，仮定する次数によって推定される多項式が大きく異なることがわかる．それでは，モデルとして何次の多項式モデルを採用すればよいであろうか．

この次数選択の問題を，推定したモデルのデータへの適合度，すなわち

$$\sum_{\alpha=1}^{n}(y_\alpha - \hat{y}_\alpha)^2 = \sum_{\alpha=1}^{n}\{y_\alpha - (\hat{\beta}_0 + \hat{\beta}_1 x_\alpha + \cdots + \hat{\beta}_m x_\alpha^m)\}^2 \quad (2.25)$$

の最小化という観点から考えると，高次のモデルほどこの値は小さくなり，結局すべてのデータを通る $(n-1)$ 次の多項式を選択することになる．もし，データが誤差を含まなければ(2.18)式の誤差項 ε_α は必要なくなり，モデルのクラスの中で最多数のパラメータで表現される最も複雑なモデルを選択すればよい．しかし，誤差が内在し確率的に変動するデータに対しては，観測されたデータにのみ過度に適合(overfitting)したモデルは，誤差を過剰に捉えており，現象の構造を十分に近似しているとはいえない．したがって，将来の現象予測にも有効に機能しない．

2.3 条件付き分布モデル

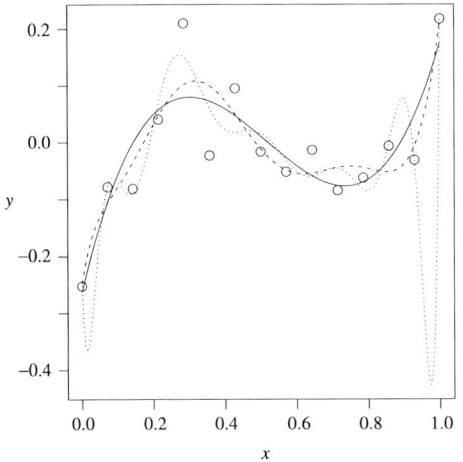

図 2.8 3次(実線), 8次(破線), 12次(点線) の多項式モデルの当てはめ

一般に，多数のパラメータを含む複雑なモデルほど誤差を必要以上にモデルの中に取り込んでしまい，逆に単純すぎるモデルは現象の構造を反映しなくなる．したがってモデルの評価は，データへの適合度とモデルの複雑さをどのように折衷するかが鍵になる．

[**例 9 スプライン**] 目的変数 y と1次元説明変数 x について観測されたデータ $\{(y_\alpha, x_\alpha); \alpha = 1, 2, \cdots, n\}$ において，n 個の x_α は区間 $[a, b]$ 上に次のように大きさの順に並んでいるとする．

$$a < x_1 < x_2 < \cdots < x_n < b \tag{2.26}$$

スプラインの基本的な考え方は，n 組の観測データに1つの多項式モデルを当てはめるのではなく，データ $\{x_1, \cdots, x_n\}$ が含まれる区間をいくつかの小区間に分割して，区分的に多項式モデルを当てはめることにある．

いま，(x_1, x_n) を分割する m 個の点を $\xi_1 < \xi_2 < \cdots < \xi_m$ とする．これらの点は**節点**(knot) と呼ばれる．実際上，最も用いられているのは**3次スプライン**(cubic spline) で，これは各小区間 $[a, \xi_1], [\xi_1, \xi_2], \cdots, [\xi_m, b]$ 上で区分的に3次多項式を当てはめ，節点で滑らかに接続したものである．すなわち，各節点で2つの3次多項式の1次，2次導関数が連続となるように制約を付けてモデルの当てはめを行うものである．この結果，節点 $\xi_1 < \xi_2 < \cdots < \xi_m$ をもつ3次スプライン関

数は，次の式で与えられる．

$$u(x;\boldsymbol{\theta}) = \beta_0 + \beta_1 x + \beta_2 x^2 + \beta_3 x^3 + \sum_{i=1}^{m} \theta_i (x-\xi_i)_+^3 \qquad (2.27)$$

ここで，$\boldsymbol{\theta} = (\theta_1, \theta_2, \cdots, \theta_m, \beta_0, \beta_1, \beta_2, \beta_3)'$ とし，$(x-\xi_i)_+ = \max\{0, x-\xi_i\}$ である．

しかし，一般に境界付近での3次多項式の当てはめは，推定された曲線の変動が大きく適当でないことが知られている．そこで，3次スプラインに対して両端区間 $[-\infty, \xi_1], [\xi_m, +\infty]$ では1次式であるという条件を付加したのが**自然3次スプライン**(natural cubic spline)で，次の式で表すことができる．

$$u(x;\boldsymbol{\theta}) = \beta_0 + \beta_1 x + \sum_{i=1}^{m-2} \theta_i \{d_i(x) - d_{m-1}(x)\} \qquad (2.28)$$

ただし，$\boldsymbol{\theta} = (\theta_1, \theta_2, \cdots, \theta_{m-2}, \beta_0, \beta_1)'$ とし，また

$$d_i(x) = \frac{(x-\xi_i)_+^3 - (x-\xi_m)_+^3}{\xi_m - \xi_i}$$

とおく．

実際上，スプラインを適用する場合，節点の個数と位置を決める問題が残る．特に，節点の位置をパラメータとして推定することは，計算上きわめて難しい．このため，節点の位置を除くモデルのパラメータ $\boldsymbol{\theta}$ の推定は，4.3.2項で述べる正則化法や 4.3.5 項の正則化最小2乗法を用いて推定することにする．これらの問題は，第4章で述べることにする．B-スプラインは，区分的多項式を接続させて基底関数と呼ばれるものを作る方法で，モデルのパラメータ数を大きく減らすことができる．この方法についても 4.3.4 項で述べる．

2.3.2 時系列モデル

時間とともに変動する現象の観測値 $x_1, \cdots, x_N$ を時系列という．気象データ，環境データ，金融・経済データ，経時的な実験データなどにみられるように，現実のデータの多くは時系列といえる．通常，このような時系列に対しては，過去の履歴すなわち時刻 $n-1$ までの観測値が与えられたもとでの条件付き分布

$$f(x_n | x_{n-1}, x_{n-2}, \cdots) \qquad (2.29)$$

を考える．とくに有限次元で線形の構造を仮定すると，**自己回帰 (AR) モデル**

2.3 条件付き分布モデル

$$x_n = \sum_{j=1}^{p} a_j x_{n-j} + \varepsilon_n, \quad \varepsilon_n \sim N(0, \sigma^2) \tag{2.30}$$

が得られる．p は次数と呼ばれ，過去の何時点前までの情報が得られれば将来の予測分布が確定するかを表している．とくに $p=0$ で x_n が自分自身の過去の変動と無相関の場合には，白色雑音と呼ばれる．自己回帰モデルは x_n の条件付き分布 (予測分布ともいう) が，平均 $\sum_{j=1}^{p} a_j x_{n-j}$，分散 σ^2 の正規分布で与えられることを意味する．

自己回帰モデルの場合も，多項式モデルと同様に適切な次数の選択が重要である．データ $x_1, \cdots, x_n$ が与えられるとき，最小2乗法や最尤法により係数 a_j および予測誤差分散 σ^2 の推定値 $\hat{a}_j, \hat{\sigma}^2$ を求めることができる．ただし，次数 p を仮定したときの $\hat{\sigma}^2$ を $\hat{\sigma}_p^2$ と表すことにすると，$\hat{\sigma}_p^2$ は p の単調減少関数となる．したがって，これを次数選択の基準とすると，常に最高次数が選択される．これは，例8の多項式モデルの次数選択に対応する．

表 2.1 の第2列は，船舶の横ゆれ角 (rolling) のデータ ($n = 500$) に対して 20 次までの自己回帰モデルを当てはめたときの $\hat{\sigma}_p^2$ の変化を示す．$\hat{\sigma}_p^2$ は $p = 2$ までは急激に減少するが，その後の減少は緩やかである．一方，表の第3列は推定された次数 p のモデルによって，その後のデータ $x_{501}, \cdots, x_{1000}$ を

$$\hat{x}_i^p = \sum_{j=1}^{p} \hat{a}_j^p x_{i-j}, \quad i = 501, \cdots, 1000 \tag{2.31}$$

によって予測したときの，予測誤差分散

$$\mathrm{PEV}_p = \frac{1}{500} \sum_{i=501}^{1000} (x_i - \hat{x}_i^p)^2 \tag{2.32}$$

表 2.1　いろいろな次数の自己回帰モデルの残渣分散と予測誤差分散

p	$\hat{\sigma}_p^2$	PEV_p	p	$\hat{\sigma}_p^2$	PEV_p	p	$\hat{\sigma}_p^2$	PEV_p
0	6.3626	8.0359	7	0.3477	0.3956	14	0.3206	0.3802
1	1.1386	1.3867	8	0.3397	0.3835	15	0.3204	0.3808
2	0.3673	0.4311	9	0.3313	0.3817	16	0.3202	0.3808
3	0.3633	0.4171	10	0.3312	0.3812	17	0.3188	0.3823
4	0.3629	0.4167	11	0.3250	0.3808	18	0.3187	0.3822
5	0.3547	0.4030	12	0.3218	0.3797	19	0.3187	0.3822
6	0.3546	0.4027	13	0.3218	0.3801	20	0.3186	0.3831

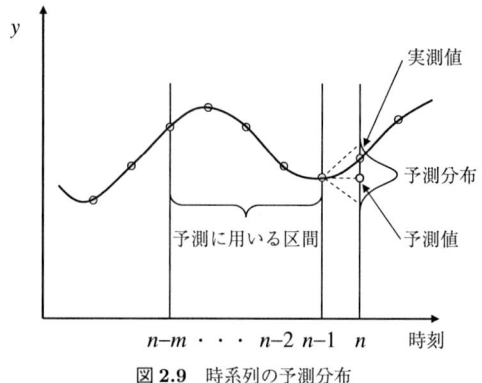

図 2.9　時系列の予測分布

の値を示す．ただし，$\hat{a}_j^p$ は p 次の自己回帰モデルの j 番目の係数 a_j の推定値である．PEV_p の値は $p = 12$ で最小となり，それ以上の次数では，かえって予測誤差分散が増加することを示している．

時系列の構造が複雑で，自己回帰モデルでは高い次数 p が必要な場合でも，時系列の過去の値とともに，ε_n の過去の値も利用することによって，より少数のパラメータで適切なモデルが得られることがある．下記のモデルは**自己回帰移動平均 (ARMA) モデル**と呼ばれる．

$$x_n = \sum_{j=1}^{p} a_j x_{n-j} + \varepsilon_n - \sum_{j=1}^{q} b_j \varepsilon_{n-j} \tag{2.33}$$

一般に時系列 x_n の条件付き分布が $x_{n-1}, x_{n-2}, \cdots$ およびノイズ (イノベーションと呼ぶ)$\varepsilon_n, \varepsilon_{n-1}, \cdots$ の非線形関数で表されるとき，対応するモデルを非線形時系列モデルと呼ぶ．また，時系列 x_n がベクトルで各成分が相互に関連をもっているとき，多変量時系列モデルが得られる．

広範なクラスの時系列モデルが，**状態空間モデル**で統一的に表現できる．状態空間モデルでは，時系列 x_n に対して未知の状態ベクトル α_n を想定する．このとき時系列は

$$\begin{aligned} \alpha_n &= F_n \alpha_{n-1} + G_n v_n, \\ x_n &= H_n \alpha_n + w_n \end{aligned} \tag{2.34}$$

と表される．ここで，v_n および w_n はそれぞれ正規分布 $N(0, \tau_n^2)$, $N(0, \sigma_n^2)$ に従う白色雑音である．この状態空間モデルに対しては，観測値から未知の状態

α_n の条件付き分布 $f(\alpha_n|x_{n-1}, x_{n-2}, \cdots)$ および $f(\alpha_n|x_n, x_{n-1}, \cdots)$ を効率よく計算するカルマンフィルタのアルゴリズムが知られている．これらの条件付き分布は，それぞれ状態の予測分布，フィルタ分布と呼ばれる．

この状態空間モデルを一般化したものとして，**一般化状態空間モデル**がある．一般化状態空間モデルは，時系列の変動を以下のように表現する．

$$\alpha_n \sim F(\alpha_n|\alpha_{n-1}),$$
$$x_n \sim H(x_n|\alpha_n) \tag{2.35}$$

ここで，F および H は適当に定められた条件付き確率分布を表す．すなわち，一般化状態空間モデルは，統計的モデリングで本質的な条件付き分布を直接用いた表現ということができる．この条件付き分布モデルは，観測値や状態が離散変数の場合にも適用でき，隠れマルコフモデルもその特別な場合として含まれる．

2.3.3 空間モデル

データの分布を空間的配置と関連づけて表現するモデルが空間モデルである．データが図 2.10 の左側のように規則的な格子状に配置されている場合には，(i,j) 上のデータ x_{ij} を，例えば周囲の 4 点の条件付き分布として表す

$$p(x_{ij}|x_{i,j-1}, x_{i,j+1}, x_{i-1,j}, x_{i+1,j}) \tag{2.36}$$

というモデルが考えられる．簡単な例としては

$$x_{ij} = \frac{1}{4}(x_{i,j-1}+x_{i,j+1}+x_{i-1,j}+x_{i+1,j})+\varepsilon_{ij} \tag{2.37}$$

が挙げられる．ただし，ε_{ij} は平均 0，分散 σ^2 の正規分布とする．

一方，図 2.10 の右側のようにデータの点配置が格子状とは限らない一般の場合には，粒子と呼ばれる各点間の局所的相互作用のモデル化によって平衡状態を記述するモデルが得られる．

n 個の粒子の点配置 $\boldsymbol{x} = \{x_1, x_2, \cdots, x_n\}$ が与えられているものとする．このとき，2 点間に働く力をモデル化したポテンシャル関数 $\phi(x,y)$ を定義すると，点配置 $\boldsymbol{x}$ のポテンシャルエネルギーの総和は

$$H(\boldsymbol{x}) = \sum_{1 \leq i \leq j \leq n} \phi(x_i, x_j) \tag{2.38}$$

図 2.10 格子状の平面データに対する空間モデルの予測構造の 1 例

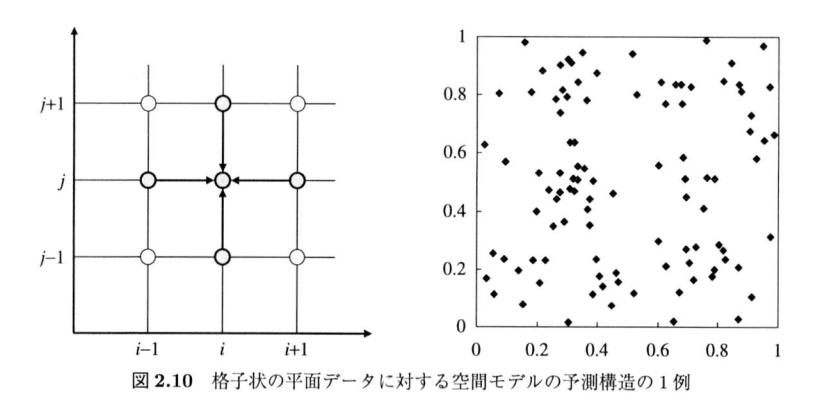

で与えられる.このときギブス分布は

$$f(\boldsymbol{x}) = C\exp\{-H(\boldsymbol{x})\} \tag{2.39}$$

で定義できる.C は全空間での積分が 1 になるように定める規格化定数である.この方法では,ポテンシャル関数 $\phi(x,y)$ の具体的な形を想定することによって,空間データのモデルが得られる.

3

情 報 量 規 準

本章では，まずデータを生成する真の確率分布を近似する統計的モデルのよさを評価する基準として用いるカルバック–ライブラー (Kullback-Leibler) 情報量とその性質について述べる．この基準を統計的モデルの評価に採用することによって，どのようにして情報量規準 AIC へと結びついたかを説明する．このため，AIC 導出のための基本的な考え方とプロセスを理論的枠組みの中で統一的に整理する．

3.1 カルバック–ライブラー情報量

3.1.1 定 義 と 性 質

未知の確率分布関数 $G(x)$ に従って観測された n 個のデータを $\boldsymbol{x}_n = \{x_1, x_2, \cdots, x_n\}$ とする．データを発生するこの確率分布関数 $G(x)$ を以下では真のモデルあるいは真の分布と呼ぶことにする．これに対してわれわれが想定したモデルを $F(x)$ とする．確率分布関数 $G(x)$ および $F(x)$ が，それぞれ密度関数 $g(x)$ および $f(x)$ をもつ場合は連続モデル (連続分布モデル) という．一方，$g(x)$ および $f(x)$ が有限または可算無限個の離散点 $\{x_1, x_2, \cdots, x_k, \cdots\}$ に対して，次のように事象 $\{\omega; X(\omega) = x_i\}$ の確率

$$g_i = g(x_i) \equiv \Pr(\{\omega; X(\omega) = x_i\}),$$
$$f_i = f(x_i) \equiv \Pr(\{\omega; X(\omega) = x_i\}), \quad i = 1, 2, \cdots \qquad (3.1)$$

で表される場合は，離散モデル (離散分布モデル) という．

このとき，モデル $f(x)$ のよさを，真のモデル $g(x)$ との確率分布としての近さによって評価するものとする．Akaike(1973) は，この近さを測る尺度として，次の**カルバック–ライブラー情報量**(Kullback-Leibler1951)，以下 **K-L 情報量** と

呼ぶ) を用いることを提案した．

$$I(G;F) = E_G\left[\log \frac{G(X)}{F(X)}\right] \tag{3.2}$$

ここで E_G は確率分布 G に関する期待値を示す．

確率分布関数が密度関数 $g(x)$ と $f(x)$ をもつ連続モデルの場合には，K-L 情報量は

$$I(g;f) = \int_{-\infty}^{\infty} \log\left\{\frac{g(x)}{f(x)}\right\} g(x) dx \tag{3.3}$$

と表される．一方，確率が $\{g(x_i); i=1,2,\cdots\}$, $\{f(x_i); i=1,2,\cdots\}$ で与えられる離散モデルの場合には

$$I(g;f) = \sum_{i=1}^{\infty} g(x_i) \log \frac{g(x_i)}{f(x_i)} \tag{3.4}$$

と表される．また，連続モデルと離散モデルを統一して，次のように表すこともできる．

$$\begin{aligned}
I(g;f) &= \int \log\left\{\frac{g(x)}{f(x)}\right\} dG(x) \\
&= \begin{cases} \displaystyle\int_{-\infty}^{\infty} \log\left\{\frac{g(x)}{f(x)}\right\} g(x) dx & \text{連続モデル} \\ \displaystyle\sum_{i=1}^{\infty} g(x_i) \log \frac{g(x_i)}{f(x_i)} & \text{離散モデル} \end{cases}
\end{aligned} \tag{3.5}$$

[K-L 情報量の性質] K-L 情報量に関しては，次のような性質がある．

(i) $I(g;f) \geq 0$

(ii) $I(g;f) = 0 \iff g(x) = f(x)$

この性質から，K-L 情報量の値が小さいほど，モデル $f(x)$ は $g(x)$ に近いと考えることができる．

[証明] まず $t>0$ において定義される関数 $K(t) = \log t - t + 1$ を考える．このとき $K(t)$ の導関数 $K'(t) = t^{-1} - 1$ は $K'(1) = 0$ を満たし，$K(t)$ は $t=1$ で最大値 $K(1) = 0$ をとる．したがって，$K(t) \leq 0$ がすべての $t>0$ について成り立つ．ただし，等号は $t=1$ のときに限る．これは，

$$\log t \leq t-1, \quad \text{等号は } t=1 \text{ に限る}$$

が成り立つことを意味する．ここで，この式に連続モデルの場合は $t = f(x)/g(x)$ を代入すると

$$\log \frac{f(x)}{g(x)} \leq \frac{f(x)}{g(x)} - 1$$

となる．さらに，両辺に $g(x)$ を掛けて積分すると

$$\int \log \left\{ \frac{f(x)}{g(x)} \right\} g(x) dx \leq \int \left\{ \frac{f(x)}{g(x)} - 1 \right\} g(x) dx$$

$$= \int f(x) dx - \int g(x) dx = 0$$

を得る．したがって

$$\int \log \left\{ \frac{g(x)}{f(x)} \right\} g(x) dx = -\int \log \left\{ \frac{f(x)}{g(x)} \right\} g(x) dx \geq 0$$

となり，(i) が示された．明らかに等号は $g(x) = f(x)$ のときのみ成り立つ．離散モデルの場合には，密度関数 $g(x), f(x)$ をそれぞれ確率関数 $g(x_i), f(x_i)$ に置き換えて，積分の代わりに $i = 1, 2, \cdots$ に関する和をとればよい．

[分布間の近さを測る尺度] 分布間の何らかの近さを測るための尺度としては，K-L 情報量の他に次のようなものが提案されている (河田 (1987))．

$$\chi^2(g; f) = \sum_{i=1}^{k} \frac{g_i^2}{f_i} - 1 = \sum_{i=1}^{k} \frac{(f_i - g_i)^2}{f_i} \qquad \chi^2 \text{ 統計量}$$

$$I_K(g; f) = \int \left\{ \sqrt{f(x)} - \sqrt{g(x)} \right\}^2 dx \qquad \text{ヘリンジャー距離}$$

$$I_\lambda(g; f) = \frac{1}{\lambda} \int \left\{ \left(\frac{g(x)}{f(x)} \right)^\lambda - 1 \right\} g(x) dx \qquad \text{一般化情報量 (河田 (1987))}$$

$$D(g; f) = \int u \left(\frac{g(x)}{f(x)} \right) g(x) dx \qquad \text{ダイバージェンス}$$

$$L_1(g; f) = \int |g(x) - f(x)| dx \qquad L^1 \text{ ノルム}$$

$$L_2(g; f) = \int \left\{ g(x) - f(x) \right\}^2 dx \qquad L^2 \text{ ノルム}$$

上式のダイバージェンス $D(g; f)$ において $u(x) = \log x$ とおくと K-L 情報量 $I(g; f)$ が，また $u(x) = \lambda^{-1}(x^\lambda - 1)$ とおくと一般化情報量 $I_\lambda(g; f)$ が得られる．また，$I_\lambda(g; f)$ において $\lambda \to 0$ のとき K-L 情報量 $I(g; f)$ が得られる．本書では

Akaike(1973) で用いられた K-L 情報量に基づいて構成されるモデル評価基準を，一般に**情報量規準**と呼ぶことにする．

3.1.2 K-L 情報量の例

[例 1]　真のモデル $g(x)$ および想定したモデル $f(x)$ が，それぞれ正規分布 $N(\xi,\tau^2)$ および $N(\mu,\sigma^2)$ であるとする．ここで E_G を真のモデルに関する期待値とすると，確率変数 X は $N(\xi,\tau^2)$ に従うことから

$$E_G\left[(X-\mu)^2\right] = E_G\left[(X-\xi)^2 + 2(X-\xi)(\xi-\mu) + (\xi-\mu)^2\right]$$
$$= \tau^2 + (\xi-\mu)^2$$

が成り立つ．したがって，正規分布 $f(x) = (2\pi\sigma^2)^{-\frac{1}{2}} \exp\left\{-(x-\mu)^2/(2\sigma^2)\right\}$ に対して

$$E_G\left[\log f(X)\right] = E_G\left[-\frac{1}{2}\log(2\pi\sigma^2) - \frac{(X-\mu)^2}{2\sigma^2}\right]$$
$$= -\frac{1}{2}\log(2\pi\sigma^2) - \frac{\tau^2 + (\xi-\mu)^2}{2\sigma^2}$$

を得る．この式で特に，$\mu=\xi$，$\sigma^2=\tau^2$ とおくと

$$E_G\left[\log g(X)\right] = -\frac{1}{2}\log(2\pi\tau^2) - \frac{1}{2}$$

となるので，$g(x)$ に対するモデル $f(x)$ の K-L 情報量は

$$I(g;f) = E_G\left[\log g(X)\right] - E_G\left[\log f(X)\right]$$
$$= \frac{1}{2}\left\{\log\frac{\sigma^2}{\tau^2} + \frac{\tau^2+(\xi-\mu)^2}{\sigma^2} - 1\right\}$$

となる．

[例 2]　真のモデルを両側指数分布 $g(x) = \exp(-|x|)$ とし，想定するモデル $f(x)$ は $N(\mu,\sigma^2)$ とする．このとき

$$E_G\left[\log g(X)\right] = \int_{-\infty}^{\infty} -|x|e^{-|x|}dx = -2\int_0^{\infty} xe^{-x}dx = -2 \tag{3.6}$$

$$E_G\left[\log f(X)\right] = -\frac{1}{2}\log(2\pi\sigma^2) - \frac{1}{2\sigma^2}\int_{-\infty}^{\infty}(x-\mu)^2 e^{-|x|}dx$$
$$= -\frac{1}{2}\log(2\pi\sigma^2) - \frac{1}{2\sigma^2}(4+2\mu^2) \tag{3.7}$$

を得る．これより $g(x)$ に対するモデル $f(x)$ の K-L 情報量は

$$I(g;f) = \frac{1}{2}\log(2\pi\sigma^2) + \frac{2+\mu^2}{\sigma^2} - 2 \tag{3.8}$$

で与えられる．

[例 3] 2 つのサイコロがあり，それぞれ目の出る確率は，
$$f_a = \{0.20, 0.12, 0.18, 0.12, 0.20, 0.18\},$$
$$f_b = \{0.18, 0.12, 0.14, 0.19, 0.22, 0.15\}$$

で与えられているとする．このとき，どちらのサイコロがより公平であるといえるだろうか．理想的なサイコロは $g = \{1/6, 1/6, 1/6, 1/6, 1/6, 1/6\}$ であることから，これを真のモデルとみて K-L 情報量 $I(g;f)$ を計算して，その値が小さい方のサイコロが，より理想的なサイコロに近く公平であるといえる．実際に

$$I(g;f) = \sum_{i=1}^{6} g_i \log \frac{g_i}{f_i}$$

の値を計算してみると $I(g;f_a) = 0.023$, $I(g;f_b) = 0.020$ となり，K-L 情報量から見ると f_b のサイコロの方が公平といえる．

3.1.3 K-L 情報量に関する話題

[ボルツマンのエントロピー]　K-L 情報量の符号を変えた $B(g;f) = -I(g;f)$ は，ボルツマン (Boltzmann) のエントロピーと呼ばれる．離散分布モデル $f = \{f_1, \cdots, f_k\}$ の場合には，エントロピーは，想定したモデルから得たサンプルの相対度数が真の分布と一致する確率 W の対数に比例する量と解釈することができる．

[証明]　モデル f に従う分布から n 個の独立なサンプルを抽出し，頻度分布 $\{n_1, \cdots, n_k\}$ $(n_1 + n_2 + \cdots + n_k = n)$ あるいは相対頻度分布 $\{g_1, g_2, \cdots, g_k\}$ $(g_i = n_i/n)$ が得られたものと想定する．このような頻度分布 $\{n_1, \cdots, n_k\}$ が得られる確率は

$$W = \frac{n!}{n_1! \cdots n_k!} f_1^{n_1} \cdots f_k^{n_k}$$

で与えられるので，その対数をとり，スターリング (Stirling) の近似式 $\log n! \sim$

$n\log n-n$ を用いると

$$\log W = \log n! - \sum_{i=1}^{k}\log n_i! + \sum_{i=1}^{k} n_i \log f_i$$

$$\sim n\log n - n - \sum_{i=1}^{k} n_i \log n_i + \sum_{i=1}^{k} n_i + \sum_{i=1}^{k} n_i \log f_i$$

$$= -\sum_{i=1}^{k} n_i \log \frac{n_i}{n} + \sum_{i=1}^{k} n_i \log f_i$$

$$= \sum_{i=1}^{k} n_i \log \frac{f_i}{g_i} = n\sum_{i=1}^{k} g_i \log \frac{f_i}{g_i} = n\cdot B(g;f)$$

が得られる．したがって，$B(g;f) \sim n^{-1}\log W$ となり，$B(g;f)$ は，近似的に，想定したモデルから得たサンプルの相対度数が真の分布と一致する確率の対数に比例する．

以上のように，K-L 情報量は真の分布からモデルが定める分布が現れる確率ではなく，逆にモデルからわれわれが観測したデータが得られる確率を考えていることに注意したい．

[**K-L 情報量の関数形について**] $(0,\infty)$ 上で定義された微分可能な関数 F が任意の確率関数 $\{g_1,\cdots,g_k\}, \{f_1,\cdots,f_k\}$ に対して $\sum_{i=1}^{k} g_i F(f_i) \leq \sum_{i=1}^{k} g_i F(g_i)$ を満たすとき，その関数は $F(g) = \alpha + \beta \log g$ に限られる．

[証明] $gF'(g) = \beta > 0$ を示せば，$\partial F/\partial g = \beta/g$ から $F(g) = \alpha + \beta \log g$ となることが示される．$h = (h_1,\cdots,h_k)$ は $\sum_{i=1}^{k} h_i = 0$, $|h_i| \leq \min\{g_i, 1-g_i\}$ を満たす任意のベクトル，$\lambda \in [-1,1]$ とする．このとき $g+\lambda h$ は確率分布となるので，仮定から

$$\varphi(\lambda) \equiv \sum_{i=1}^{k} g_i F(g_i + \lambda h_i) \leq \sum_{i=1}^{k} g_i F(g_i) = \varphi(0)$$

が成り立つ．したがって，

$$\varphi'(\lambda) = \sum_{i=1}^{k} g_i F'(g_i + \lambda h_i) h_i, \quad \varphi'(0) = \sum_{i=1}^{k} g_i F'(g_i) h_i = 0$$

が常に成り立つので，$h_1 = C$, $h_2 = -C$, $h_i = 0 (i=3,\cdots,k)$ とおくと

$$g_1 F'(g_1) = g_2 F'(g_2) = \text{const.} = \beta$$

となることがわかる．他の i についても同様に示せる．

この結果は，$I(g;f) \geq 0$ を満たす尺度が本質的に K-L 情報量に限られることを示すものではない．しかし，次節の (3.9) 式のように 2 項に分解できるものは，K-L 情報量に限ることを示している．

3.2 平均対数尤度とその推定量

前節でみたように K-L 情報量を計算すれば，そのモデルの適切さを評価することができる．しかしながら，K-L 情報量そのものが実際のモデリングに使用できる場面は限られている．それは，K-L 情報量が未知の分布 g を含んでいるために，その値を直接計算することができないからである．

ところが K-L 情報量は

$$I(g;f) = E_G \left[\log \frac{g(X)}{f(X)} \right] = E_G [\log g(X)] - E_G [\log f(X)] \tag{3.9}$$

と分解でき，しかも右辺第 1 項は真のモデル g だけに依存する定数であることから，異なるモデルを比較するためには，右辺第 2 項だけを考えればよいことがわかる．この項は**平均対数尤度**と呼ばれ，この値が大きなモデルほど K-L 情報量は小さくなり，よいモデルであるといえる．

ただし，平均対数尤度は

$$E_G [\log f(X)] = \int \log f(x) dG(x)$$

$$= \begin{cases} \int_{-\infty}^{\infty} g(x) \log f(x) dx & \text{連続モデル} \\ \sum_{i=1}^{\infty} g(x_i) \log f(x_i) & \text{離散モデル} \end{cases} \tag{3.10}$$

と表現できることからわかるように，依然として真の分布 g に依存し，陽には計算できない未知の量である．しかし，データから平均対数尤度の有効な推定量を求めることができれば，それをモデル評価基準として利用できる．次に，この問題を考えてみる．

いま，真の分布 $G(x)$ あるいは $g(x)$ に従って観測されたデータを $\boldsymbol{x}_n = \{x_1, x_2,$

$\cdots, x_n\}$ とする．平均対数尤度の1つの推定量は，(3.10) 式に含まれる未知の確率分布 G をデータ $\boldsymbol{x}_n$ に基づく経験分布関数 $\hat{G}$ で置き換えることによって得られる．ここで経験分布関数とは，n 個のデータ $\{x_1, x_2, \cdots, x_n\}$ の各点で等確率 $1/n$ をもつ確率関数 $\hat{g}(x_\alpha) = 1/n (\alpha = 1, 2, \cdots, n)$ の分布関数である (4.1 節参照)．実際，(3.10) 式に含まれる未知の確率分布 G を経験分布関数 $\hat{G}(x)$ で置き換えると

$$E_{\hat{G}}[\log f(X)] = \int \log f(x) d\hat{G}(x)$$
$$= \sum_{\alpha=1}^{n} \hat{g}(x_\alpha) \log f(x_\alpha)$$
$$= \frac{1}{n} \sum_{\alpha=1}^{n} \log f(x_\alpha) \qquad (3.11)$$

を得る．

大数の法則によると，データ数 n が無限に大きくなるとき，確率変数 $Y_\alpha = \log f(X_\alpha)(\alpha = 1, 2, \cdots, n)$ の平均は，その期待値に確率収束する．すなわち

$$\frac{1}{n} \sum_{\alpha=1}^{n} \log f(X_\alpha) \longrightarrow E_G[\log f(X)], \quad n \to +\infty \qquad (3.12)$$

が成り立ち，したがって (3.11) 式の経験分布関数に基づく推定量は，平均対数尤度の自然な推定量であることがわかる．この平均対数尤度の推定量を n 倍した

$$n \int \log f(x) d\hat{G}(x) = \sum_{\alpha=1}^{n} \log f(x_\alpha) \qquad (3.13)$$

が，モデル $f(x)$ の**対数尤度**である．統計解析でしばしば用いられる対数尤度が，K-L 情報量の近似として明確に捉えられたことになる．

[**例 4**] 連続モデル $g(x), f(x)$ はともに平均 0，分散 1 の正規分布 $N(0,1)$ とする．$g(x)$ から n 個のデータ $\{x_1, x_2, \cdots, x_n\}$ を生成し，経験分布関数 $\hat{G}$ を構成する．次に (3.11) 式の値

$$E_{\hat{G}}[\log f(X)] = -\frac{1}{2} \log(2\pi) - \frac{1}{2n} \sum_{\alpha=1}^{n} x_\alpha^2$$

を計算する．このプロセスを 1000 回反復して $E_{\hat{G}}[\log f(X)]$ の平均と分散を求

表 3.1 正規分布モデルの対数尤度の分布

n	10	100	1000	10000	$E_G[\log f]$
平均	-1.4188	-1.4185	-1.4191	-1.4189	-1.4189
分散	0.05079	0.00497	0.00050	0.00005	—
標準偏差	0.22537	0.07056	0.02232	0.00696	—

1000回のモンテカルロ実験により平均,分散,標準偏差を求めたもの.$E_G[\log f(X)]$ は平均対数尤度を示す.

めた結果を表 3.1 に示す.

データ数が小さくても 1000 回の平均は真値,すなわち平均対数尤度

$$E_G[\log f(X)] = \int g(x)\log f(x)dx = -\frac{1}{2}\log(2\pi)-\frac{1}{2} = -1.4189$$

にきわめて近く,バイアスはほとんどないことを示唆している.一方,分散は n に反比例して減少している.

3.3 最尤法と最尤推定量

3.3.1 対数尤度関数と最尤推定量

モデルが,未知の p 次元パラメータ $\boldsymbol{\theta} = (\theta_1, \theta_2, \cdots, \theta_p)'$ をもつ確率分布 $f(x|\boldsymbol{\theta})$ $(\boldsymbol{\theta} \in \Theta \subset \mathbb{R}^p)$ の形で与えられる場合を考える.この場合,データ $\boldsymbol{x}_n = \{x_1, x_2, \cdots, x_n\}$ が与えられると,各 $\boldsymbol{\theta} \in \Theta$ に対して対数尤度が求まる.したがって,この対数尤度を $\boldsymbol{\theta} \in \Theta$ の関数とみなして

$$\ell(\boldsymbol{\theta}) = \sum_{\alpha=1}^{n} \log f(x_\alpha|\boldsymbol{\theta}) \tag{3.14}$$

と表して,**対数尤度関数**と呼ぶ.この $\ell(\boldsymbol{\theta})$ を最大とする $\hat{\boldsymbol{\theta}} \in \Theta$ を求めることによって,すなわち

$$\ell(\hat{\boldsymbol{\theta}}) = \max_{\boldsymbol{\theta} \in \Theta} \ell(\boldsymbol{\theta}) \tag{3.15}$$

を満たす $\hat{\boldsymbol{\theta}}$ を求めることによって,$\boldsymbol{\theta}$ の自然な推定量が定義できる.この方法を**最尤法**(maximum likelihood method)といい,$\hat{\boldsymbol{\theta}}$ を**最尤推定量**と呼ぶ.推定に用いたデータを明記する必要がある場合は,$\hat{\boldsymbol{\theta}}(\boldsymbol{x}_n)$ のように表す.また $\hat{\boldsymbol{\theta}}$ で定まるモデル $f(x|\hat{\boldsymbol{\theta}})$ を最尤モデル,$\ell(\hat{\boldsymbol{\theta}}) = \sum_{\alpha=1}^{n}\log f(x_\alpha|\hat{\boldsymbol{\theta}})$ を最大対数尤度と呼ぶ.

3.3.2 尤度方程式による最尤法の実現

対数尤度関数 $\ell(\boldsymbol{\theta})$ が連続微分可能な場合には，最尤推定量 $\hat{\boldsymbol{\theta}}$ は尤度方程式

$$\frac{\partial \ell(\boldsymbol{\theta})}{\partial \theta_i} = 0 \quad (i = 1, 2, \cdots, p) \quad \text{または} \quad \frac{\partial \ell(\boldsymbol{\theta})}{\partial \boldsymbol{\theta}} = \boldsymbol{0} \tag{3.16}$$

の解として与えられる．ただし，$\partial \ell(\boldsymbol{\theta})/\partial \boldsymbol{\theta}$ は，その第 i 成分が $\partial \ell(\boldsymbol{\theta})/\partial \theta_i$ で与えられる p 次元ベクトル，$\boldsymbol{0}$ はその成分が全て 0 の p 次元零ベクトルとする．特に，尤度方程式が p 次元パラメータの 1 次方程式となるような場合には，最尤推定量を陽に表すことができる．

[例 5] データ $\{x_1, x_2, \cdots, x_n\}$ に対して，正規分布モデル $N(\mu, \sigma^2)$ を考える．この場合，対数尤度関数は

$$\ell(\mu, \sigma^2) = -\frac{n}{2} \log(2\pi\sigma^2) - \frac{1}{2\sigma^2} \sum_{\alpha=1}^{n} (x_\alpha - \mu)^2 \tag{3.17}$$

で与えられるので，尤度方程式は

$$\frac{\partial \ell(\mu, \sigma^2)}{\partial \mu} = \frac{1}{\sigma^2} \sum_{\alpha=1}^{n} (x_\alpha - \mu) = \frac{1}{\sigma^2} \left(\sum_{\alpha=1}^{n} x_\alpha - n\mu \right) = 0,$$

$$\frac{\partial \ell(\mu, \sigma^2)}{\partial \sigma^2} = -\frac{n}{2\sigma^2} + \frac{1}{2(\sigma^2)^2} \sum_{\alpha=1}^{n} (x_\alpha - \mu)^2 = 0$$

となる．これより μ と σ^2 の最尤推定量は

$$\hat{\mu} = \frac{1}{n} \sum_{\alpha=1}^{n} x_\alpha, \qquad \hat{\sigma}^2 = \frac{1}{n} \sum_{\alpha=1}^{n} (x_\alpha - \hat{\mu})^2 \tag{3.18}$$

で与えられる．

[例 6] ベルヌーイ分布 $f(x|p) = p^x (1-p)^{1-x} (x = 0, 1)$ に従って観測された n 個のデータ $\{x_1, x_2, \ldots, x_n\}$ に基づく対数尤度関数は

$$\ell(p) = \log \left\{ \prod_{\alpha=1}^{n} p^{x_\alpha} (1-p)^{1-x_\alpha} \right\}$$

$$= \sum_{\alpha=1}^{n} x_\alpha \log p + \left(n - \sum_{\alpha=1}^{n} x_\alpha \right) \log(1-p) \tag{3.19}$$

である．したがって，尤度方程式は

$$\frac{\partial \ell(p)}{\partial p} = \frac{1}{p}\sum_{\alpha=1}^{n} x_\alpha - \frac{1}{1-p}\left(n - \sum_{\alpha=1}^{n} x_\alpha\right) = 0 \qquad (3.20)$$

となる．これより，p の最尤推定量は

$$\hat{p} = \frac{1}{n}\sum_{\alpha=1}^{n} x_\alpha \qquad (3.21)$$

で与えられる．

［例 7］ 目的変数 y と p 個の説明変数 $\{x_1, x_2, \cdots, x_p\}$ に関して観測された n 組のデータを $\{y_\alpha, x_{\alpha 1}, x_{\alpha 2}, \cdots, x_{\alpha p}\}(\alpha = 1, 2, \cdots, n)$ とする．変数間の関係を捉えるためのモデルとして，次のガウスノイズをもつ線形回帰モデルを仮定する．

$$y_\alpha = \boldsymbol{x}_\alpha'\boldsymbol{\beta} + \varepsilon_\alpha, \quad \varepsilon_\alpha \sim N(0, \sigma^2), \quad \alpha = 1, 2, \cdots, n \qquad (3.22)$$

ただし，$\boldsymbol{x}_\alpha = (1, x_{\alpha 1}, x_{\alpha 2}, \cdots, x_{\alpha p})'$，$\boldsymbol{\beta} = (\beta_0, \beta_1, \cdots, \beta_p)'$ とする．このとき，y_α の確率密度関数は

$$f(y_\alpha|\boldsymbol{x}_\alpha; \boldsymbol{\theta}) = \frac{1}{\sqrt{2\pi\sigma^2}}\exp\left\{-\frac{1}{2\sigma^2}(y_\alpha - \boldsymbol{x}_\alpha'\boldsymbol{\beta})^2\right\} \qquad (3.23)$$

であるから，対数尤度関数は

$$\ell(\boldsymbol{\theta}) = \sum_{\alpha=1}^{n} \log f(y_\alpha|\boldsymbol{x}_\alpha; \boldsymbol{\theta})$$

$$= -\frac{n}{2}\log(2\pi\sigma^2) - \frac{1}{2\sigma^2}\sum_{\alpha=1}^{n}(y_\alpha - \boldsymbol{x}_\alpha'\boldsymbol{\beta})^2$$

$$= -\frac{n}{2}\log(2\pi\sigma^2) - \frac{1}{2\sigma^2}(\boldsymbol{y} - X\boldsymbol{\beta})'(\boldsymbol{y} - X\boldsymbol{\beta}) \qquad (3.24)$$

と表せる．ここで，$\boldsymbol{y} = (y_1, y_2, \cdots, y_n)'$，$X = (\boldsymbol{x}_1, \boldsymbol{x}_2, \cdots, \boldsymbol{x}_n)'$ とおく．尤度方程式は，$\ell(\boldsymbol{\theta})$ をパラメータ $\boldsymbol{\theta} = (\boldsymbol{\beta}', \sigma^2)'$ で偏微分した次の式で与えられる．

$$\frac{\partial \ell(\boldsymbol{\theta})}{\partial \boldsymbol{\beta}} = -\frac{1}{2\sigma^2}\left(-2X'\boldsymbol{y} + 2X'X\boldsymbol{\beta}\right) = \boldsymbol{0},$$

$$\frac{\partial \ell(\boldsymbol{\theta})}{\partial \sigma^2} = -\frac{n}{2\sigma^2} + \frac{1}{2\sigma^4}(\boldsymbol{y} - X\boldsymbol{\beta})'(\boldsymbol{y} - X\boldsymbol{\beta}) = 0 \qquad (3.25)$$

したがって，パラメータ $\boldsymbol{\beta}$ と σ^2 の最尤推定量は

$$\hat{\boldsymbol{\beta}} = (X'X)^{-1}X'\boldsymbol{y}, \qquad \hat{\sigma}^2 = \frac{1}{n}(\boldsymbol{y} - X\hat{\boldsymbol{\beta}})'(\boldsymbol{y} - X\hat{\boldsymbol{\beta}}) \qquad (3.26)$$

で与えられる．

3.3.3 数値的最適化による最尤法の実現

前項では,尤度方程式の解が陽に求められる場合を示したが,一般には尤度方程式はパラメータ $\boldsymbol{\theta}$ の複雑な非線形関数となることが多い.本項では,このような場合の最尤推定値の求め方を示す.

尤度方程式が陽に解けない場合は,通常,数値的最適化の方法が用いられる.この方法は,適当に定められた初期値 $\boldsymbol{\theta}_0$ から出発して,順次,$\boldsymbol{\theta}_1, \boldsymbol{\theta}_2, \cdots$ を生成して解 $\hat{\boldsymbol{\theta}}$ に収束させようとするものである.いま,ある段階で推定値 $\boldsymbol{\theta}_k$ が求められているものと仮定し,これを改良する次の点 $\boldsymbol{\theta}_{k+1}$ を以下のようにして求める.

最尤法では $\ell(\boldsymbol{\theta})$ を最大とする $\hat{\boldsymbol{\theta}}$ を求めるために,その必要条件である尤度方程式 $\partial\ell(\boldsymbol{\theta})/\partial\boldsymbol{\theta} = \mathbf{0}$ を満たす $\boldsymbol{\theta}$ を求める.しかし,$\boldsymbol{\theta}_k$ では厳密には $\partial\ell(\boldsymbol{\theta}_k)/\partial\boldsymbol{\theta} = \mathbf{0}$ が成り立たないので,次の点 $\boldsymbol{\theta}_{k+1}$ を生成して,より $\mathbf{0}$ に近づけるようにする.そのために,まず $\partial\ell(\boldsymbol{\theta})/\partial\boldsymbol{\theta}$ を $\boldsymbol{\theta}_k$ のまわりでテイラー展開して,

$$\frac{\partial\ell(\boldsymbol{\theta})}{\partial\boldsymbol{\theta}} \approx \frac{\partial\ell(\boldsymbol{\theta}_k)}{\partial\boldsymbol{\theta}} + \frac{\partial^2\ell(\boldsymbol{\theta}_k)}{\partial\boldsymbol{\theta}\partial\boldsymbol{\theta}'}(\boldsymbol{\theta}-\boldsymbol{\theta}_k) \tag{3.27}$$

と近似する.ここで,

$$\boldsymbol{g}(\boldsymbol{\theta}) = \left(\frac{\partial\ell(\boldsymbol{\theta})}{\partial\theta_1}, \frac{\partial\ell(\boldsymbol{\theta})}{\partial\theta_2}, \cdots, \frac{\partial\ell(\boldsymbol{\theta})}{\partial\theta_p}\right)',$$

$$H(\boldsymbol{\theta}) = \frac{\partial^2\ell(\boldsymbol{\theta})}{\partial\boldsymbol{\theta}\partial\boldsymbol{\theta}'} = \left(\frac{\partial^2\ell(\boldsymbol{\theta})}{\partial\theta_i\partial\theta_j}\right), \quad i,j = 1,2,\cdots,p \tag{3.28}$$

と表すと,$\dfrac{\partial\ell(\boldsymbol{\theta})}{\partial\boldsymbol{\theta}} = \mathbf{0}$ を満たす $\boldsymbol{\theta}$ について

$$\mathbf{0} = \boldsymbol{g}(\boldsymbol{\theta}) \approx \boldsymbol{g}(\boldsymbol{\theta}_k) + H(\boldsymbol{\theta}_k)(\boldsymbol{\theta}-\boldsymbol{\theta}_k) \tag{3.29}$$

を得る.$\boldsymbol{g}(\boldsymbol{\theta}_k)$ は**勾配ベクトル**,$H(\boldsymbol{\theta}_k)$ は**ヘッセ行列**と呼ばれる.(3.29) 式より $\boldsymbol{\theta} \approx \boldsymbol{\theta}_k - H(\boldsymbol{\theta}_k)^{-1}\boldsymbol{g}(\boldsymbol{\theta}_k)$ となるので,更新式

$$\boldsymbol{\theta}_{k+1} \equiv \boldsymbol{\theta}_k - H(\boldsymbol{\theta}_k)^{-1}\boldsymbol{g}(\boldsymbol{\theta}_k)$$

によって,次の点 $\boldsymbol{\theta}_{k+1}$ を定めることにする.この方法は**ニュートン–ラフソン (Newton-Raphson) 法**と呼ばれ,解の付近では,言い換えれば適切な初期値を選べば収束が速いことが知られている.

このようにニュートン–ラフソン法は優れた方法とされる一方で,最尤推定への適用に関しては,(1) 対数尤度の 2 階偏微分であるヘッセ行列を計算することが困難な場合が多い,(2) 各ステップで $H(\boldsymbol{\theta}_k)$ の逆行列を計算する必要が

ある，(3) 初期値の与え方によっては，収束がきわめて遅かったり発散することがある，という問題点が知られている．

これらの問題点を緩和する1つの方法として，**擬似ニュートン法**が用いられている．この方法の特徴はヘッセ行列を必要とせず，$H^{-1}(\boldsymbol{\theta}_k)$ を自動的に生成することと，ステップ幅を導入して収束を加速したり，あるいは発散の防止を行っていることである．具体的には，以下のアルゴリズムに従って $\boldsymbol{\theta}_{k+1}$ を順次生成する．

(i) 探索 (降下) 方向ベクトル $\boldsymbol{d}_k = -H_{k-1}^{-1}\boldsymbol{g}(\boldsymbol{\theta}_k)$ を求める．

(ii) $\ell(\boldsymbol{\theta}_k + \lambda_k \boldsymbol{d}_k)$ を最大とする最適なステップ幅 λ_k を求める．

(iii) $\boldsymbol{\theta}_{k+1} \equiv \boldsymbol{\theta}_k + \lambda_k \boldsymbol{d}_k$ により次の点 $\boldsymbol{\theta}_{k+1}$ を決め，$\boldsymbol{y}_k \equiv \boldsymbol{g}(\boldsymbol{\theta}_{k+1}) - \boldsymbol{g}(\boldsymbol{\theta}_k)$ とする．

(iv) 以下の DFP(Davidon-Fletcher-Powell) 公式などにより $H(\boldsymbol{\theta}_k)^{-1}$ の推定値を求める．ただし，$\boldsymbol{s}_k \equiv \boldsymbol{\theta}_{k+1} - \boldsymbol{\theta}_k$ とする．

$$H_k^{-1} = H_{k-1}^{-1} + \frac{\boldsymbol{s}_k \boldsymbol{s}_k'}{\boldsymbol{s}_k' \boldsymbol{y}_k} - \frac{H_{k-1}^{-1} \boldsymbol{y}_k \boldsymbol{y}_k' H_{k-1}^{-1}}{\boldsymbol{y}_k' H_{k-1}^{-1} \boldsymbol{y}_k} \tag{3.30}$$

実際の擬似ニュートン法では，適当な初期値 $\boldsymbol{\theta}_0$ および H_0^{-1} から出発し，順次 $\boldsymbol{\theta}_k$ および H_k を求める．H_0^{-1} の初期値としては，単位行列 I や適当にスケーリングを行ったもの，あるいは $H(\boldsymbol{\theta}_0)^{-1}$ の何らかの近似値などが用いられる．対数尤度関数の勾配ベクトル $\boldsymbol{g}(\boldsymbol{\theta})$ の計算も困難な場合には，対数尤度の値だけから数値微分によって $\boldsymbol{g}(\boldsymbol{\theta})$ を求めることもできる．

本項では，ニュートン-ラフソン法および擬似ニュートン法を紹介したが，最尤推定値を求めるためには，対数尤度関数を最大とする $\boldsymbol{\theta}$ を求めればよいので，これらの方法以外の数値計算法の利用も考えられる．

3.3.4 数値例--最尤推定量の変動

データを発生する真の分布 $g(x)$ を平均 0, 分散 1 の正規分布 $N(0,1)$ とし，想定するモデル $f(x|\theta)$ を平均 μ あるいは分散 σ^2 のどちらか一方が未知の正規分布とする．図 3.1 と 3.2 は，平均 μ が未知で，分散が $\sigma^2 = 1$ の場合の n 個のデータに基づく対数尤度関数

$$\ell(\mu) = -\frac{n}{2}\log(2\pi) - \frac{1}{2}\sum_{\alpha=1}^{n}(x_\alpha - \mu)^2 \tag{3.31}$$

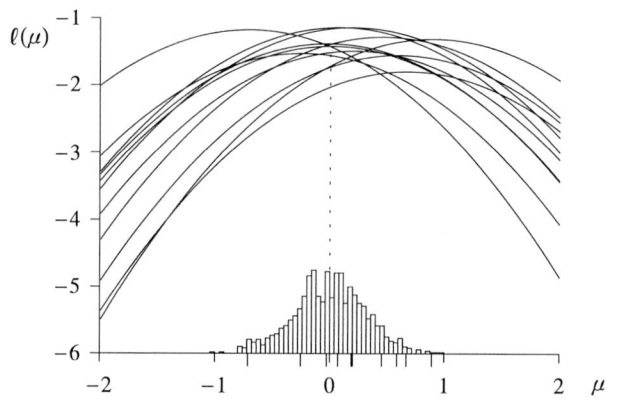

図 3.1 正規分布の平均 μ に関する平均対数尤度 (太線) と対数尤度 (細線) および最尤推定値の分布 ($n = 10$ の場合)

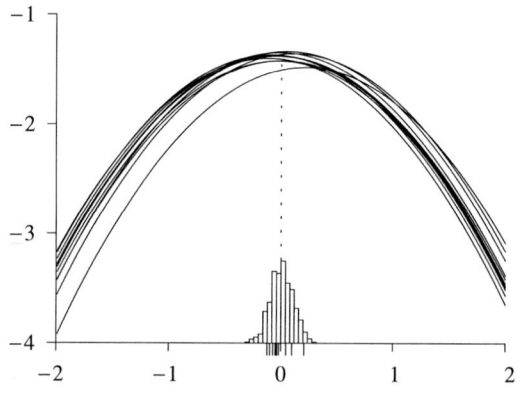

図 3.2 正規分布の平均 μ に関する平均対数尤度 (太線) と対数尤度 (細線) および最尤推定値の分布 ($n = 100$ の場合)

を図示したものである.横軸に μ の値を,縦軸に対応する $\ell(\mu)$ の値をとった.図 3.1 は $n = 10$,図 3.2 は $n = 100$ のデータに基づく対数尤度関数を示す.乱数を用いて $N(0,1)$ に従うデータ $\{x_1, x_2, \cdots, x_n\}$ を 10 組生成し,各組のデータから計算した対数尤度関数 $\ell(\mu) (-2 \leq \mu \leq 2)$ を重ね書きしている.

これらの関数を最大とする μ の値が平均の最尤推定値で,横軸に下向きの線で示されており,データによって散らばっていることがわかる.一方,図中の太い曲線は平均対数尤度関数

3.3 最尤法と最尤推定量　　　　　　　　　　　　　　　　　　　　　41

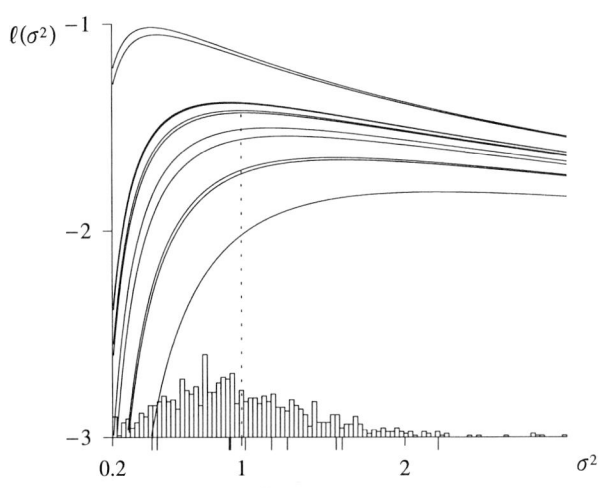

図 3.3 正規分布の分散 σ^2 に関する平均対数尤度 (太線) と対数尤度 (細線) および最尤推定値の分布 ($n = 10$ の場合)

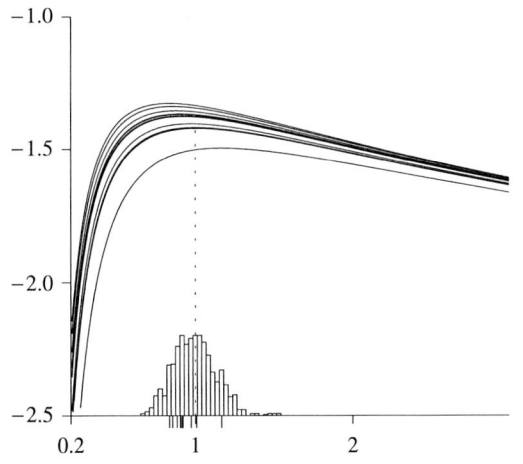

図 3.4 正規分布の分散 σ^2 に関する平均対数尤度 (太線) と対数尤度 (細線) および最尤推定値の分布 ($n = 100$ の場合)

$$nE_G\left[\log f(X|\mu)\right] = n\int g(x)\log f(x|\mu)dx = -\frac{n}{2}\log(2\pi) - \frac{n(1+\mu^2)}{2}$$

で，これに対応する真のパラメータ μ_0 の値が点線で示されている．この値と最尤推定値との差が μ の推定誤差である．図中のヒストグラムは同様の計算を 1000 回繰り返したときの最尤推定値の分布を示す．$n = 10$ の場合には ±1,

$n=100$ の場合には ±0.3 程度の範囲に分布していることがわかる．

一方，図 3.3 および 3.4 は，それぞれ分散 σ^2 を未知，平均 μ を 0 としたときの $n=10$ および 100 のデータから求めた次の対数尤度関数を 10 回，重ね描きしたものである．

$$\ell(\sigma^2) = -\frac{n}{2}\log(2\pi\sigma^2) - \frac{1}{2\sigma^2}\sum_{\alpha=1}^{n} x_\alpha^2$$

この場合，$\ell(\sigma^2)$ は左右非対称で，これに対応して最尤推定量の分布も非対称になっている．この場合も n の増加によって，推定量の分布が真の値に収束する様子がわかる．図中の太い曲線は平均対数尤度関数

$$nE_G\left[\log f(X|\sigma^2)\right] = n\int g(x)\log f(x|\sigma^2)dx = -\frac{n}{2}\log(2\pi\sigma^2) - \frac{n}{2\sigma^2}$$

で，これに対応する真のパラメータの値が点線で示されている．この値と最尤推定値との差が σ^2 の推定誤差である．図中のヒストグラムは，同様の計算を 1000 回繰り返したときの σ^2 の最尤推定値の分布を示す．

3.3.5 最尤推定量の漸近的性質

本項では，p 次元パラメータ $\boldsymbol{\theta}$ をもつパラメトリックモデル $\{f(x|\boldsymbol{\theta}); \boldsymbol{\theta} \in \Theta \subset \mathbb{R}^p\}$ は連続モデルとして，最尤推定量の漸近的性質について述べる．

[中心極限定理] 密度関数 $f(x|\boldsymbol{\theta})$ に関して，以下のような正則条件 (regularity condition) が成り立つものとする．

(1) $\log f(x|\boldsymbol{\theta})$ は，$\boldsymbol{\theta} = (\theta_1, \theta_2, \cdots, \theta_p)'$ に関して 3 回連続微分可能である．
(2) $\mathbb{R}$ 上で積分可能な $F_1(x)$，$F_2(x)$ および適当な実数 M に対して，

$$\int_{-\infty}^{\infty} H(x)f(x|\boldsymbol{\theta})dx < M$$

となる $H(x)$ が存在して，

$$\left|\frac{\partial \log f(x|\boldsymbol{\theta})}{\partial \theta_i}\right| < F_1(x), \quad \left|\frac{\partial^2 \log f(x|\boldsymbol{\theta})}{\partial \theta_i \partial \theta_j}\right| < F_2(x),$$

$$\left|\frac{\partial^3 \log f(x|\boldsymbol{\theta})}{\partial \theta_i \partial \theta_j \partial \theta_k}\right| < H(x), \quad i,j,k = 1, 2, \cdots, p$$

が，任意の $\boldsymbol{\theta} \in \Theta$ に対して成り立つ．

(3) 任意の $\boldsymbol{\theta} \in \Theta$ に対して次の式が成り立つ.

$$0 < \int_{-\infty}^{\infty} f(x|\boldsymbol{\theta}) \frac{\partial \log f(x|\boldsymbol{\theta})}{\partial \theta_i} \frac{\partial \log f(x|\boldsymbol{\theta})}{\partial \theta_j} dx < \infty, \quad i,j=1,\cdots,p \tag{3.32}$$

以上の条件のもとで，次の性質が導かれる．

(a) まず $\boldsymbol{\theta}_0$ は

$$\int f(x|\boldsymbol{\theta}) \frac{\partial \log f(x|\boldsymbol{\theta})}{\partial \boldsymbol{\theta}} dx = \mathbf{0} \tag{3.33}$$

の解とし，データ $\boldsymbol{x}_n = \{x_1, x_2, \cdots, x_n\}$ は，密度関数 $f(x|\boldsymbol{\theta}_0)$ に従って観測されたとする．また，n 個のデータに基づく最尤推定量を $\hat{\boldsymbol{\theta}}_n$ とする．このとき，次が成立する．

(i) 尤度方程式 $\dfrac{\partial \ell(\boldsymbol{\theta})}{\partial \boldsymbol{\theta}} = \sum_{\alpha=1}^{n} \dfrac{\partial \log f(x_\alpha|\boldsymbol{\theta})}{\partial \boldsymbol{\theta}} = \mathbf{0}$ は，$\boldsymbol{\theta}_0$ に収束する解をもつ．

(ii) 最尤推定量 $\hat{\boldsymbol{\theta}}_n$ は，$n \to +\infty$ のとき $\boldsymbol{\theta}_0$ に確率収束する．

(iii) 最尤推定量 $\hat{\boldsymbol{\theta}}_n$ は漸近正規性を有する．すなわち，$\sqrt{n}(\hat{\boldsymbol{\theta}}_n - \boldsymbol{\theta}_0)$ の分布は，$n \to +\infty$ のとき平均ベクトル $\mathbf{0}$，分散共分散行列 $I(\boldsymbol{\theta}_0)^{-1}$ の p 次元正規分布 $N_p(\mathbf{0}, I(\boldsymbol{\theta}_0)^{-1})$ に法則収束する．ただし，行列 $I(\boldsymbol{\theta}_0)$ は，次式で与えられる $p \times p$ 行列 $I(\boldsymbol{\theta})$ の $\boldsymbol{\theta} = \boldsymbol{\theta}_0$ での値とする．

$$I(\boldsymbol{\theta}) = \int f(x|\boldsymbol{\theta}) \frac{\partial \log f(x|\boldsymbol{\theta})}{\partial \boldsymbol{\theta}} \frac{\partial \log f(x|\boldsymbol{\theta})}{\partial \boldsymbol{\theta}'} dx \tag{3.34}$$

条件 (3) の (3.32) 式を (i,j) 成分にもつこの行列 $I(\boldsymbol{\theta})$ は，**フィッシャー情報行列**と呼ばれる．

上記の中心極限定理は，$g(x) = f(x|\boldsymbol{\theta}_0)$ を満たす $\boldsymbol{\theta}_0 \in \Theta$ の存在を前提としているが，このような仮定が成り立たない場合でも，次に述べるような同様の結果が得られる．

(b) $\boldsymbol{\theta}_0$ は

$$\int g(x) \frac{\partial \log f(x|\boldsymbol{\theta})}{\partial \boldsymbol{\theta}} dx = \mathbf{0} \tag{3.35}$$

の解とし，データ $\boldsymbol{x}_n = \{x_1, x_2, \cdots, x_n\}$ は，分布 $g(x)$ に従って観測されたとする．このとき，最尤推定量 $\hat{\boldsymbol{\theta}}_n$ に対して次が成り立つ．

(i) 最尤推定量 $\hat{\boldsymbol{\theta}}_n$ は，$n \to +\infty$ のとき $\boldsymbol{\theta}_0$ に確率収束する．

(ii) 最尤推定量 $\hat{\boldsymbol{\theta}}_n$ に対して $\sqrt{n}(\hat{\boldsymbol{\theta}}_n-\boldsymbol{\theta}_0)$ の分布は,$n \to +\infty$ のとき平均ベクトル **0**, 分散共分散行列 $J^{-1}(\boldsymbol{\theta}_0)I(\boldsymbol{\theta}_0)J^{-1}(\boldsymbol{\theta}_0)$ の p 次元正規分布に法則収束する.すなわち $n \to +\infty$ のとき

$$\sqrt{n}(\hat{\boldsymbol{\theta}}_n-\boldsymbol{\theta}_0) \to N_p\left(\mathbf{0}, J^{-1}(\boldsymbol{\theta}_0)I(\boldsymbol{\theta}_0)J^{-1}(\boldsymbol{\theta}_0)\right) \quad (3.36)$$

が成り立つ.ただし,行列 $I(\boldsymbol{\theta}_0), J(\boldsymbol{\theta}_0)$ は,次で与えられる $p \times p$ 行列の $\boldsymbol{\theta}=\boldsymbol{\theta}_0$ での値とする.

$$\begin{aligned} I(\boldsymbol{\theta}) &= \int g(x) \frac{\partial \log f(x|\boldsymbol{\theta})}{\partial \boldsymbol{\theta}} \frac{\partial \log f(x|\boldsymbol{\theta})}{\partial \boldsymbol{\theta}'} dx \\ &= \left(\int g(x) \frac{\partial \log f(x|\boldsymbol{\theta})}{\partial \theta_i} \frac{\partial \log f(x|\boldsymbol{\theta})}{\partial \theta_j} dx \right), \end{aligned} \quad (3.37)$$

$$\begin{aligned} J(\boldsymbol{\theta}) &= -\int g(x) \frac{\partial^2 \log f(x|\boldsymbol{\theta})}{\partial \boldsymbol{\theta} \partial \boldsymbol{\theta}'} dx \\ &= -\left(\int g(x) \frac{\partial^2 \log f(x|\boldsymbol{\theta})}{\partial \theta_i \partial \theta_j} dx \right), \quad i, j = 1, \cdots, p \end{aligned} \quad (3.38)$$

[略証] 最大対数尤度 $\ell(\hat{\boldsymbol{\theta}}_n) = \sum_{\alpha=1}^{n} \log f(x_\alpha|\hat{\boldsymbol{\theta}}_n)$ の 1 階微分を $\boldsymbol{\theta}_0$ のまわりでテイラー展開すると

$$\mathbf{0} = \frac{\partial \ell(\hat{\boldsymbol{\theta}}_n)}{\partial \boldsymbol{\theta}} = \frac{\partial \ell(\boldsymbol{\theta}_0)}{\partial \boldsymbol{\theta}} + \frac{\partial^2 \ell(\boldsymbol{\theta}_0)}{\partial \boldsymbol{\theta} \partial \boldsymbol{\theta}'}(\hat{\boldsymbol{\theta}}_n-\boldsymbol{\theta}_0) + \cdots \quad (3.39)$$

を得る.このテイラー展開式より,最尤推定量 $\hat{\boldsymbol{\theta}}_n$ に対する次の近似式が求まる.

$$-\frac{\partial^2 \ell(\boldsymbol{\theta}_0)}{\partial \boldsymbol{\theta} \partial \boldsymbol{\theta}'}(\hat{\boldsymbol{\theta}}_n-\boldsymbol{\theta}_0) = \frac{\partial \ell(\boldsymbol{\theta}_0)}{\partial \boldsymbol{\theta}} \quad (3.40)$$

ここで,大数の法則より $n \to +\infty$ のとき

$$-\frac{1}{n}\frac{\partial^2 \ell(\boldsymbol{\theta}_0)}{\partial \boldsymbol{\theta} \partial \boldsymbol{\theta}'} = -\frac{1}{n}\sum_{\alpha=1}^{n} \frac{\partial^2}{\partial \boldsymbol{\theta} \partial \boldsymbol{\theta}'} \log f(x_\alpha|\boldsymbol{\theta})\bigg|_{\boldsymbol{\theta}_0} \to J(\boldsymbol{\theta}_0) \quad (3.41)$$

がいえる.ただし,$|_{\boldsymbol{\theta}_0}$ は偏導関数の $\boldsymbol{\theta}=\boldsymbol{\theta}_0$ での値とする.

次に (3.40) 式の右辺は,注 1 の多変量中心極限定理において p 次元確率ベクトルを $\boldsymbol{X}_\alpha = \partial \log f(X_\alpha|\boldsymbol{\theta})/\partial \boldsymbol{\theta}|_{\boldsymbol{\theta}_0}$ とおくと,$E_G[\boldsymbol{X}_\alpha]=0, E_G[\boldsymbol{X}_\alpha \boldsymbol{X}'_\alpha]=I(\boldsymbol{\theta}_0)$ であることから

$$\sqrt{n}\frac{1}{n}\frac{\partial \ell(\boldsymbol{\theta}_0)}{\partial \boldsymbol{\theta}} = \sqrt{n}\frac{1}{n}\sum_{\alpha=1}^{n}\frac{\partial}{\partial \boldsymbol{\theta}} \log f(x_\alpha|\boldsymbol{\theta})\bigg|_{\boldsymbol{\theta}_0} \to N_p(\mathbf{0}, I(\boldsymbol{\theta}_0)) \quad (3.42)$$

となる.これから $n \to +\infty$ のとき

$$\sqrt{n}J(\boldsymbol{\theta}_0)(\hat{\boldsymbol{\theta}}-\boldsymbol{\theta}_0) \longrightarrow N_p(\mathbf{0}, I(\boldsymbol{\theta}_0))$$

を得る．したがって

$$\sqrt{n}(\hat{\boldsymbol{\theta}}-\boldsymbol{\theta}_0) \longrightarrow N_p\left(\mathbf{0}, J^{-1}(\boldsymbol{\theta}_0)I(\boldsymbol{\theta}_0)J^{-1}(\boldsymbol{\theta}_0)\right)$$

が成り立つ．実際には高階の微分の存在を仮定しなくても，この中心極限定理が成立することが知られている (Huber(1967))．

パラメトリックモデル $\{f(x|\boldsymbol{\theta}); \boldsymbol{\theta} \in \Theta \subset \mathbb{R}^p\}$ の中にデータを発生した分布 $g(x)$ が含まれる場合は，注 2 より $I(\boldsymbol{\theta}_0) = J(\boldsymbol{\theta}_0)$ となることから，$\sqrt{n}(\hat{\boldsymbol{\theta}}-\boldsymbol{\theta}_0)$ の漸近分散共分散行列は

$$J^{-1}(\boldsymbol{\theta}_0)I(\boldsymbol{\theta}_0)J^{-1}(\boldsymbol{\theta}_0) = I(\boldsymbol{\theta}_0)^{-1}$$

となり，(a)(iii) の結果を得る．

[注 1 多変量中心極限定理] $\{\boldsymbol{X}_1, \boldsymbol{X}_2, \cdots, \boldsymbol{X}_n, \cdots\}$ は，互いに独立に平均ベクトル $E[\boldsymbol{X}_\alpha] = \boldsymbol{\mu}$, 分散共分散行列 $E[(\boldsymbol{X}_\alpha-\boldsymbol{\mu})(\boldsymbol{X}_\alpha-\boldsymbol{\mu})'] = \Sigma$ をもつ p 次元確率分布に従う確率変数列とする．このとき，標本平均ベクトル $\bar{\boldsymbol{X}} = (1/n)\sum_{\alpha=1}^n \boldsymbol{X}_\alpha$ に対して，$\sqrt{n}(\bar{\boldsymbol{X}}-\boldsymbol{\mu})$ の分布は $n \to +\infty$ のとき，平均ベクトル $\mathbf{0}$, 分散共分散行列 Σ の p 次元正規分布に法則収束する．すなわち，$n \to +\infty$ のとき

$$\frac{1}{\sqrt{n}}\sum_{\alpha=1}^n (\boldsymbol{X}_\alpha-\boldsymbol{\mu}) = \sqrt{n}(\bar{\boldsymbol{X}}-\boldsymbol{\mu}) \to N_p(\mathbf{0}, \Sigma) \tag{3.43}$$

[注 2 行列 $I(\boldsymbol{\theta})$ と $J(\boldsymbol{\theta})$ の関係] 対数尤度関数の 2 次微分に関して，次の等式が成り立つ．

$$\begin{aligned}
&\frac{\partial^2}{\partial \theta_i \partial \theta_j} \log f(x|\boldsymbol{\theta}) \\
&= \frac{\partial}{\partial \theta_i}\left\{\frac{\partial}{\partial \theta_j} \log f(x|\boldsymbol{\theta})\right\} \\
&= \frac{\partial}{\partial \theta_i}\left\{\frac{1}{f(x|\boldsymbol{\theta})} \frac{\partial}{\partial \theta_j} f(x|\boldsymbol{\theta})\right\} \\
&= \frac{1}{f(x|\boldsymbol{\theta})} \frac{\partial^2}{\partial \theta_i \partial \theta_j} f(x|\boldsymbol{\theta}) - \frac{1}{f(x|\boldsymbol{\theta})^2} \frac{\partial}{\partial \theta_i} f(x|\boldsymbol{\theta}) \frac{\partial}{\partial \theta_j} f(x|\boldsymbol{\theta}) \\
&= \frac{1}{f(x|\boldsymbol{\theta})} \frac{\partial^2}{\partial \theta_i \partial \theta_j} f(x|\boldsymbol{\theta}) - \frac{\partial}{\partial \theta_i} \log f(x|\boldsymbol{\theta}) \frac{\partial}{\partial \theta_j} \log f(x|\boldsymbol{\theta})
\end{aligned}$$

ここで，分布 $G(x)$ に関して両辺の期待値をとると

$$E_G\left[\frac{\partial^2}{\partial\theta_i\partial\theta_j}\log f(x|\boldsymbol{\theta})\right]$$
$$=E_G\left[\frac{1}{f(x|\boldsymbol{\theta})}\frac{\partial^2}{\partial\theta_i\partial\theta_j}f(x|\boldsymbol{\theta})\right]-E_G\left[\frac{\partial}{\partial\theta_i}\log f(x|\boldsymbol{\theta})\frac{\partial}{\partial\theta_j}\log f(x|\boldsymbol{\theta})\right]$$

となる．したがって，一般には $I(\boldsymbol{\theta})\neq J(\boldsymbol{\theta})$ である．

ただし，ある $\boldsymbol{\theta}_0$ が存在して $g(x)=f(x|\boldsymbol{\theta}_0)$ となる場合には，右辺第1項は，

$$E_G\left[\frac{1}{f(x|\boldsymbol{\theta}_0)}\frac{\partial^2}{\partial\theta_i\partial\theta_j}f(x|\boldsymbol{\theta}_0)\right]=\int\frac{\partial^2}{\partial\theta_i\partial\theta_j}f(x|\boldsymbol{\theta}_0)dx$$
$$=\frac{\partial^2}{\partial\theta_i\partial\theta_j}\int f(x|\boldsymbol{\theta}_0)dx=0$$

となることから $I_{ij}(\boldsymbol{\theta}_0)=J_{ij}(\boldsymbol{\theta}_0)(i,j=1,2,\cdots,p)$ が成り立つ．したがって，$I(\boldsymbol{\theta}_0)=J(\boldsymbol{\theta}_0)$ となる．

3.4 情報量規準 AIC

3.4.1 対数尤度と平均対数尤度

これまでの議論の流れを整理すると次のようになる．われわれはデータに基づいてモデルを構築するが，このデータ $\boldsymbol{x}_n=\{x_1,x_2,\cdots,x_n\}$ は真のモデル $G(x)$ あるいは $g(x)$ に従って生成されたものとする．現象の構造を捉えるために，p 次元パラメータをもつパラメトリックモデル $\{f(x|\boldsymbol{\theta}):\boldsymbol{\theta}\in\Theta\subset\mathbb{R}^p\}$ を想定し，これを最尤法によって推定する．すなわち，確率分布に含まれる未知のパラメータ $\boldsymbol{\theta}$ を，最尤推定量 $\hat{\boldsymbol{\theta}}$ で置き換えることによって統計モデル $f(x|\hat{\boldsymbol{\theta}})$ を構築する．目的は，このようにして構築した統計モデル $f(x|\hat{\boldsymbol{\theta}})$ のよさ，あるいは悪さを評価することにあるが，ここで，モデルの評価を予測の観点から考える．

これは，将来真のモデルからランダムに採られたデータ $Z=z$ の従う分布 $g(z)$ を，構築したモデル $f(z|\hat{\boldsymbol{\theta}})$ で予測したときの平均的なよさ，あるいは悪さを評価することにある．この2つの分布間の近さを測るのに用いたのが，次のK-L情報量であった．

$$I(g(z);f(z|\hat{\boldsymbol{\theta}}))=E_G\left[\log\frac{g(Z)}{f(Z|\hat{\boldsymbol{\theta}})}\right]$$
$$=E_G[\log g(Z)]-E_G[\log f(Z|\hat{\boldsymbol{\theta}})] \qquad(3.44)$$

ここで，期待値は $\hat{\boldsymbol{\theta}} = \hat{\boldsymbol{\theta}}(\boldsymbol{x}_n)$ を固定して，未知の確率分布 $G(z)$ に関してとる．

K-L 情報量の性質から，平均対数尤度と呼ばれる

$$E_G[\log f(Z|\hat{\boldsymbol{\theta}})] = \int \log f(z|\hat{\boldsymbol{\theta}})dG(z) \tag{3.45}$$

の値が大きなモデルほど真のモデルに近いといえることから，情報量規準の構成は，この平均対数尤度の有効な推定量を求めることが本質的であった．その1つの推定量が，平均対数尤度に含まれる未知の確率分布 G をデータに基づく経験分布関数 $\hat{G}$ で置き換えた

$$E_{\hat{G}}[\log f(Z|\hat{\boldsymbol{\theta}})] = \int \log f(z|\hat{\boldsymbol{\theta}})d\hat{G}(z)$$

$$= \frac{1}{n}\sum_{\alpha=1}^{n} \log f(x_\alpha|\hat{\boldsymbol{\theta}}) \tag{3.46}$$

であった．これは，統計モデル $f(z|\hat{\boldsymbol{\theta}})$ の対数尤度，あるいは最大対数尤度

$$\ell(\hat{\boldsymbol{\theta}}) = \sum_{\alpha=1}^{n} \log f(x_\alpha|\hat{\boldsymbol{\theta}}) \tag{3.47}$$

である．ここで，平均対数尤度 $E_G[\log f(Z|\hat{\boldsymbol{\theta}})]$ の推定量は $\ell(\hat{\boldsymbol{\theta}})/n$ であり，対数尤度 $\ell(\hat{\boldsymbol{\theta}})$ は，$nE_G[\log f(Z|\hat{\boldsymbol{\theta}})]$ の推定量であることに注意する．

3.4.2 対数尤度のバイアス補正の必要性

実際上，限られた個数の観測データから真の現象の構造を精確に捉えることは難しい．このため，観測データに基づいて多数の候補となる統計モデルを構築して，この中から現象発生のメカニズムを最もよく近似しているモデルを選択する．本節では，複数のモデル $\{f_j(z|\boldsymbol{\theta}_j); j=1,2,\cdots,m\}$ が存在して，各モデルのパラメータ $\boldsymbol{\theta}_j$ の最尤推定値 $\hat{\boldsymbol{\theta}}_j$ が得られている状況を考える．これまでの議論の流れから考えると，この $\hat{\boldsymbol{\theta}}_j$ で規定されるモデル，すなわち最尤モデル $f_j(z|\hat{\boldsymbol{\theta}}_j)$ のよさは，最大対数尤度 $\ell_j(\hat{\boldsymbol{\theta}}_j)$ の大小比較を行えばよいようにみえる．しかし，実際にはこれでは公平なモデル比較ができないことが知られている．それは $\ell_j(\hat{\boldsymbol{\theta}}_j)$ が最尤モデルの平均対数尤度 $nE_G[\log f_j(z|\hat{\boldsymbol{\theta}}_j)]$ の推定量としてバイアスをもち，しかもそのバイアスの大きさがパラメータの次元によって異なるからである．

これは，一般に $\ell(\boldsymbol{\theta})$ が $nE_G[\log f(Z|\boldsymbol{\theta})]$ のよい推定量となっていることと矛盾しているようにみえる．しかしながら，(3.46) 式の対数尤度の導出過程からわかるように，対数尤度は，将来観測されるデータに換えて，モデルの推定に用いたデータ $\boldsymbol{x}_n$ を再び利用して平均対数尤度を推定した結果として導かれたものである．このように同一のデータをパラメータの推定と，推定されたモデルのよさの評価量 (平均対数尤度) の推定に用いたことがバイアスを生じる原因となっている (図 3.5)．

[対数尤度と平均対数尤度の関係] 図 3.6 は，1 次元パラメータ θ をもつモデル $f(x|\theta)$ に対する平均対数尤度関数と対数尤度関数

$$n\eta(\theta) = nE_G[\log f(Z|\theta)], \quad \ell(\theta) = \sum_{\alpha=1}^{n} \log f(x_\alpha|\theta) \quad (3.48)$$

の関係を示す模式図である．平均対数尤度を最大とする θ が，真のパラメータ θ_0 である．一方，最尤推定値 $\hat{\theta}(\boldsymbol{x}_n)$ は，対数尤度関数 $\ell(\theta)$ を最大とする．したがって，$\hat{\theta}(\boldsymbol{x}_n)$ で定まるモデル $f(z|\hat{\theta})$ のよさは，平均対数尤度 $E_G[\log f(Z|\hat{\theta})]$ によって評価すべきであるが，実際にはデータから計算できる対数尤度 $\ell(\hat{\theta})$ で評価する．この場合，図 3.6 からもわかるように真の評価基準では $E_G[\log f(Z|\hat{\theta})]$ $\leq E_G[\log f(Z|\theta_0)]$ となるはずであるが，対数尤度では必ず $\ell(\hat{\theta}) \geq \ell(\theta_0)$ となる．

対数尤度関数はデータによって変動し，2 つの関数の位置関係も変化するが，

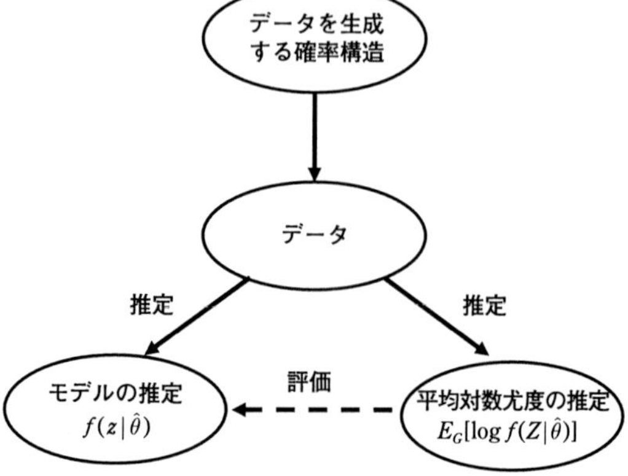

図 3.5 モデルと平均対数尤度の推定におけるデータの利用

3.4 情報量規準 AIC

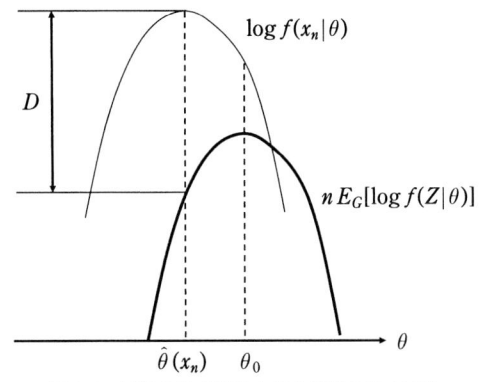

図 3.6 対数尤度 (細線) と平均対数尤度 (太線)

上記の 2 つの不等式は常に成立する．2 つの関数が同形と仮定すると，真のモデルよりよく見える分だけ，本当は劣っていることになる．バイアス評価の目的は，この逆転現象を量的に把握することといえる．したがって，公平なモデル比較のためにはこのバイアス量を評価し，補正することが必要である．本節では，このバイアス補正を行った対数尤度に基づいて情報量規準を定義する．

いま，真のモデル $G(x)$ あるいは $g(x)$ から生成された n 個のデータ $\boldsymbol{x}_n$ は，確率変数 $\boldsymbol{X}_n = (X_1, X_2, \cdots, X_n)'$ の実現値とし，最尤法で推定した統計モデル $f(z|\hat{\boldsymbol{\theta}}(\boldsymbol{x}_n))$ の対数尤度を

$$\ell(\hat{\boldsymbol{\theta}}) = \sum_{\alpha=1}^{n} \log f(x_\alpha|\hat{\boldsymbol{\theta}}(\boldsymbol{x}_n)) = \log f(\boldsymbol{x}_n|\hat{\boldsymbol{\theta}}(\boldsymbol{x}_n)) \tag{3.49}$$

と表すことにする．この対数尤度で (3.45) 式の平均対数尤度を推定したときのバイアスは

$$b(G) = E_{G(\boldsymbol{x}_n)}\left[\log f(\boldsymbol{X}_n|\hat{\boldsymbol{\theta}}(\boldsymbol{X}_n)) - nE_{G(z)}[\log f(Z|\hat{\boldsymbol{\theta}}(\boldsymbol{X}_n))]\right] \tag{3.50}$$

で定義される．ここで，期待値 $E_{G(\boldsymbol{x}_n)}$ は標本 $\boldsymbol{X}_n$ の同時分布 $\prod_{\alpha=1}^{n} G(x_\alpha) = G(\boldsymbol{x}_n)$ に関してとったものであり，$E_{G(z)}$ は真の分布 $G(z)$ に関する期待値である．したがって，このバイアスを何らかの方法で評価し，対数尤度のバイアスを補正することによって，情報量規準の一般形

$$\mathrm{IC}(\boldsymbol{X}_n; \hat{G}) = -2(\text{統計モデルの対数尤度} - \text{バイアスの推定量})$$

$$= -2\sum_{\alpha=1}^{n} \log f(X_\alpha|\hat{\boldsymbol{\theta}}) + 2\left\{b(G) \text{ の推定量}\right\} \tag{3.51}$$

が構成できることがわかる．

バイアス $b(G)$ は，一般にデータを生成した真のモデルと想定したモデルの関係をどう捉えるか，また想定したモデルを基にどのような方法で統計モデルを構築するかによって様々な形をとる．以下本章では，最尤法に基づいて構築された統計モデルを評価するための情報量規準を具体的に求める．

3.4.3 バイアスの導出

最尤推定量 $\hat{\boldsymbol{\theta}}$ は，対数尤度関数 $\ell(\boldsymbol{\theta}) = \sum_{\alpha=1}^{n} \log f(X_\alpha|\boldsymbol{\theta})$ を最大にする $\boldsymbol{\theta} = \hat{\boldsymbol{\theta}}$，あるいは尤度方程式

$$\frac{\partial \ell(\boldsymbol{\theta})}{\partial \boldsymbol{\theta}} = \sum_{\alpha=1}^{n} \frac{\partial}{\partial \boldsymbol{\theta}} \log f(X_\alpha|\boldsymbol{\theta}) = \mathbf{0} \tag{3.52}$$

の解として与えられる．また期待値をとると

$$E_{G(\boldsymbol{x}_n)}\left[\sum_{\alpha=1}^{n} \frac{\partial}{\partial \boldsymbol{\theta}} \log f(X_\alpha|\boldsymbol{\theta})\right] = n E_{G(z)}\left[\frac{\partial}{\partial \boldsymbol{\theta}} \log f(Z|\boldsymbol{\theta})\right] \tag{3.53}$$

が得られる．そこで，連続モデルの場合，$\boldsymbol{\theta}_0$ を

$$E_{G(z)}\left[\frac{\partial}{\partial \boldsymbol{\theta}} \log f(Z|\boldsymbol{\theta})\right] = \int g(z) \frac{\partial}{\partial \boldsymbol{\theta}} \log f(z|\boldsymbol{\theta}) dz = \mathbf{0} \tag{3.54}$$

の解とすると，最尤推定量 $\hat{\boldsymbol{\theta}}$ は，$n \to \infty$ のとき $\boldsymbol{\theta}_0$ に確率収束することが示される．離散モデルの場合の式は，(3.10) 式を参照されたい．

以上のことを用いて，統計モデルの対数尤度で平均対数尤度を推定したときのバイアス

$$b(G) = E_{G(\boldsymbol{x}_n)}\left[\log f(\boldsymbol{X}_n|\hat{\boldsymbol{\theta}}(\boldsymbol{X}_n)) - n E_{G(z)}[\log f(Z|\hat{\boldsymbol{\theta}}(\boldsymbol{X}_n))]\right] \tag{3.55}$$

を評価する．このため，まずバイアスを次のように分解する (図 3.7 参照)．

$$\begin{aligned}
& E_{G(\boldsymbol{x}_n)}\left[\log f(\boldsymbol{X}_n|\hat{\boldsymbol{\theta}}(\boldsymbol{X}_n)) - n E_{G(z)}[\log f(Z|\hat{\boldsymbol{\theta}}(\boldsymbol{X}_n))]\right] \\
&= E_{G(\boldsymbol{x}_n)}[\log f(\boldsymbol{X}_n|\hat{\boldsymbol{\theta}}(\boldsymbol{X}_n)) - \log f(\boldsymbol{X}_n|\boldsymbol{\theta}_0)] \\
&\quad + E_{G(\boldsymbol{x}_n)}\left[\log f(\boldsymbol{X}_n|\boldsymbol{\theta}_0) - n E_{G(z)}[\log f(Z|\boldsymbol{\theta}_0)]\right] \\
&\quad + E_{G(\boldsymbol{x}_n)}\left[n E_{G(z)}[\log f(Z|\boldsymbol{\theta}_0)] - n E_{G(z)}[\log f(Z|\hat{\boldsymbol{\theta}}(\boldsymbol{X}_n))]\right] \\
&= D_1 + D_2 + D_3
\end{aligned} \tag{3.56}$$

ここで，$\hat{\boldsymbol{\theta}} = \hat{\boldsymbol{\theta}}(\boldsymbol{X}_n)$ は，標本 $\boldsymbol{X}_n$ に依存することに注意する．次に，3 つの期待値 D_1, D_2, D_3 をそれぞれ別々に計算する．

3.4 情報量規準 AIC

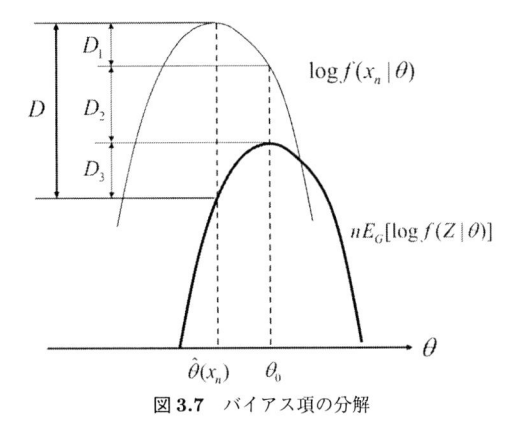

図 3.7 バイアス項の分解

(1) D_2 の計算　最も簡単なのが，推定量を含まない D_2 の計算で

$$D_2 = E_{G(\boldsymbol{x}_n)}\left[\log f(\boldsymbol{X}_n|\boldsymbol{\theta}_0) - nE_{G(z)}\left[\log f(Z|\boldsymbol{\theta}_0)\right]\right]$$

$$= E_{G(\boldsymbol{x}_n)}\left[\sum_{\alpha=1}^n \log f(X_\alpha|\boldsymbol{\theta}_0)\right] - nE_{G(z)}\left[\log f(Z|\boldsymbol{\theta}_0)\right]$$

$$= 0 \tag{3.57}$$

となることが容易にわかる．これは，図 3.7 において D_2 は確率的に変動するが，その期待値は 0 になることを意味する．

(2) D_3 の計算　次に，D_3 を計算する．まず

$$\eta(\hat{\boldsymbol{\theta}}) \equiv E_{G(z)}[\log f(Z|\hat{\boldsymbol{\theta}})] \tag{3.58}$$

とおいて，$\eta(\hat{\boldsymbol{\theta}})$ を (3.54) 式の解として与えられる $\boldsymbol{\theta}_0$ のまわりでテイラー展開すると

$$\eta(\hat{\boldsymbol{\theta}}) = \eta(\boldsymbol{\theta}_0) + \sum_{i=1}^p (\hat{\theta}_i - \theta_i^{(0)}) \frac{\partial \eta(\boldsymbol{\theta}_0)}{\partial \theta_i}$$

$$+ \frac{1}{2}\sum_{i=1}^p \sum_{j=1}^p (\hat{\theta}_i - \theta_i^{(0)})(\hat{\theta}_j - \theta_j^{(0)}) \frac{\partial^2 \eta(\boldsymbol{\theta}_0)}{\partial \theta_i \partial \theta_j} + \cdots \tag{3.59}$$

を得る．ただし，$\hat{\boldsymbol{\theta}} = (\hat{\theta}_1, \hat{\theta}_2, \cdots, \hat{\theta}_p)'$，$\boldsymbol{\theta}_0 = (\theta_1^{(0)}, \theta_2^{(0)}, \cdots, \theta_p^{(0)})'$ とおく．ここで，$\boldsymbol{\theta}_0$ は (3.54) 式の解より

$$\frac{\partial \eta(\boldsymbol{\theta}_0)}{\partial \theta_i} = E_{G(z)}\left[\left.\frac{\partial}{\partial \theta_i}\log f(Z|\boldsymbol{\theta})\right|_{\boldsymbol{\theta}_0}\right] = 0, \quad i = 1, 2, \cdots, p \tag{3.60}$$

となる. ただし, $|_{\boldsymbol{\theta}_0}$ は偏導関数の点 $\boldsymbol{\theta}=\boldsymbol{\theta}_0$ での値を示す.

したがって, (3.59) 式は近似的に

$$\eta(\hat{\boldsymbol{\theta}}) = \eta(\boldsymbol{\theta}_0) - \frac{1}{2}(\hat{\boldsymbol{\theta}}-\boldsymbol{\theta}_0)' J(\boldsymbol{\theta}_0)(\hat{\boldsymbol{\theta}}-\boldsymbol{\theta}_0) \tag{3.61}$$

と表される. ここで, $J(\boldsymbol{\theta}_0)$ は

$$J(\boldsymbol{\theta}_0) = -E_{G(z)}\left[\left.\frac{\partial^2 \log f(Z|\boldsymbol{\theta})}{\partial \boldsymbol{\theta}\partial \boldsymbol{\theta}'}\right|_{\boldsymbol{\theta}_0}\right] = -\int g(z) \left.\frac{\partial^2 \log f(z|\boldsymbol{\theta})}{\partial \boldsymbol{\theta}\partial \boldsymbol{\theta}'}\right|_{\boldsymbol{\theta}_0} dz \tag{3.62}$$

で与えられる $p\times p$ 行列で, その (a,b) 要素は

$$j_{ab} = -E_{G(z)}\left[\left.\frac{\partial^2 \log f(Z|\boldsymbol{\theta})}{\partial \theta_a \partial \theta_b}\right|_{\boldsymbol{\theta}_0}\right] = -\int g(z) \left.\frac{\partial^2 \log f(z|\boldsymbol{\theta})}{\partial \theta_a \partial \theta_b}\right|_{\boldsymbol{\theta}_0} dz \tag{3.63}$$

である.

したがって, D_3 は $\eta(\boldsymbol{\theta}_0)-\eta(\hat{\boldsymbol{\theta}})$ の $G(\boldsymbol{x}_n)$ に関する期待値であることから近似的に

$$\begin{aligned}D_3 &= E_{G(\boldsymbol{x}_n)}\left[nE_{G(z)}[\log f(Z|\boldsymbol{\theta}_0)] - nE_{G(z)}[\log f(Z|\hat{\boldsymbol{\theta}})]\right] \\ &= \frac{n}{2}E_{G(\boldsymbol{x}_n)}\left[(\hat{\boldsymbol{\theta}}-\boldsymbol{\theta}_0)' J(\boldsymbol{\theta}_0)(\hat{\boldsymbol{\theta}}-\boldsymbol{\theta}_0)\right] \\ &= \frac{n}{2}E_{G(\boldsymbol{x}_n)}\left[\text{tr}\{J(\boldsymbol{\theta}_0)(\hat{\boldsymbol{\theta}}-\boldsymbol{\theta}_0)(\hat{\boldsymbol{\theta}}-\boldsymbol{\theta}_0)'\}\right] \\ &= \frac{n}{2}\text{tr}\left\{J(\boldsymbol{\theta}_0)E_{G(\boldsymbol{x}_n)}[(\hat{\boldsymbol{\theta}}-\boldsymbol{\theta}_0)(\hat{\boldsymbol{\theta}}-\boldsymbol{\theta}_0)']\right\}\end{aligned} \tag{3.64}$$

を得る. ここで, (3.36) 式で与えられる最尤推定量 $\hat{\boldsymbol{\theta}}$ の (漸近的な) 分散共分散行列

$$E_{G(\boldsymbol{x}_n)}\left[(\hat{\boldsymbol{\theta}}-\boldsymbol{\theta}_0)(\hat{\boldsymbol{\theta}}-\boldsymbol{\theta}_0)'\right] = \frac{1}{n}J(\boldsymbol{\theta}_0)^{-1}I(\boldsymbol{\theta}_0)J(\boldsymbol{\theta}_0)^{-1} \tag{3.65}$$

を (3.64) 式に代入すると

$$D_3 = \frac{1}{2}\text{tr}\left\{I(\boldsymbol{\theta}_0)J(\boldsymbol{\theta}_0)^{-1}\right\} \tag{3.66}$$

となることがわかる. ただし, $J(\boldsymbol{\theta}_0)$ は (3.62) 式で与えられ, $I(\boldsymbol{\theta}_0)$ は

$$\begin{aligned}I(\boldsymbol{\theta}_0) &= E_{G(z)}\left[\left.\frac{\partial \log f(Z|\boldsymbol{\theta})}{\partial \boldsymbol{\theta}}\frac{\partial \log f(Z|\boldsymbol{\theta})}{\partial \boldsymbol{\theta}'}\right|_{\boldsymbol{\theta}_0}\right] \\ &= \int g(z) \left.\frac{\partial \log f(z|\boldsymbol{\theta})}{\partial \boldsymbol{\theta}}\frac{\partial \log f(z|\boldsymbol{\theta})}{\partial \boldsymbol{\theta}'}\right|_{\boldsymbol{\theta}_0} dz\end{aligned} \tag{3.67}$$

で与えられる $p\times p$ 行列である. 残るは D_1 の計算である.

(3) D_1 の計算　　いま，$\ell(\boldsymbol{\theta}) = \log f(\boldsymbol{X}_n|\boldsymbol{\theta})$ とおいて，最尤推定値 $\hat{\boldsymbol{\theta}}$ のまわりでテイラー展開すると

$$\ell(\boldsymbol{\theta}) = \ell(\hat{\boldsymbol{\theta}}) + (\boldsymbol{\theta} - \hat{\boldsymbol{\theta}})' \frac{\partial \ell(\hat{\boldsymbol{\theta}})}{\partial \boldsymbol{\theta}} + \frac{1}{2}(\boldsymbol{\theta} - \hat{\boldsymbol{\theta}})' \frac{\partial^2 \ell(\hat{\boldsymbol{\theta}})}{\partial \boldsymbol{\theta} \partial \boldsymbol{\theta}'} (\boldsymbol{\theta} - \hat{\boldsymbol{\theta}}) + \cdots \tag{3.68}$$

が得られる．$\hat{\boldsymbol{\theta}}$ は，尤度方程式 $\partial \ell(\boldsymbol{\theta})/\partial \boldsymbol{\theta} = \boldsymbol{0}$ の解として与えられる最尤推定量より，$\partial \ell(\hat{\boldsymbol{\theta}})/\partial \boldsymbol{\theta} = \boldsymbol{0}$ を満たす．

いま 1 つここで必要となる理論は，

$$\frac{1}{n} \frac{\partial^2 \ell(\hat{\boldsymbol{\theta}})}{\partial \boldsymbol{\theta} \partial \boldsymbol{\theta}'} = \frac{1}{n} \frac{\partial^2 \log f(\boldsymbol{X}_n|\hat{\boldsymbol{\theta}})}{\partial \boldsymbol{\theta} \partial \boldsymbol{\theta}'} \tag{3.69}$$

が，n を無限大とするとき (3.62) 式の $J(\boldsymbol{\theta}_0)$ へ確率収束することである．これは，最尤推定量 $\hat{\boldsymbol{\theta}}$ が $\boldsymbol{\theta}_0$ へ確率収束することと，大数の法則によって得られた (3.41) 式の結果より導かれる．この結果を用いると (3.68) 式に対する近似式

$$\ell(\boldsymbol{\theta}_0) - \ell(\hat{\boldsymbol{\theta}}) \approx -\frac{n}{2}(\boldsymbol{\theta}_0 - \hat{\boldsymbol{\theta}})' J(\boldsymbol{\theta}_0)(\boldsymbol{\theta}_0 - \hat{\boldsymbol{\theta}}) \tag{3.70}$$

が得られる．この結果と最尤推定量の漸近的分散共分散行列 (3.65) 式を用いると D_1 は，近似的に次のように計算される．

$$\begin{aligned}
D_1 &= E_{G(\boldsymbol{x}_n)}[\log f(\boldsymbol{X}_n|\hat{\boldsymbol{\theta}}(\boldsymbol{X}_n)) - \log f(\boldsymbol{X}_n|\boldsymbol{\theta}_0)] \\
&= \frac{n}{2} E_{G(\boldsymbol{x}_n)} \left[(\boldsymbol{\theta}_0 - \hat{\boldsymbol{\theta}})' J(\boldsymbol{\theta}_0)(\boldsymbol{\theta}_0 - \hat{\boldsymbol{\theta}}) \right] \\
&= \frac{n}{2} E_{G(\boldsymbol{x}_n)} \left[\operatorname{tr} \left\{ J(\boldsymbol{\theta}_0)(\boldsymbol{\theta}_0 - \hat{\boldsymbol{\theta}})(\boldsymbol{\theta}_0 - \hat{\boldsymbol{\theta}})' \right\} \right] \\
&= \frac{n}{2} \operatorname{tr} \left\{ J(\boldsymbol{\theta}_0) E_{G(\boldsymbol{x}_n)}[(\hat{\boldsymbol{\theta}} - \boldsymbol{\theta}_0)(\hat{\boldsymbol{\theta}} - \boldsymbol{\theta}_0)'] \right\} \\
&= \frac{1}{2} \operatorname{tr} \left\{ I(\boldsymbol{\theta}_0) J(\boldsymbol{\theta}_0)^{-1} \right\} \tag{3.71}
\end{aligned}$$

したがって，(3.57)，(3.66) および (3.71) 式より，モデルの対数尤度で平均対数尤度を推定したときのバイアスは漸近的に

$$\begin{aligned}
b(G) &= D_1 + D_2 + D_3 \\
&= \frac{1}{2} \operatorname{tr} \left\{ I(\boldsymbol{\theta}_0) J(\boldsymbol{\theta}_0)^{-1} \right\} + 0 + \frac{1}{2} \operatorname{tr} \left\{ I(\boldsymbol{\theta}_0) J(\boldsymbol{\theta}_0)^{-1} \right\} \\
&= \operatorname{tr} \left\{ I(\boldsymbol{\theta}_0) J(\boldsymbol{\theta}_0)^{-1} \right\} \tag{3.72}
\end{aligned}$$

となる．ただし，$I(\boldsymbol{\theta}_0)$ と $J(\boldsymbol{\theta}_0)$ は，それぞれ (3.67) 式と (3.62) 式で与えられる．

(4) バイアスの推定　　バイアスは，$I(\boldsymbol{\theta}_0)$ と $J(\boldsymbol{\theta}_0)$ を通してデータを発生し

た未知の確率分布 G に依存することから，観測データに基づいて推定する必要がある．いま，$I(\boldsymbol{\theta}_0)$ と $J(\boldsymbol{\theta}_0)$ の一致推定量をおのおの $\hat{I}, \hat{J}$ とする．このとき，バイアス $b(G)$ の推定値

$$\hat{b} = \mathrm{tr}\left(\hat{I}\hat{J}^{-1}\right) \tag{3.73}$$

が得られる．このようにして，統計モデルの対数尤度で平均対数尤度を推定したときの漸近的なバイアスの推定値を求めることができたとすると，(3.51) 式で示したような形で，モデルの対数尤度のバイアスを補正すれば情報量規準

$$\begin{aligned}\mathrm{TIC} &= -2\left\{\sum_{\alpha=1}^{n}\log f(X_\alpha|\hat{\boldsymbol{\theta}}) - \mathrm{tr}\left(\hat{I}\hat{J}^{-1}\right)\right\} \\ &= -2\sum_{\alpha=1}^{n}\log f(X_\alpha|\hat{\boldsymbol{\theta}}) + 2\mathrm{tr}\left(\hat{I}\hat{J}^{-1}\right)\end{aligned} \tag{3.74}$$

が求まる．このモデル評価基準は，竹内 (1976), Stone(1977) によって研究され，一般に**情報量規準 TIC** と呼ばれている．

なお，行列 $I(\boldsymbol{\theta}_0)$ と $J(\boldsymbol{\theta}_0)$ は，未知の確率分布 $G(z)$ または $g(z)$ を観測データに基づく経験分布関数 $\hat{G}(z)$ で置き換えて，次のように推定できる．

$$I(\hat{\boldsymbol{\theta}}) = \frac{1}{n}\sum_{\alpha=1}^{n}\frac{\partial \log f(x_\alpha|\boldsymbol{\theta})}{\partial \boldsymbol{\theta}}\frac{\partial \log f(x_\alpha|\boldsymbol{\theta})}{\partial \boldsymbol{\theta}'}\bigg|_{\hat{\boldsymbol{\theta}}} \tag{3.75}$$

$$J(\hat{\boldsymbol{\theta}}) = -\frac{1}{n}\sum_{\alpha=1}^{n}\frac{\partial^2 \log f(x_\alpha|\boldsymbol{\theta})}{\partial \boldsymbol{\theta}\partial \boldsymbol{\theta}'}\bigg|_{\hat{\boldsymbol{\theta}}} \tag{3.76}$$

これらの行列の (i,j) 要素はそれぞれ

$$I_{ij}(\hat{G}) = \frac{1}{n}\sum_{\alpha=1}^{n}\frac{\partial \log f(X_\alpha|\boldsymbol{\theta})}{\partial \theta_i}\frac{\partial \log f(X_\alpha|\boldsymbol{\theta})}{\partial \theta_j}\bigg|_{\hat{\boldsymbol{\theta}}} \tag{3.77}$$

$$J_{ij}(\hat{G}) = -\frac{1}{n}\sum_{\alpha=1}^{n}\frac{\partial^2 \log f(X_\alpha|\boldsymbol{\theta})}{\partial \theta_i \partial \theta_j}\bigg|_{\hat{\boldsymbol{\theta}}} \tag{3.78}$$

である．

3.4.4　情報量規準 AIC

実際のデータを分析する際の有効なモデル選択基準として，様々な分野の問題解決に大きな役割を果たしてきたのが，情報量規準 AIC(Akaike information criterion) である．情報量規準 AIC は

$$\text{AIC} = -2(\text{最大対数尤度}) + 2(\text{モデルの自由パラメータ数}) \qquad (3.79)$$

で与えられる．モデルの自由パラメータ数とは，想定したモデル $f(x|\boldsymbol{\theta})$ に含まれるパラメータ $\boldsymbol{\theta}$ の値が動く空間の次元である．

AIC は，想定したモデルを最尤法で推定したときの評価基準であり，対数尤度のバイアス (3.55) が，漸近的に「モデルに含まれる自由パラメータ数」となることを示している．このバイアスは，理論的には，想定したパラメトリックモデル $\{f(x|\boldsymbol{\theta}); \boldsymbol{\theta} \in \Theta\}$ の中に真の分布 $g(x)$ が含まれている，すなわち，ある $\boldsymbol{\theta}_0 \in \Theta$ が存在して $g(x) = f(x|\boldsymbol{\theta}_0)$ が成り立つという仮定のもとで導かれる．

いま，想定したパラメトリックモデルを $\{f(x|\boldsymbol{\theta}); \boldsymbol{\theta} \in \Theta\}$ とし，真の分布 $g(x)$ は，ある $\boldsymbol{\theta}_0 \in \Theta$ に対して $g(x) = f(x|\boldsymbol{\theta}_0)$ と表すことができるとする．この仮定のもとでは，式 (3.62) で与えられる $p \times p$ 次行列 $J(\boldsymbol{\theta}_0)$ と式 (3.67) で与えられる $p \times p$ 次行列 $I(\boldsymbol{\theta}_0)$ に対して，3.3.5 項，注 2 で示したように $I(\boldsymbol{\theta}_0) = J(\boldsymbol{\theta}_0)$ が成り立つ．したがって，対数尤度のバイアス (3.72) は漸近的に

$$E_{G(\boldsymbol{x}_n)}\left[\sum_{\alpha=1}^{n}\log f(X_\alpha|\hat{\boldsymbol{\theta}}) - nE_{G(z)}\log f(Z|\hat{\boldsymbol{\theta}})\right]$$
$$= \text{tr}\left\{I(\boldsymbol{\theta}_0)J(\boldsymbol{\theta}_0)^{-1}\right\} = \text{tr}(I_p) = p \qquad (3.80)$$

となる．ただし，I_p は p 次元の単位行列である．これから，対数尤度のバイアス p を補正することによって，赤池情報量規準

$$\text{AIC} = -2\sum_{\alpha=1}^{n}\log f(X_\alpha \mid \hat{\boldsymbol{\theta}}) + 2p \qquad (3.81)$$

が得られる．

Akaike(1974) は，想定したパラメトリックモデルの近くにデータを発生した真の分布があれば，最尤法に基づくモデルの対数尤度のバイアスは，パラメータ数で近似できると述べている．これによって，情報量規準 AIC は，個々の問題に対してバイアス補正項の解析的導出を必要とせず，未知の確率分布 G にも依存しないことからバイアスの推定による変動も取り除かれ，適用上きわめて柔軟な手法となったといえる．

［例 8］ データを発生する真の分布を混合正規分布

$$g(x) = (1-\varepsilon)\phi(x|\mu_1, \sigma_1^2) + \varepsilon\phi(x|\mu_2, \sigma_2^2), \quad 0 \le \varepsilon \le 1 \tag{3.82}$$

とする．ここで，$\phi(x|\mu_i, \sigma_i^2)(i=1,2)$ は，平均 μ_i，分散 σ_i^2 の正規分布の密度関数とする．モデルとして正規分布モデル

$$f(x|\mu, \sigma^2) = \frac{1}{\sqrt{2\pi\sigma^2}} \exp\left\{-\frac{(x-\mu)^2}{2\sigma^2}\right\} \tag{3.83}$$

を想定する．

$g(x)$ から生成した n 個のデータ $\{x_1, x_2, \cdots, x_n\}$ に基づくモデルのパラメータ μ と σ^2 の最尤推定量 $\hat{\mu} = \frac{1}{n}\sum_{\alpha=1}^{n} x_\alpha$ と $\hat{\sigma}^2 = \frac{1}{n}\sum_{\alpha=1}^{n}(x_\alpha - \hat{\mu})^2$ に対して，統計モデルは

$$f(x|\hat{\mu}, \hat{\sigma}^2) = \frac{1}{\sqrt{2\pi\hat{\sigma}^2}} \exp\left\{-\frac{(x-\hat{\mu})^2}{2\hat{\sigma}^2}\right\} \tag{3.84}$$

で与えられる．したがって，モデルの対数尤度で平均対数尤度を推定したときのバイアス

$$E_G\left[\frac{1}{n}\sum_{\alpha=1}^{n}\log f(X_\alpha|\hat{\mu},\hat{\sigma}^2) - \int g(z)\log f(z|\hat{\mu},\hat{\sigma}^2)dz\right] \tag{3.85}$$

は，(3.67) 式の行列 $I(\boldsymbol{\theta})$ と (3.62) 式の行列 $J(\boldsymbol{\theta})$ を計算すればよい．このために必要となる計算は以下の通りである．

対数尤度関数

$$\log f(x|\boldsymbol{\theta}) = -\frac{1}{2}\log(2\pi\sigma^2) - \frac{(x-\mu)^2}{2\sigma^2}$$

に対して，μ, σ^2 に関する偏微分は，

$$\frac{\partial}{\partial \mu}\log f(x|\boldsymbol{\theta}) = \frac{x-\mu}{\sigma^2}, \quad \frac{\partial}{\partial \sigma^2}\log f(x|\boldsymbol{\theta}) = -\frac{1}{2\sigma^2} + \frac{(x-\mu)^2}{2\sigma^4},$$

$$\frac{\partial^2}{\partial \mu^2}\log f(x|\boldsymbol{\theta}) = -\frac{1}{\sigma^2}, \quad \frac{\partial^2}{\partial \mu \partial \sigma^2}\log f(x|\boldsymbol{\theta}) = -\frac{x-\mu}{\sigma^4},$$

$$\frac{\partial^2}{(\partial \sigma^2)^2}\log f(x|\boldsymbol{\theta}) = \frac{1}{2\sigma^4} - \frac{(x-\mu)^2}{\sigma^6}$$

となる．したがって，2×2 行列 $I(\boldsymbol{\theta}_0)$ と $J(\boldsymbol{\theta}_0)$ は，次の式で与えられる．

$$J(\boldsymbol{\theta}_0) = -\begin{bmatrix} E_G\left[\dfrac{\partial^2}{\partial \mu^2}\log f(X|\boldsymbol{\theta})\right] & E_G\left[\dfrac{\partial^2}{\partial \sigma^2 \partial \mu}\log f(X|\boldsymbol{\theta})\right] \\ E_G\left[\dfrac{\partial^2}{\partial \mu \partial \sigma^2}\log f(X|\boldsymbol{\theta})\right] & E_G\left[\dfrac{\partial^2}{(\partial \sigma^2)^2}\log f(X|\boldsymbol{\theta})\right] \end{bmatrix}$$

$$= \begin{bmatrix} \dfrac{1}{\sigma^2} & \dfrac{E_G[X-\mu]}{\sigma^4} \\ \dfrac{E_G[X-\mu]}{\sigma^4} & \dfrac{E_G[(X-\mu)^2]}{\sigma^6}-\dfrac{1}{2\sigma^4} \end{bmatrix} = \begin{bmatrix} \dfrac{1}{\sigma^2} & 0 \\ 0 & \dfrac{1}{2\sigma^4} \end{bmatrix},$$

$$I(\boldsymbol{\theta}_0) = E_G\left[\begin{pmatrix} \dfrac{X-\mu}{\sigma^2} \\ -\dfrac{1}{2\sigma^2}+\dfrac{(X-\mu)^2}{2\sigma^4} \end{pmatrix}\left(\dfrac{X-\mu}{\sigma^2},\,-\dfrac{1}{2\sigma^2}+\dfrac{(X-\mu)^2}{2\sigma^4}\right)\right]$$

$$= E_G\begin{bmatrix} \dfrac{(X-\mu)^2}{\sigma^4} & -\dfrac{X-\mu}{2\sigma^4}+\dfrac{(X-\mu)^3}{2\sigma^6} \\ -\dfrac{X-\mu}{2\sigma^4}+\dfrac{(X-\mu)^3}{2\sigma^6} & \dfrac{1}{4\sigma^4}-\dfrac{(X-\mu)^2}{2\sigma^6}+\dfrac{(X-\mu)^4}{4\sigma^8} \end{bmatrix}$$

$$= \begin{bmatrix} \dfrac{1}{\sigma^2} & \dfrac{\mu_3}{2\sigma^6} \\ \dfrac{\mu_3}{2\sigma^6} & \dfrac{\mu_4}{4\sigma^8}-\dfrac{1}{4\sigma^4} \end{bmatrix}$$

ただし，$\mu_j = E_G[(X-\mu)^j]\,(j=1,2,\cdots)$ は，真の分布 $g(x)$ の j 次中心化モーメントとし，$\boldsymbol{\theta}_0 = (E_G[X], E_G[(X-E_G[X])^2])' = (\mu, \sigma^2)'$ とする．したがって，一般には $I(\boldsymbol{\theta}_0) \neq J(\boldsymbol{\theta}_0)$ となることがわかる．

以上より，バイアス補正項は次のように計算される．

$$I(\boldsymbol{\theta}_0)J(\boldsymbol{\theta}_0)^{-1} = \begin{bmatrix} \dfrac{1}{\sigma^2} & \dfrac{\mu_3}{2\sigma^6} \\ \dfrac{\mu_3}{2\sigma^6} & \dfrac{\mu_4}{4\sigma^8}-\dfrac{1}{4\sigma^4} \end{bmatrix}\begin{bmatrix} \sigma^2 & 0 \\ 0 & 2\sigma^4 \end{bmatrix}$$

$$= \begin{bmatrix} 1 & \dfrac{\mu_3}{\sigma^2} \\ \dfrac{\mu_3}{2\sigma^4} & \dfrac{\mu_4}{2\sigma^4}-\dfrac{1}{2} \end{bmatrix}$$

よって

$$\mathrm{tr}\left\{I(\boldsymbol{\theta})J(\boldsymbol{\theta})^{-1}\right\} = 1+\dfrac{\mu_4}{2\sigma^4}-\dfrac{1}{2} = \dfrac{1}{2}\left(1+\dfrac{\mu_4}{\sigma^4}\right)$$

となり，一般にはパラメータ数 2 とは異なる．ただし，$f(x|\boldsymbol{\theta}_0) = g(x)$ を満たす $\boldsymbol{\theta}_0$ が存在する場合には $g(x)$ は正規分布となるので，$\mu_3 = 0$，$\mu_4 = 3\sigma^4$ となる．したがって，この場合

$$\dfrac{1}{2}+\dfrac{\mu_4}{2\sigma^4} = \dfrac{1}{2}+\dfrac{3\sigma^4}{2\sigma^4} = \dfrac{1}{2}+\dfrac{3}{2} = 2$$

となる．

バイアスの推定値は

$$\frac{1}{n}\mathrm{tr}(\hat{I}\hat{J}^{-1}) = \frac{1}{n}\left\{\frac{1}{2} + \frac{\hat{\mu}_4}{2\hat{\sigma}^4}\right\} \quad (3.86)$$

で与えられる．ここで

$$\hat{\sigma}^2 = \frac{1}{n}\sum_{\alpha=1}^{n}(x_\alpha - \bar{x})^2, \quad \hat{\mu}_4 = \frac{1}{n}\sum_{\alpha=1}^{n}(x_\alpha - \bar{x})^4$$

とする．したがって，情報量規準 TIC と AIC はそれぞれ次の式で与えられる．

$$\mathrm{TIC} = -2\sum_{\alpha=1}^{n}\log f(x_\alpha|\hat{\mu}, \hat{\sigma}^2) + 2\left(\frac{1}{2} + \frac{\hat{\mu}_4}{2\hat{\sigma}^4}\right), \quad (3.87)$$

$$\mathrm{AIC} = -2\sum_{\alpha=1}^{n}\log f(x_\alpha|\hat{\mu}, \hat{\sigma}^2) + 2\times 2 \quad (3.88)$$

ただし，最大対数尤度は，$\sum_{\alpha=1}^{n}\log f(x_\alpha|\hat{\mu}\hat{\sigma}^2) = -\frac{n}{2}\log(2\pi\hat{\sigma}^2) - \frac{n}{2}$ である．

表 3.2 は，混合正規分布の混合比とデータ数を変化させたときの TIC のバイアス補正項 $(1+\hat{\mu}_4/\hat{\sigma}^4)/2$ の値の 10000 回のシミュレーションによる平均と標準偏差を示す．n が小さく $\varepsilon = 0$ または 1 の場合には，AIC の補正項 2 よりも小さな値となる．また補正量が最大となるのは ε の値が 0.1〜0.2 の付近である．さらに，TIC の補正項が大きくなる部分では，標準偏差も大きくなることには注意が必要である．

[例 9] 表 3.3 は，真の分布を自由度 df の t 分布

$$g(x|df) = \frac{\Gamma\left(\frac{df+1}{2}\right)}{\sqrt{df\pi}\Gamma\left(\frac{df}{2}\right)}\left(1 + \frac{x^2}{df}\right)^{-\frac{1}{2}(df+1)} \quad (3.89)$$

とし，これに対してモデルを正規分布として，シミュレーションを 10000 回繰り返して求めた TIC の補正量 $(1+\hat{\mu}_4/\hat{\sigma}^4)/2$ の平均および標準偏差を示す．データ数 n は，25, 100, 400, 1600 の 4 種類，自由度は 1〜9 の 9 通りと正規分布 ($df = \infty$) の 10 種類を調べた．

自由度 df が小さく，データ数が大きな場合には，AIC の補正量 2 と著しく異なる値となっている．ただし，このときには標準偏差も非常に大きく，場合に

3.4 情報量規準 AIC

表 3.2 真の分布を混合正規分布とするときの
TIC のバイアス補正量の変化

ε	$n=25$	$n=100$	$n=400$	$n=1600$
0	1.89(0.37)	1.97(0.23)	1.99(0.12)	2.00(0.06)
0.01	2.03(0.71)	2.40(1.25)	2.67(1.11)	2.78(0.71)
0.02	2.14(0.83)	2.73(1.53)	3.18(1.38)	3.33(0.81)
0.05	2.44(1.13)	3.45(1.78)	4.02(1.35)	4.24(0.80)
0.10	2.74(1.24)	3.87(1.56)	4.42(1.09)	4.60(0.60)
0.15	2.87(1.18)	3.96(1.34)	4.38(0.89)	4.49(0.46)
0.20	2.91(1.09)	3.84(1.12)	4.16(0.69)	4.24(0.37)
0.30	2.85(0.94)	3.48(0.82)	3.67(0.48)	3.73(0.25)
0.40	2.68(0.80)	3.14(0.65)	3.26(0.37)	3.29(0.19)
0.50	2.52(0.69)	2.84(0.50)	2.92(0.28)	2.95(0.15)
0.60	2.37(0.60)	2.61(0.44)	2.67(0.24)	2.68(0.12)
0.70	2.22(0.53)	2.40(0.36)	2.45(0.20)	2.46(0.10)
0.80	2.10(0.47)	2.23(0.30)	2.27(0.16)	2.28(0.08)
0.90	1.98(0.41)	2.09(0.26)	2.12(0.14)	2.12(0.07)
1.00	1.88(0.36)	1.97(0.23)	1.99(0.12)	2.00(0.06)

ε は混合比，n はデータ数．ε と n のそれぞれの値に対し，平均と標準偏差を示す．$\mu_1 = \mu_2 = 0$, $\sigma_1^2 = 1$, $\sigma_2^2 = 3$.

表 3.3 t 分布に対して正規分布を当てはめた場合の
TIC の補正量とその標準偏差

df	$n=25$	$n=100$	$n=400$	$n=1600$
∞	1.89(0.37)	1.98(0.23)	2.00(0.12)	2.00(0.06)
9	2.12(0.62)	2.42(0.69)	2.54(0.52)	2.58(0.34)
8	2.17(0.66)	2.51(0.82)	2.67(0.86)	2.73(0.63)
7	2.21(0.72)	2.64(0.99)	2.85(1.05)	2.95(0.91)
6	2.29(0.81)	2.85(1.43)	3.20(1.81)	3.36(1.46)
5	2.43(1.00)	3.21(1.96)	3.87(3.21)	4.28(4.12)
4	2.67(1.23)	3.94(3.01)	5.49(6.37)	7.46(15.96)
3	3.06(1.62)	5.72(5.38)	10.45(14.71)	19.79(41.12)
2	4.01(2.32)	10.54(9.39)	30.88(35.67)	101.32(138.74)
1	6.64(3.17)	25.27(13.94)	100.14(56.91)	404.12(232.06)

よってはバイアスの値の大きさ以上になることに注意が必要である．

[例 10] 実験の結果 (x, y) に関して，次の 20 個のデータが観測されたものとする (図 3.8).

(0.00, 0.854), (0.05, 0.786), (0.10, 0.706), (0.15, 0.763), (0.20, 0.772),

(0.25, 0.693), (0.30, 0.805), (0.35, 0.739), (0.40, 0.760), (0.45, 0.764),

(0.50, 0.810), (0.55, 0.791), (0.60, 0.798), (0.65, 0.841), (0.70, 0.882), (0.75, 0.879), (0.80, 0.863), (0.85, 0.934), (0.90, 0.971), (0.95, 0.985).

この20個のデータに多項式モデルを当てはめるとする.すなわち

$$y = \beta_0 + \beta_1 x + \beta_2 x^2 + \cdots + \beta_p x^p + \varepsilon, \quad \varepsilon \sim N(0, \sigma^2) \tag{3.90}$$

を当てはめる.ここで,$\boldsymbol{\theta} = (\beta_0, \beta_1, \cdots, \beta_p, \sigma^2)'$ とおき,データ $\{(y_\alpha, x_\alpha), \alpha = 1, \cdots, n\}$ が与えられたとき,対数尤度関数は

$$\ell(\boldsymbol{\theta}) = -\frac{n}{2}\log(2\pi\sigma^2) - \frac{1}{2\sigma^2}\sum_{\alpha=1}^n \left(y_\alpha - \sum_{j=0}^p \beta_j x_\alpha^j\right)^2 \tag{3.91}$$

となる.したがって,係数の最尤推定値 $\hat{\beta}_0, \hat{\beta}_1, \cdots, \hat{\beta}_p$ は

$$\sum_{\alpha=1}^n \left(y_\alpha - \sum_{j=0}^p \beta_j x_\alpha^j\right)^2 \tag{3.92}$$

を最小とする最小2乗法によって求められる.また,誤差分散の最尤推定値は

$$\hat{\sigma}^2 = \frac{1}{n}\sum_{\alpha=1}^n \left(y_\alpha - \sum_{j=0}^p \hat{\beta}_j x_\alpha^j\right)^2 \tag{3.93}$$

となり,これを (3.91) 式に代入すると最大対数尤度

$$\ell(\hat{\boldsymbol{\theta}}) = -\frac{n}{2}\log\left(2\pi\hat{\sigma}^2\right) - \frac{n}{2} \tag{3.94}$$

が求まる.さらに,このモデルに含まれるパラメータの数は $\beta_0, \beta_1, \cdots, \beta_p$ および σ^2 の $p+2$ 個なので,p 次多項式モデルを評価するための AIC は

$$\text{AIC}_p = n(\log 2\pi + 1) + n\log\hat{\sigma}^2 + 2(p+2) \tag{3.95}$$

となる.

表3.4 は,このデータに対して9次までの多項式モデルを当てはめた結果を

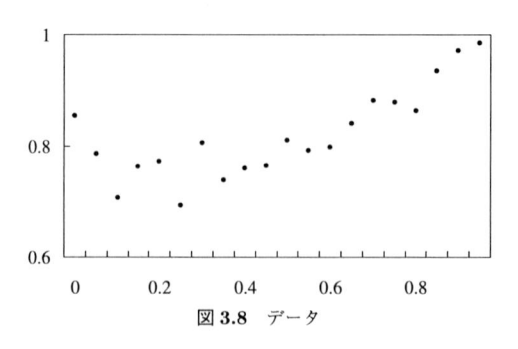

図 3.8 データ

3.4 情報量規準 AIC

表 3.4 多項式回帰モデルの推定結果

次数	残差分散	対数尤度	AIC	AIC の差
–	0.678301	−24.50	50.99	126.49
0	0.006229	22.41	−40.81	34.68
1	0.002587	31.19	−56.38	19.11
2	0.000922	41.51	−75.03	0.47
3	0.000833	42.52	−75.04	0.46
4	0.000737	43.75	−75.50	0.00
5	0.000688	44.44	−74.89	0.61
6	0.000650	45.00	−74.00	1.49
7	0.000622	45.45	−72.89	2.61
8	0.000607	45.69	−71.38	4.12
9	0.000599	45.83	−69.66	5.84

表す．ただし，– は $y=0$ に対する結果を示す．次数の増加とともに残差分散は減少し，対数尤度は単調に増加する．しかし AIC は $k=4$ で最小となり

$$y_j = 0.835 - 1.068 x_j + 3.716 x_j^2 - 4.573 x_j^3 + 2.141 x_j^4 + \varepsilon_j,$$
$$\varepsilon_j \sim N(0, 0.737 \times 10^{-3}) \tag{3.96}$$

が最適なモデルとして選択される．

回帰モデルにおける次数選択の重要性を示すために，推定されたモデルを用いてモンテカルロ実験を行った結果を図 3.9 に示す．異なる乱数を用いて (3.90) 式に従って 20 個のデータを生成し，そのデータを用いて 2 次，4 次および 9 次

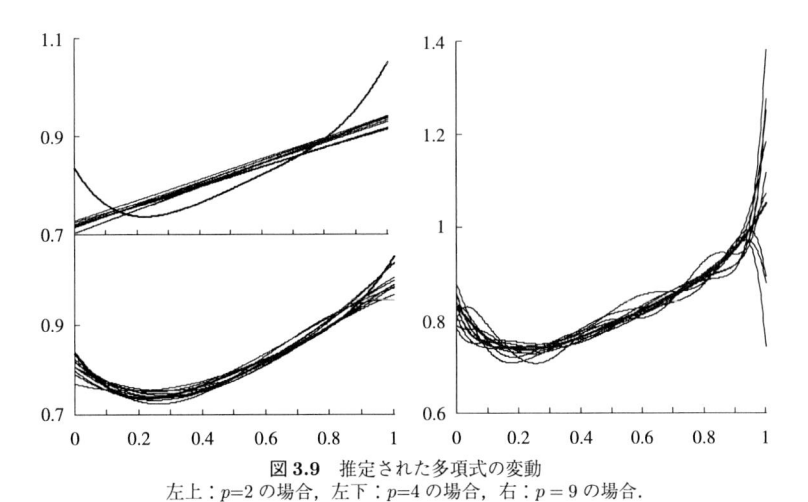

図 3.9 推定された多項式の変動
左上：$p=2$ の場合，左下：$p=4$ の場合，右：$p=9$ の場合．

の多項式を推定した．図 3.9 には，この操作を 10 回繰り返して得られた 10 個の回帰式とデータ生成に用いた「真の」回帰多項式を示す．2 次の回帰モデルの場合は変動幅は小さいが次数が低すぎるために回帰式に大きな偏りがみられる．4 次の回帰式の場合は，10 個の推定値が真の回帰式を覆っている．一方，9 次の多項式の場合は，真の回帰式を覆ってはいるが変動が大きく，推定値がきわめて不安定であることを示している．

3.5 最小 AIC 推定値の性質について

情報量規準 AIC を最小にすることによって選択された推定値やモデルを，最小 AIC 推定値 (MAICE) と呼ぶ．本節では MAICE の性質に関連するいくつかの話題を取り上げる．

3.5.1 情報量規準の有限修正

3.4 節では，最尤法によって推定された一般の統計モデルについて情報量規準 AIC を導いた．これに対して，正規分布モデルなど特定のモデルについては，テイラー展開や中心極限定理などの漸近理論を用いず，直接バイアスを解析的に計算することによって情報量規準を導くことができる．まず，簡単な正規分布モデル $N(\mu, \sigma^2)$ の場合を考えてみよう．

対数尤度関数は

$$\log f(x|\mu, \sigma^2) = -\frac{1}{2}\log(2\pi\sigma^2) - \frac{(x-\mu)^2}{2\sigma^2}$$

より，データ $\boldsymbol{x}_n = \{x_1, x_2, \cdots, x_n\}$ に基づくモデルの対数尤度は

$$\ell(\mu, \sigma^2) = -\frac{n}{2}\log(2\pi\sigma^2) - \frac{1}{2\sigma^2}\sum_{\alpha=1}^{n}(x_\alpha - \mu)^2$$

となる．この式に μ と σ^2 の最尤推定値

$$\hat{\mu} = \frac{1}{n}\sum_{\alpha=1}^{n}x_\alpha, \quad \hat{\sigma}^2 = \frac{1}{n}\sum_{\alpha=1}^{n}(x_\alpha - \hat{\mu})^2$$

を代入すると，最大対数尤度

$$\ell(\hat{\mu}, \hat{\sigma}^2) = -\frac{n}{2}\log(2\pi\hat{\sigma}^2) - \frac{n}{2}$$

が求まる．一方，データは同じ正規分布 $N(\mu, \sigma^2)$ に従って採られたとすると，平均対数尤度は

$$E_G\left[\log f(Z|\hat{\mu}, \hat{\sigma}^2)\right] = -\frac{1}{2}\log(2\pi\hat{\sigma}^2) - \frac{1}{2\hat{\sigma}^2}\left\{\sigma^2 + (\mu-\hat{\mu})^2\right\}$$

で与えられる．ただし，$G(z)$ は正規分布 $N(\mu, \sigma^2)$ の分布関数とする．したがって，両者の差は

$$\ell(\hat{\mu}, \hat{\sigma}^2) - nE_G\left[\log f(Z|\hat{\mu}, \hat{\sigma}^2)\right] = \frac{n}{2\hat{\sigma}^2}\left\{\sigma^2 + (\mu-\hat{\mu})^2\right\} - \frac{n}{2}$$

となる．さらに正規分布 $N(\mu, \sigma^2)$ に従う n 個のデータの同時分布に関する期待値をとると

$$E_G\left[\frac{\sigma^2}{\hat{\sigma}^2(\boldsymbol{x}_n)}\right] = \frac{n}{n-3}, \quad E_G\left[\{\mu-\hat{\mu}(\boldsymbol{x}_n)\}^2\right] = \frac{\sigma^2}{n}$$

より，有限標本に対するバイアスの値

$$b(G) = \frac{n}{2}\frac{n}{(n-3)\sigma^2}\left(\sigma^2 + \frac{\sigma^2}{n}\right) - \frac{n}{2} = \frac{2n}{n-3} \tag{3.97}$$

が得られる．ここで，自由度 r の χ^2-変量 χ_r^2 に対して $E[1/\chi_r^2] = 1/(r-2)$ であることを用いた．したがって，正規分布モデルの情報量規準は

$$\text{IC} = -2\ell(\hat{\mu}, \hat{\sigma}^2) + \frac{4n}{n-3} \tag{3.98}$$

で与えられる．

表 3.5 は，いくつかの n に対する $b(G)$ の変化を示す．データ数の増加に伴って AIC の補正項 2 へ近づいていく様子がうかがえる．

表 3.5　データ数に伴うバイアス $b(G)$ の変化

n	4	6	8	12	18	25	50	100
$b(G)$	8.0	4.0	3.2	2.7	2.4	2.3	2.1	2.1

正規線形回帰モデルに対する AIC の有限修正については，4.4.5 項で述べる．

3.5.2　AIC によって選択された次数の分布

自己回帰モデル

$$y_n = \sum_{j=1}^{m} a_j y_{n-j} + \varepsilon_n, \quad \varepsilon_n \sim N(0, \sigma^2) \tag{3.99}$$

の次数選択について考えてみる．この場合，AIC 最小化法によって次数選択

を行ったときの次数の漸近分布が求められている (Shibata(1976)). いま, 自由度 i の χ^2-変量 χ_i^2 に対して $\alpha_i = \Pr(\chi_i^2 > 2i)$, $p_0 = q_0 = 1$ として, p_j および $q_j (j = 1, \cdots, M)$ を以下の式によって定義する.

$$p_j = \sum \left\{ \prod_{i=1}^{j} \frac{1}{r_i!} \left(\frac{\alpha_i}{i}\right)^{r_i} \right\} \tag{3.100}$$

$$q_j = \sum \left\{ \prod_{i=1}^{j} \frac{1}{r_i!} \left(\frac{1-\alpha_i}{i}\right)^{r_i} \right\} \tag{3.101}$$

ただし, $\sum$ は $r_1+2r_2+\cdots+nr_j = j$ を満たす全ての $(r_1, \cdots, r_j)$ の組み合わせについて和をとるものとする. このとき Shibata(1976) によれば, m_0 次の自己回帰モデルを真のモデルとするとき, 自己回帰モデルの次数 $0 \leq m \leq M$ を AIC で選択した場合, $\hat{m}$ の漸近分布は

$$\lim_{n \to \infty} \Pr(\hat{m} = m) = \begin{cases} p_{m-m_0} q_{M-m}, & m_0 \leq m \leq M \\ 0, & m < m_0 \end{cases} \tag{3.102}$$

で与えられる.

この結果は, AIC 最小化法によって次数選択を行う場合, $n \to +\infty$ のとき真の次数を選択する確率は 1 とならない, すなわち次数選択の一致性を有しないことを示している. 同時に, 漸近分布が存在することから, 選択された次数の分布は, n の増加とともに広がっていくわけではないことを示している.

[例 11] 図 3.10 は通常の回帰モデル

$$y_i = a_1 x_{i1} + \cdots + a_k x_{ik} + \varepsilon_i, \quad \varepsilon_i \sim N(0, \sigma^2)$$

の場合について AIC によって選択された説明変数の個数の分布を示す. 簡単のために $x_{ij} (j = 1, \cdots, 20, i = 1, \cdots, n)$ は正規直交変数とする. また, データを生成する真のモデルは $\sigma^2 = 0.01$

$$a_j^* = \begin{cases} 0.7^j, & j = 1, \cdots, k^* \\ 0, & j = k^*+1, \cdots, 20 \end{cases} \tag{3.103}$$

とする. 図 3.10 に $n = 400$ としてデータを生成し, AIC によって次数を選択するプロセスを 1000 回繰り返して得られた次数の分布を示す. 左上は真の次数 $k^* = 0$ とした場合である. 同様に右上, 左下, 右下は $k^* = 1, 2, 3$ の場合を示す. これらの結果から, 回帰モデルについてもデータ数が $n = 400$ と比較的大きな

3.5 最小 AIC 推定値の性質について　　　　　　　　　　　　　　65

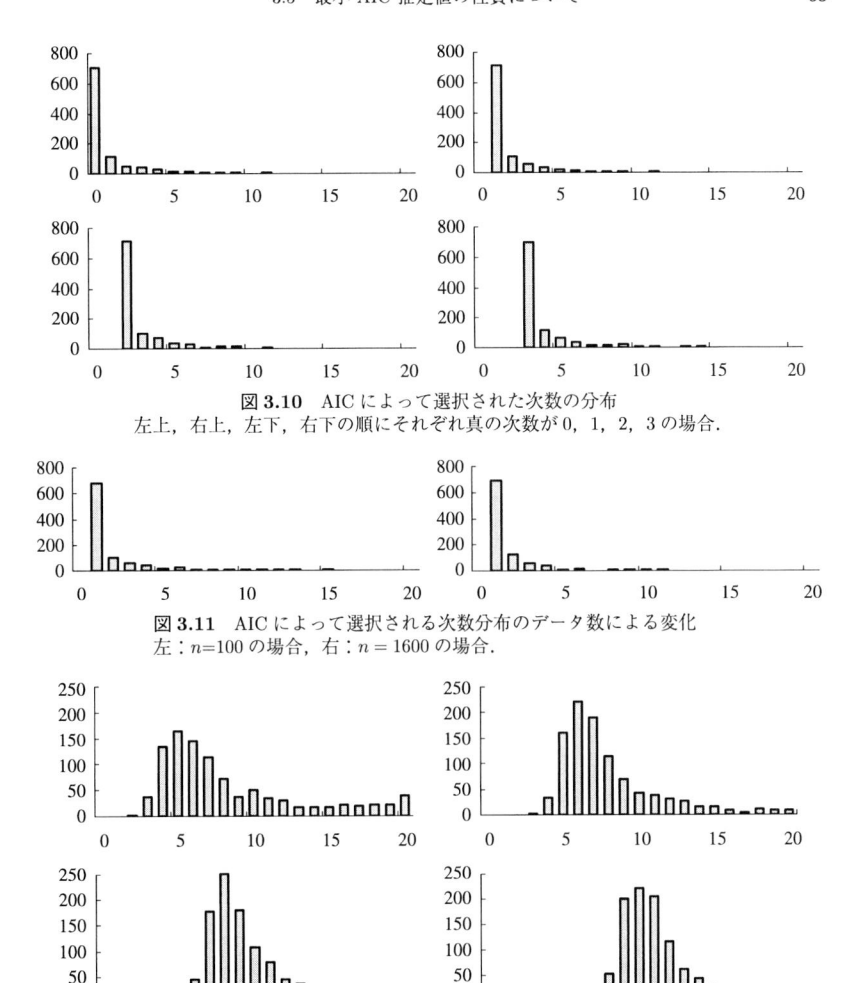

図 3.10　AIC によって選択された次数の分布
左上，右上，左下，右下の順にそれぞれ真の次数が 0, 1, 2, 3 の場合.

図 3.11　AIC によって選択される次数分布のデータ数による変化
左：$n=100$ の場合，右：$n=1600$ の場合.

図 3.12　真の係数が次数とともに減衰するとき，AIC によって選択された次数の分布
左上，右上，左下，右下の順にそれぞれデータ数が 50, 100, 400, 1600 の場合.

場合には，真の次数が得られる確率は約 0.7 で，0.3 程度の確率で過大評価されることがわかる．この分布は，真の次数 k^* を変化させても最大確率の場所がシフトするだけで，それより右側の分布形はあまり変化しない．

　図 3.11 は $k^* = 1$ の場合について，データ数による分布の変化を調べたものである．左は $n = 100$，右が 1600 の場合を示す．真の次数が有限の場合には，

次数の分布は n が大となるとき一定の分布に収束することを示唆している．図 3.12 は $k^* = 20$ とし，すべての係数が 0 でない場合の結果を示す．データ数 n の増加とともに分布のモードが右に移動することがわかる．複雑な現象を比較的簡単なモデルで近似する場合には，選択される次数はデータ数とともに増加することを示している．

3.5.3 考　察

ここで，AIC によるモデル選択に関するいくつかの点について述べておく．AIC は次数の選択に関して一致推定量を与えないという批判がある．この議論には多くの誤解があるので，その点を明らかにしておく．

(1) まず，われわれのモデリングの目的は「よい」モデルを求めることであって，「真の」モデルを求めることではないということである．統計的モデルが複雑なシステムをある目的に沿って近似したものであることを思い起こせば，真の次数を推定するという問題設定自体が適当でないものであることは明らかである．真のモデルや真の次数が明確に定義づけられるのは，シミュレーション実験を行う場合のようにきわめて限られた状況である．モデルは複雑な現象の近似であるという立場からあえていえば，真の次数は無限大ともいえる．

(2) たとえ，有限の真の次数が存在するものと仮定しても，よいモデルの次数が真の次数と一致するとは限らないのである．データ数が少ない場合には，推定されるパラメータの不安定さを考えると，より低次のモデルを用いた方がより高い予測精度が得られる可能性があることを AIC は示している．

(3) 前項の Shibata の結果は，真の次数を想定する場合には，AIC によって選択される次数の漸近分布はモデル族の最大次数と真の次数だけで決まる一定の分布となることを示している．これは，AIC が次数の一致推定量を与えないことを示している．しかしながら，真の次数が有限の場合には，データ数の増加とともに選択される次数の分布は移動しないという点に注目すべきである．この場合，たとえ，高い次数を選択したとしてもデータ数が大となるとき，真の次数を超える次数のパラメータは真の値

0 に収束し，したがって，モデルとしては一致推定量が得られることに注意する必要がある．
(4) 情報量規準は自動的なモデル選択を可能とするが，このモデル評価基準が相対的評価基準であることに注意する必要がある．これは，情報量規準によるモデル選択は，われわれが設定したモデル族のなかでの選択にすぎないことを意味する．したがって，われわれの最も重要な仕事は，得られる知識を最大限利用して，より適切なモデル族を設定することである．

4

一般化情報量規準 GIC

　これまでは，観測データと想定したパラメトリックモデルをもとに，最尤法によって構築したモデルの評価を考えてきた．それでは，最尤法の枠を外して様々な方法でモデルのパラメータを推定したとき，モデルの評価基準はどのようにして構成すればよいだろうか．この問に答えるのが，統計的汎関数に基づく一般化情報量規準 (generalized information criterion; GIC) である．本章では，このモデル評価基準とその応用について説明する．4.1 節では，1 次元パラメータをもつパラメトリックモデルを中心として，汎関数に基づくアプローチの基本的事項を述べる．4.2 節以降では，p 次元パラメータをもつパラメトリックモデルに対して一般化情報量規準を紹介した後，AIC, TIC との関係，様々な方法で構築されたモデルの評価基準，GIC の導出法などについて述べる．

4.1 統計的汎関数に基づくアプローチ

4.1.1 統計的汎関数で定義される推定量

　統計的推測では，一般に母集団分布として特定の確率分布，例えば正規分布を想定して，その分布に従って抽出されたと仮定したデータに基づいて母集団確率分布のパラメータに関する推測やモデルの構築等を行う．しかし，実際にはデータ生成の確率的メカニズムを有限個のデータに基づいて精確に表現することは難しい．このため，データを生成する未知の確率分布関数 $G(x)$(あるいは密度関数や確率関数 $g(x)$) は，想定したパラメトリックモデル $\{f(x|\theta); \theta \in \Theta \subset \mathbb{R}\}$ の中には，必ずしも含まれるとは限らないものと考える必要がある．したがってモデルのパラメータの推定量は，$f(x|\theta)$ ではなくデータを発生する真の確率分布 $G(x)$ に依存して構成されることになる．

そこで，一般にパラメータ θ は分布 G の実数値関数，すなわち**汎関数** $T(G)$ の形で表されるものとする．ここで $T(G)$ は，標本空間上の全ての確率分布の族を定義域とする，標本数 n に依存しない実数値関数である．このとき，データ $\{x_1,\cdots,x_n\}$ が与えられたとき，θ の推定量 $\hat{\theta}$ は，G をデータに基づく経験分布関数 $\hat{G}$ で置き換えた

$$\hat{\theta} = \hat{\theta}(x_1,\cdots,x_n) = T(\hat{G}) \tag{4.1}$$

によって構成される．この式は，推定量が任意のデータに対して，経験分布関数を通してのみデータに依存していることを示す．このような汎関数を**統計的汎関数**(statistical functional) と呼ぶ．

最尤推定量をはじめとして多くの推定量は，データを集約した経験分布関数 $\hat{G}$ を通してのみデータに依存することから，統計的汎関数で定義される推定量を考えることによって，最尤法を含めた様々な推定法で構築したモデルの情報量規準を統一的に取り扱うことができる．

[注1 **経験分布関数**]　任意の実数 a に対して，以下のように定められる関数 $I(x;a)$ は定義関数と呼ばれる (図 4.1).

$$I(x;a) = \begin{cases} 1 & x \geq a \text{ のとき} \\ 0 & x < a \text{ のとき} \end{cases} \tag{4.2}$$

n 個のデータ $\{x_1, x_2, \cdots, x_n\}$ が与えられたとき，

$$\hat{G}(x) = \frac{1}{n}\sum_{\alpha=1}^{n} I(x;x_\alpha) \tag{4.3}$$

と定義すると，$\hat{G}(x)$ は各 x_α で $1/n$ ずつ増加する単調増加関数となる．$\hat{G}(x)$ は $G(x)$ の近似であり，**経験分布関数**と呼ばれる．経験分布関数とは，n 個のデータの各点で等確率 $1/n$ をもつ確率関数 $\hat{g}(x_\alpha) = 1/n (\alpha = 1, 2, \cdots, n)$ の分布関数である．

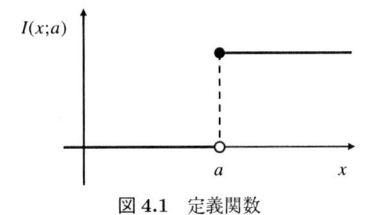

図 4.1　定義関数

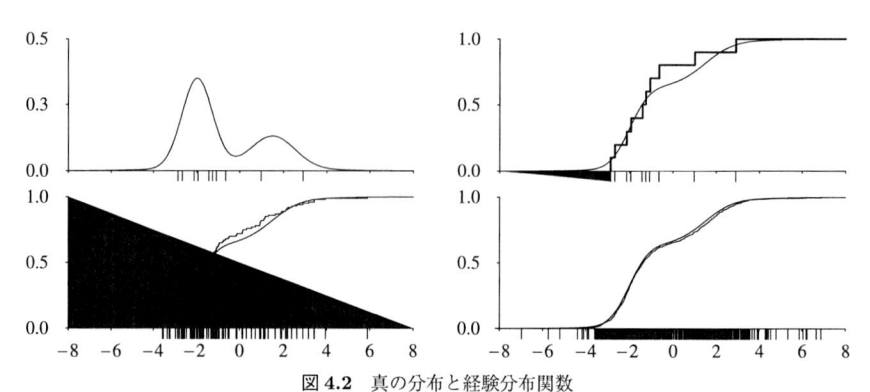

図 4.2 真の分布と経験分布関数
左上：真の密度関数とそこから生成された10個のデータ．右上：真の密度関数から得られた分布関数 (細線) と 10 個のデータに基づく経験分布関数 (太線) と確率関数．左下と右下はそれぞれ 100 個および 1000 個のデータの場合．

図 4.2 の左上の図は，ある密度関数とそこから発生させた 10 個のデータを示す．これに対して，右上の図の曲線は，左上の密度関数を積分して得られる分布関数を示す．一方，太線で示した階段状の関数は，10 個のデータに基づく経験分布関数を示す．また左下と右下の図は，それぞれ 100 個および 1000 個のデータとそれから構成された経験分布関数を示す．データを増やしていくと経験分布関数は，真の分布関数に近づき，データを生成する真の分布関数のよい近似となることがわかる．

一般の p 次元確率変数 $\boldsymbol{X} = (X_1, X_2, \cdots, X_p)'$ の分布関数の場合には，任意の $\boldsymbol{a} = (a_1, a_2, \cdots, a_p)' \in \mathbb{R}^p$ に対して

$$I(x; \boldsymbol{a}) = \begin{cases} 1 & \text{全ての } i \text{ について } x_i \geq a_i \text{ のとき} \\ 0 & \text{その他のとき} \end{cases} \quad (4.4)$$

によって定まる p 次元空間上の定義関数を用いればよい．

汎関数が $T(G) = \int u(x) dG(x)$ の形で表されるときには，対応する推定量は，未知の確率分布 G をデータに基づく経験分布関数 $\hat{G}$ で置き換えることによって，

$$T(\hat{G}) = \int u(x) d\hat{G}(x) = \sum_{\alpha=1}^{n} \hat{g}(x_\alpha) u(x_\alpha) = \frac{1}{n} \sum_{\alpha=1}^{n} u(x_\alpha) \quad (4.5)$$

で与えられる．

[例 1] 確率分布関数 $G(x)$ が与えられたとき，その分布の平均 μ は

$$\mu = \int x dG(x) \equiv T_\mu(G) \tag{4.6}$$

と表される．平均 μ は分布関数 $G(x)$ に依存して決まるので $\mu = T_\mu(G)$ と表すと，平均を定義する汎関数が $T_\mu(\cdot)$ であることがわかる．(4.6) 式の分布関数 G を経験分布関数 $\hat{G}$ で置き換えると

$$T_\mu(\hat{G}) = \int x d\hat{G}(x) = \frac{1}{n}\sum_{\alpha=1}^n x_\alpha = \bar{x} \tag{4.7}$$

となり，平均 μ の推定量である標本平均が得られる．

[例 2]　確率分布関数 $G(x)$ の分散 σ^2 は，平均 μ が既知の場合には

$$T_{\sigma^2}(G) = \int (x-\mu)^2 dG(x) \tag{4.8}$$

と表すことができる．この汎関数によって定義される推定量は

$$T_{\sigma^2}(\hat{G}) = \int (x-\mu)^2 d\hat{G}(x) = \frac{1}{n}\sum_{\alpha=1}^n (x_\alpha-\mu)^2 \tag{4.9}$$

である．一方，μ が未知の場合には分散を定義する汎関数は

$$\begin{aligned}
T_{\sigma^2}(G) &= \int \left(x - T_\mu(G)\right)^2 dG(x) \\
&= \int \left(x - \int y dG(y)\right)^2 dG(x) \\
&= \frac{1}{2}\int\int (x-y)^2 dG(x) dG(y)
\end{aligned} \tag{4.10}$$

となる．ここで (4.10) の第 1 式において，分布関数 G を経験分布関数 $\hat{G}$ で置き換えることによって，次のように標本分散が自然な形で求まる．

$$T_{\sigma^2}(\hat{G}) = \int \left(x - T_\mu(\hat{G})\right)^2 d\hat{G}(x) = \frac{1}{n}\sum_{\alpha=1}^n (x_\alpha - \bar{x})^2 \tag{4.11}$$

また，第 3 式からは以下のようによく知られた別の表現が得られる．

$$\begin{aligned}
T_{\sigma^2}(\hat{G}) &= \int x^2 d\hat{G}(x) - \left(\int x d\hat{G}(x)\right)^2 \\
&= \frac{1}{n}\sum_{\alpha=1}^n x_\alpha^2 - \left(\frac{1}{n}\sum_{\alpha=1}^n x_\alpha\right)^2
\end{aligned} \tag{4.12}$$

このように標本平均や標本分散は，簡単な積分形で表される汎関数から導か

れる．しかし，多くの推定量はこのような明示的な形ではなく，ある実数値関数 $\psi(x,\theta)$ に対して

$$\int \psi(x,T_M(G))dG(x) = 0 \tag{4.13}$$

を満たす汎関数 $T_M(G)$ として非明示的に定義される．汎関数 $T_M(G)$ で定義されたパラメータの推定量 $\hat{\theta}_M$ は，上式の分布関数 $G(x)$ を経験分布関数 $\hat{G}(x)$ で置き換えた方程式

$$\sum_{\alpha=1}^{n} \psi(x_\alpha, T_M(\hat{G})) = 0 \tag{4.14}$$

の解 $\hat{\theta}_M = T_M(\hat{G})$ として与えられる．この方程式の解として定義される推定量は，**M-推定量**と呼ばれる (Huber(1981), Hampel et al.(1986))．

特に，パラメトリックモデル $f(x|\theta)$ に対して

$$\psi(x,\theta) = \frac{\partial}{\partial \theta} \log f(x|\theta) \tag{4.15}$$

とおくと，次の尤度方程式が得られる．

$$\sum_{\alpha=1}^{n} \frac{\partial}{\partial \theta} \log f(x_\alpha|\theta) = 0 \tag{4.16}$$

このとき，解 $\hat{\theta}_{ML}$ は最尤推定量であり，最尤推定量は

$$\int \frac{\partial}{\partial \theta} \log f(x|\theta) \bigg|_{\theta = T_{ML}(G)} dG(x) = 0 \tag{4.17}$$

の解として与えられる汎関数 $T_{ML}(G)$ を用いて，$\hat{\theta}_{ML} = T_{ML}(\hat{G})$ と表すことができる．

4.1.2 汎関数の微分と影響関数

汎関数 $T(G)$ が与えられると，分布関数 G に関する方向微分は，任意の分布関数 $H(x)$ に対して

$$\frac{\partial}{\partial \varepsilon}\{T((1-\varepsilon)G+\varepsilon H)\}\bigg|_{\varepsilon=0} = \int T^{(1)}(x;G)d\{H(x)-G(x)\} \tag{4.18}$$

を満たす実数値関数 $T^{(1)}(x;G)$ として定義される (von Mises(1947))．ただし，一意性を保証するために

$$\int T^{(1)}(x;G)dG(x) = 0 \qquad (4.19)$$

が成り立つものとする．このとき，(4.18) 式は

$$\frac{\partial}{\partial \varepsilon}\{T((1-\varepsilon)G+\varepsilon H)\}\bigg|_{\varepsilon=0} = \int T^{(1)}(x;G)dH(x) \qquad (4.20)$$

と書き表すことができる．

ここで，(4.20) 式の分布関数 H として点 x 上に確率 1 をもつ分布関数 δ_x(デルタ関数) をとると

$$\lim_{\varepsilon \to 0}\frac{T((1-\varepsilon)G+\varepsilon \delta_x) - T(G)}{\varepsilon} = T^{(1)}(x;G) \qquad (4.21)$$

を得る．これは，**影響関数**(influence function) と呼ばれ，ロバスト推定で分布の微小な変化に対して推定量がどれだけ変化するかを捉えるための関数として用いられている．一般化情報量規準 GIC の構成においては，この影響関数が重要な役割を果たす．

[**例 3**] 例 1 や例 2 でみてきたように，平均や平均既知の分散のように，$T(G) = \int u(x)dG(x)$ の形で表現できる汎関数に関しては，線形性から

$$T((1-\varepsilon)G+\varepsilon \delta_x) = \int u(y)d\{(1-\varepsilon)G(y)+\varepsilon \delta_x(y)\}$$
$$= (1-\varepsilon)T(G)+\varepsilon u(x)$$

が成り立つので，影響関数は次のように簡単に求まる．

$$\lim_{\varepsilon \to 0}\frac{T((1-\varepsilon)G+\varepsilon \delta_x) - T(G)}{\varepsilon}$$
$$= \lim_{\varepsilon \to 0}\frac{(1-\varepsilon)T(G)+\varepsilon u(x)-T(G)}{\varepsilon} = u(x)-T(G) \qquad (4.22)$$

この直接の結果として，平均 μ を定義する汎関数 $T_\mu(G) = \int xdG(x)$ の影響関数

$$T_\mu^{(1)}(x;G) = x - T_\mu(G) \qquad (4.23)$$

が求まる．

[**例 4**] 分散を定義する汎関数 $T_{\sigma^2}(G) = \int (x-T_\mu(G))^2 dG(x)$ の影響関数を求

める．ただし，$T_\mu(G) = \int x dG(x)$ とする．ここで

$$T_{\sigma^2}(G) = \int (y-T_\mu(G))^2 dG(y)$$
$$= \frac{1}{2}\int\int (y-z)^2 dG(y)dG(z) \qquad (4.24)$$

と表されることに注意すると

$$T_{\sigma^2}((1-\varepsilon)G+\varepsilon\delta_x)$$
$$= (1-\varepsilon)^2 T_{\sigma^2}(G)+\varepsilon(1-\varepsilon)\int (y-x)^2 dG(y) \qquad (4.25)$$

となる．したがって

$$\int (y-x)^2 dG(y) = \int \{(y-T_\mu(G))+(T_\mu(G)-x)\}^2 dG(y)$$
$$= \int (y-T_\mu(G))^2 dG(y)+(T_\mu(G)-x)^2$$
$$= T_{\sigma^2}(G)+(T_\mu(G)-x)^2 \qquad (4.26)$$

を用いると，次の影響関数を得る．

$$T_{\sigma^2}^{(1)}(x;G) = \lim_{\varepsilon\to 0}\frac{T_{\sigma^2}((1-\varepsilon)G+\varepsilon\delta_x)-T_{\sigma^2}(G)}{\varepsilon}$$
$$= \lim_{\varepsilon\to 0}\frac{(\varepsilon^2-2\varepsilon)T_{\sigma^2}(G)+\varepsilon(1-\varepsilon)\{T_{\sigma^2}(G)+(T_\mu(G)-x)^2\}}{\varepsilon}$$
$$= -2T_{\sigma^2}(G)+T_{\sigma^2}(G)+(x-T_\mu(G))^2$$
$$= (x-T_\mu(G))^2-T_{\sigma^2}(G) \qquad (4.27)$$

統計的汎関数が M-推定量などのように陰関数として定義される場合には，その影響関数は以下のようにして求めることができる．まず，汎関数 $T_M(G)$ は次の方程式の解とする．

$$\int \psi(x,T_M(G))dG(x) = 0 \qquad (4.28)$$

ここで，(4.20) 式あるいは (4.21) 式で定義される汎関数 $T_M(G)$ の方向微分

$$\left.\frac{\partial}{\partial\varepsilon}\{T_M((1-\varepsilon)G+\varepsilon\delta_x)\}\right|_{\varepsilon=0} \qquad (4.29)$$

を直接計算する．

まず，(4.28) 式の G を $(1-\varepsilon)G+\varepsilon\delta_x$ で置き換えると

$$\int \psi(y, T_M((1-\varepsilon)G+\varepsilon\delta_x))d\{(1-\varepsilon)G(y)+\varepsilon\delta_x(y)\} = 0 \quad (4.30)$$

となる．この両辺を ε に関して微分して $\varepsilon = 0$ とおくと，次の式が求まる．

$$\int \psi(y, T_M(G))d\{\delta_x(y) - G(y)\}$$
$$+ \int \left.\frac{\partial}{\partial \theta}\psi(y,\theta)\right|_{\theta=T_M(G)} dG(y) \cdot \left.\frac{\partial}{\partial \varepsilon}\{T_M((1-\varepsilon)G+\varepsilon\delta_x)\}\right|_{\varepsilon=0} = 0 \quad (4.31)$$

したがって，M-推定量を定義する汎関数の影響関数 $T_M^{(1)}(x;G)$ は

$$\left.\frac{\partial}{\partial \varepsilon}\{T_M((1-\varepsilon)G+\varepsilon\delta_x)\}\right|_{\varepsilon=0}$$
$$= -\left\{\int \left.\frac{\partial}{\partial \theta}\psi(y,\theta)\right|_{\theta=T_M(G)} dG(y)\right\}^{-1} \psi(x, T_M(G))$$
$$\equiv T_M^{(1)}(x;G) \quad (4.32)$$

で与えられる．

パラメトリックモデル $f(x|\theta)$ に対して，最尤推定量を定義する汎関数 T_{ML} は，(4.17) 式の解として与えられた．したがって，(4.32) 式において

$$\psi(x,\theta) = \frac{\partial}{\partial \theta}\log f(x|\theta) \quad (4.33)$$

とおくと，最尤推定量を定義する汎関数 $T_{\mathrm{ML}}(G)$ の影響関数は

$$T_{\mathrm{ML}}^{(1)}(x;G) = J(G)^{-1} \left.\frac{\partial}{\partial \theta}\log f(x|\theta)\right|_{\theta=T_{\mathrm{ML}}(G)} \quad (4.34)$$

で与えられることがわかる．ただし

$$J(G) = -\int \left.\frac{\partial^2}{\partial \theta^2}\log f(x|\theta)\right|_{\theta=T_{\mathrm{ML}}(G)} dG(x) \quad (4.35)$$

とする．

4.1.3　情報量規準の拡張

最尤推定量をはじめとして様々な推定量を，汎関数の枠組みで取り扱うことができることがわかった．それでは，情報量規準の構成において汎関数がどのように関わってくるのであろうか．この点を解析的に明らかにする前に，最尤法で推定したモデルの評価基準である情報量規準 AIC と TIC を汎関数を通し

て再検討してみる.簡単のためにパラメータは 1 次元とする.

3 章でみてきたように,情報量規準の構成においては,モデルの対数尤度という 1 つの推定量で平均対数尤度を推定したときのバイアスの補正が本質的であった.すなわち,最尤法で推定したモデルを $f(x|\hat{\theta}_{\mathrm{ML}})$ としたとき,(3.72) 式よりバイアスは

$$E_G\left[\sum_{\alpha=1}^n \log f(X_\alpha|\hat{\theta}_{\mathrm{ML}}) - n\int \log f(z|\hat{\theta}_{\mathrm{ML}})dG(z)\right] = J(G)^{-1}I(G) + O(n^{-1}) \tag{4.36}$$

で与えられた.ただし,

$$J(G) = -\int \frac{\partial^2}{\partial \theta^2}\log f(x|\theta)\bigg|_{\theta=T_{\mathrm{ML}}(G)} dG(x) \tag{4.37}$$

$$I(G) = \int \left\{\frac{\partial \log f(x|\theta)}{\partial \theta}\right\}^2\bigg|_{\theta=T_{\mathrm{ML}}(G)} dG(x) \tag{4.38}$$

とする.このバイアスは,(4.34) 式で与えられる最尤推定量の影響関数を用いて,次のように表すことができる.

$$\begin{aligned}J(G)^{-1}I(G) &= \int J(G)^{-1}\left\{\frac{\partial \log f(x|\theta)}{\partial \theta}\right\}^2\bigg|_{\theta=T_{\mathrm{ML}}(G)} dG(x) \\ &= \int T_{\mathrm{ML}}^{(1)}(x;G)\frac{\partial \log f(x|\theta)}{\partial \theta}\bigg|_{\theta=T_{\mathrm{ML}}(G)} dG(x)\end{aligned} \tag{4.39}$$

この式から (漸近的) バイアスは,推定量を定義する汎関数の影響関数とモデルのスコア関数の積を積分したものとして表されることがわかる.

これから,一般に汎関数 $T(G)$ によって定義される推定量を $\hat{\theta}=T(\hat{G})$,その影響関数を $T^{(1)}(x;G)$ とするとき,モデル $f(x|\hat{\theta})$ の対数尤度で平均対数尤度を推定したときのバイアスは

$$\begin{aligned}&E_G\left[\sum_{\alpha=1}^n \log f(X_\alpha|\hat{\theta}) - n\int \log f(z|\hat{\theta})dG(z)\right] \\ &= \int T^{(1)}(x;G)\frac{\partial \log f(x|\theta)}{\partial \theta}\bigg|_{\theta=T(G)} dG(x) + O(n^{-1})\end{aligned} \tag{4.40}$$

となることが予想される.実際,次節で示すようにこの予想は正しく,汎関数で定義される推定量に基づいて構成されたモデルに対する漸近的バイアスは,

一般に影響関数とモデルのスコア関数の積を積分した形で与えられる．したがって，(4.40) 式の真の分布 G を経験分布関数で置き換えたものをバイアスの推定値としたとき，次の情報量規準が求まる．

$$\text{GIC} = -2\sum_{\alpha=1}^{n}\log f(x_\alpha|\hat{\theta}) + \frac{2}{n}\sum_{\alpha=1}^{n}T^{(1)}(x_\alpha;\hat{G})\frac{\partial\log f(x_\alpha|\theta)}{\partial\theta}\bigg|_{\theta=T(\hat{G})} \quad (4.41)$$

これは，パラメータ θ の推定量をある汎関数 $T(G)$ を用いて，$\hat{\theta}=T(\hat{G})$ で与えたときのモデル評価基準で，次節で定義する一般化情報量規準の特別な場合となる．

[例 5] (4.28) 式で与えられる M-推定量を定義する汎関数に対して，その影響関数 (4.32) 式を (4.41) 式へ代入すると，M-推定量に基づくモデルの情報量規準

$$\text{GIC}_M = -2\sum_{\alpha=1}^{n}\log f(x_\alpha|\hat{\theta}_M) + 2R(\psi,\hat{G})^{-1}Q(\psi,\hat{G}) \quad (4.42)$$

が求まる．ただし，

$$R(\psi,\hat{G}) = -\frac{1}{n}\sum_{\alpha=1}^{n}\frac{\partial\psi(x_\alpha,\theta)}{\partial\theta}\bigg|_{\theta=\hat{\theta}_M},$$

$$Q(\psi,\hat{G}) = \frac{1}{n}\sum_{\alpha=1}^{n}\psi(x_\alpha,\hat{\theta}_M)\frac{\partial\log f(x_\alpha|\theta)}{\partial\theta}\bigg|_{\theta=\hat{\theta}_M} \quad (4.43)$$

とする．

ここで，もしデータを生成した真の分布 $G(x)$ の密度関数 $g(x)$ が，想定したモデル $\{f(x|\theta);\theta\in\Theta\}$ の中に含まれる場合，M-推定量に基づくモデルの情報量規準 (4.42) は，どのような式になるであろうか．

いま，想定したモデル $f(x|\theta)$ の分布関数を $F_\theta(x)$ とする．パラメータ θ の推定量を与える汎関数 $T(G)$ は，$G=F_\theta$ において $T(F_\theta)=\theta$ であると仮定すると，推定量 $T(\hat{F}_\theta)$ は漸近的に自然な推定量となる．一般に，パラメータ空間 Θ の任意の θ に対して

$$T(F_\theta) = \theta \quad (4.44)$$

が成り立つとき，汎関数 $T(G)$ はフィッシャー **(Fisher) 一致性**(Kallianpur and Rao(1955), Hampel *et al.*(1986, p.83)) を有するという．例えば，平均を定義す

る汎関数 $\mu = T_\mu(G) = \int xdG(x)$ に対して, G を平均 μ の正規分布とすると, 明らかに (4.44) 式が満たされる.

M-推定量を定義する汎関数 $T_M(G)$ に対して, フィッシャー一致性が成り立つとすると, $T_M(F_\theta) = \theta$ より (4.28) 式は, 任意の θ に対して

$$\int \psi(x,\theta)dF_\theta(x) = 0 \tag{4.45}$$

となる. この両辺を θ で微分すると

$$\int \frac{\partial}{\partial \theta}\psi(x,\theta)dF_\theta(x) + \int \psi(x,\theta)d\left\{\frac{\partial}{\partial \theta}F_\theta(x)\right\} = 0$$

ここで,

$$d\left\{\frac{\partial}{\partial \theta}F_\theta(x)\right\} = \frac{\partial}{\partial \theta}f(x|\theta)dx = \frac{\partial}{\partial \theta}\{\log f(x|\theta)\}f(x|\theta)dx$$
$$= \frac{\partial}{\partial \theta}\log f(x|\theta)dF_\theta(x)$$

を用いると, 上の式は

$$\int \frac{\partial}{\partial \theta}\psi(x,\theta)dF_\theta(x) = -\int \psi(x,\theta)\frac{\partial}{\partial \theta}\log f(x|\theta)dF_\theta(x) \tag{4.46}$$

となることがわかる. したがって, 真のモデルが想定したパラメトリックモデルの中に含まれるという仮定のもとで, M-推定量を定義する汎関数の影響関数は, (4.32) 式より

$$T_M^{(1)}(x; F_\theta) = \left\{\int \psi(x,\theta)\frac{\partial}{\partial \theta}\log f(x|\theta)dF_\theta(x)\right\}^{-1}\psi(x,\theta)$$

となる. よって, この影響関数を (4.41) 式へ代入すると, 次の情報量規準を得る.

$$\text{GIC}_M = -2\sum_{\alpha=1}^n \log f(x_\alpha|\hat{\theta}) + 2\times 1 \tag{4.47}$$

これは, $G = F_\theta$ のときには, $Q(\psi, \hat{F}_\theta) = R(\psi, \hat{F}_\theta)$ が成り立っており, モデルの自由パラメータ数は 1 であることを示している. 情報量規準 AIC は M-推定量に基づくモデルの評価基準へと自然に拡張されることがわかる.

4.1.4 推定量の確率展開

前項では, 1 パラメータモデルの場合について, 汎関数の導入によって最尤

法で推定したモデルの評価基準である情報量規準 AIC と TIC を，より広いモデルの評価を可能とする情報量規準へと拡張できることを示した．その結果，バイアス項が推定量の影響関数とモデルのスコア関数の積で表されることがわかった．影響関数は汎関数の 1 次微分であるが，標本数 n に関する収束のオーダーの評価を含めて (4.41) 式の情報量規準を導出するには，4 次までの汎関数の微分 (コンパクト微分) を必要とする．このため，本項では汎関数のテイラー展開に基づく推定量の確率展開について述べる．

分布関数の全体を定義域とする実数値関数 $T(G)$ が与えられたとき，任意の分布関数 G, H に対して

$$h(\varepsilon) = T((1-\varepsilon)G+\varepsilon H), \quad 0 \leq \varepsilon \leq 1 \tag{4.48}$$

とおく．このとき，汎関数 $T(\cdot)$ の点 $(z_1, \cdots, z_i, G)$ での i 次微分とは，任意の分布関数 H に対して，次の式を満たす対称関数 $T^{(i)}(z_1, \cdots, z_i; G)$ として定義される (von Mises(1947), Withers(1983))．

$$h^{(i)}(0) = \int \cdots \int T^{(i)}(z_1, \cdots, z_i; G) \prod_{j=1}^{i} d\{H(z_j) - G(z_j)\} \tag{4.49}$$

ここで，$T^{(i)}(z_1, \cdots, z_i; G)$ の一意性を保証するために，次の条件を付与する．

$$\int T^{(i)}(z_1, \cdots, z_i; G) dG(z_k) = 0, \quad 1 \leq k \leq i \tag{4.50}$$

これによって，(4.49) 式の $d\{H(z_j)-G(z_j)\}$ は，$dH(z_j)$ に置き換えることができる．

次に，関数 $h(\varepsilon)$ を $\varepsilon = 0$ のまわりでテイラー展開する．

$$h(\varepsilon) = h(0) + \varepsilon h'(0) + \frac{1}{2}\varepsilon^2 h''(0) + \cdots$$

ここで，形式的に $\varepsilon = 1$ とおくと，(4.48) 式より $h(1) = T(H)$，$h(0) = T(G)$ であるから，上の式は

$$T(H) = T(G) + \int T^{(1)}(z_1; G) dH(z_1)$$
$$+ \frac{1}{2} \int \int T^{(2)}(z_1, z_2; G) dH(z_1) dH(z_2) + \cdots \tag{4.51}$$

となる．確率分布関数 $G(x)$ から観測された n 個のデータ $x_1, \cdots, x_n$ に基づく経験分布関数を $\hat{G}$ とする．$n \to +\infty$ のとき $\hat{G}$ は G に法則収束することから，

(4.51) 式の H を経験分布関数 $\hat{G}$ で置き換えると，汎関数 $T(\cdot)$ で定義される推定量 $\hat{\theta} = T(\hat{G})$ の確率展開式

$$T(\hat{G}) = T(G) + \frac{1}{n} \sum_{\alpha=1}^{n} T^{(1)}(x_\alpha; G)$$
$$+ \frac{1}{2n^2} \sum_{\alpha=1}^{n} \sum_{\beta=1}^{n} T^{(2)}(x_\alpha, x_\beta; G) + \cdots \quad (4.52)$$

が求まる．次節ではこの推定量の確率展開式を用いて，一般化情報量規準を導出する．

また，(4.52) 式から

$$\sqrt{n}\left(T(\hat{G}) - T(G)\right) \approx \frac{1}{\sqrt{n}} \sum_{\alpha=1}^{n} T^{(1)}(x_\alpha; G) \quad (4.53)$$

と近似され，したがって中心極限定理より $\sqrt{n}\left(T(\hat{G}) - T(G)\right)$ は，漸近的に平均 0, 分散

$$\int \left\{T^{(1)}(x; G)\right\}^2 dG(x)$$

の正規分布に従うことがわかる．

4.2　一般化情報量規準 GIC

　第 3 章で，確率分布で表現されたモデルと真のモデルとの近さをカルバック–ライブラー (Kullback-Leibler) 情報量で測るとき，モデルに含まれるパラメータの推定法として最尤法が自然に導かれることを示した．この最尤法によって推定されたモデルの相互評価を可能とするのが，情報量規準 AIC であった．本節では，統計的汎関数の枠組みで考えることによって，最尤法をはじめとして，ロバスト推定，ベイズ推定，正則化法や重み付き最尤法などによって推定されたモデルの評価基準を統一的に導出できることを示す．

　前節で簡単な 1 次元パラメータをもつモデルを通してみてきたように，最尤法の枠を外す鍵となるのが，汎関数に基づくアプローチである．本節では，まず汎関数の概念に基づいて一般化情報量規準 (generalized information criterion; GIC) の定義を示して，この情報量規準 GIC が様々なモデルの評価に適用でき

4.2.1 一般化情報量規準 GIC の定義

データを発生した真の確率分布を $G(x)$ とし，$G(x)$ から得られた n 個のデータ $\boldsymbol{x}_n=\{x_1,x_2,\cdots,x_n\}$ に基づく経験分布関数を $\hat{G}(x)$ とする．また，想定するパラメトリックモデルを $\{f(x|\boldsymbol{\theta});\boldsymbol{\theta}\in\Theta\subset\mathbb{R}^p\}$ とし，p 次元パラメータ $\boldsymbol{\theta}=(\theta_1,\theta_2,\cdots,\theta_p)'(\in\mathbb{R}^p)$ の推定量は，確率分布 G の実数値関数である汎関数 $T_i(G)$ によって与えられるものとする．すなわち，i 番目のパラメータ θ_i の推定量 $\hat{\theta}_i$ は，経験分布関数 $\hat{G}$ に対して

$$\hat{\theta}_i = T_i(\hat{G}), \quad i=1,2,\cdots,p \tag{4.54}$$

で与えられるとする．次に，$T_i(G)$ を第 i 要素とする p 次元汎関数ベクトルを

$$\boldsymbol{T}(G) = (T_1(G),T_2(G),\cdots,T_p(G))' \tag{4.55}$$

とすると，p 次元推定量は $\hat{\boldsymbol{\theta}}=\boldsymbol{T}(\hat{G})$ と表すことができる．

汎関数 $T_i(G)(i=1,2,\cdots,p)$ が与えられると，点 G での汎関数の方向微分である次の影響関数が求まる．

$$T_i^{(1)}(x;G) = \lim_{\varepsilon\to 0}\frac{T_i((1-\varepsilon)G+\varepsilon\delta_x)-T_i(G)}{\varepsilon} \tag{4.56}$$

ここで，δ_x は点 x 上に確率 1 をもつ分布関数である．情報量規準の導出においては，この影響関数 $T_i^{(1)}(x;G)$ が基本的で，これを第 i 要素にもつ p 次元影響関数ベクトルを

$$\boldsymbol{T}^{(1)}(x;G) = \left(T_1^{(1)}(x;G),T_2^{(1)}(x;G),\cdots,T_p^{(1)}(x;G)\right)' \tag{4.57}$$

とする．このとき，1 変数の場合の (4.40) 式に対応する次の結果を得る．

[対数尤度のバイアス]　汎関数に基づく統計モデル $f(x|\hat{\boldsymbol{\theta}})$ の対数尤度で平均対数尤度を推定したときのバイアスは，次の式で与えられる．

$$\begin{aligned}b(G) &= E_G\left[\sum_{\alpha=1}^n \log f(X_\alpha|\hat{\boldsymbol{\theta}})-n\int \log f(z|\hat{\boldsymbol{\theta}})dG(z)\right]\\ &= \mathrm{tr}\left\{\int \boldsymbol{T}^{(1)}(z;G)\left.\frac{\partial \log f(z|\boldsymbol{\theta})}{\partial \boldsymbol{\theta}'}\right|_{\boldsymbol{\theta}=\boldsymbol{T}(G)}dG(z)\right\}+O(n^{-1})\end{aligned} \tag{4.58}$$

ただし，$\partial/\partial\boldsymbol{\theta}=(\partial/\partial\theta_1,\partial/\partial\theta_2,\cdots,\partial/\partial\theta_p)'$ とする．また，被積分関数は $p\times p$ 行

列であり，その積分とは各要素ごとの積分とする．

この対数尤度の漸近バイアスは，未知の確率分布 G をデータに基づく経験分布関数 $\hat{G}$ で置き換えることによって推定する．これによって，積分を解析的に求める必要がなくなり，次の一般化情報量規準を得る．

[一般化情報量規準 GIC] 汎関数に基づく統計モデルを評価するための情報量規準は

$$\text{GIC} = -2\sum_{\alpha=1}^{n} \log f(x_\alpha|\hat{\boldsymbol{\theta}}) + \frac{2}{n}\sum_{\alpha=1}^{n}\text{tr}\left\{\boldsymbol{T}^{(1)}(x_\alpha;\hat{G})\frac{\partial \log f(x_\alpha|\boldsymbol{\theta})}{\partial \boldsymbol{\theta}'}\bigg|_{\boldsymbol{\theta}=\hat{\boldsymbol{\theta}}}\right\} \quad (4.59)$$

で与えられる．ここで，p 次元ベクトル $\boldsymbol{T}^{(1)}(x_\alpha;\hat{G})$ の第 i 要素 $T_i^{(1)}(x_\alpha;\hat{G})$ は，x_α 上の δ-関数 δ_{x_α} を用いて，次式で定義される経験影響関数である．

$$T_i^{(1)}(x_\alpha;\hat{G}) = \lim_{\varepsilon\to 0}\frac{T_i((1-\varepsilon)\hat{G}+\varepsilon\delta_{x_\alpha})-T_i(\hat{G})}{\varepsilon} \quad (4.60)$$

一般化情報量規準 GIC の漸近バイアスを書き直すと

$$\sum_{\alpha=1}^{n}\text{tr}\left\{\boldsymbol{T}^{(1)}(x_\alpha;\hat{G})\frac{\partial \log f(x_\alpha|\boldsymbol{\theta})}{\partial \boldsymbol{\theta}'}\bigg|_{\boldsymbol{\theta}=\hat{\boldsymbol{\theta}}}\right\}$$

$$= \sum_{i=1}^{p}\sum_{\alpha=1}^{n}T_i^{(1)}(x_\alpha;\hat{G})\frac{\partial \log f(x_\alpha|\boldsymbol{\theta})}{\partial \theta_i}\bigg|_{\boldsymbol{\theta}=\hat{\boldsymbol{\theta}}} \quad (4.61)$$

となり，推定量 $\hat{\theta}_i$ の経験影響関数 $T_i^{(1)}(x_\alpha;\hat{G})$ とモデルの推定スコア関数の積和で与えられることがわかる．

一般化情報量規準 GIC の適用によって，最尤法をはじめとしてロバスト推定法，正則化法 (罰則付き最尤法)，さらにベイズアプローチなどによって構築された予測分布モデルの評価が可能となる．

[例 6] 未知の確率分布 $G(x)$ からのデータに基づいて，平均 μ, 分散 σ^2 の正規分布モデルを推定し，これを

$$f(x|\hat{\mu},\hat{\sigma}^2) = \frac{1}{\sqrt{2\pi\hat{\sigma}^2}}\exp\left\{-\frac{(x-\hat{\mu})^2}{2\hat{\sigma}^2}\right\} \quad (4.62)$$

とする．ただし，$\hat{\mu}$ は標本平均，$\hat{\sigma}^2$ は標本分散である．このモデルに対する一般化情報量規準 GIC，特に対数尤度の漸近バイアスを求めてみる．

前節 (4.6) 式と (4.10) 式で示したように，標本平均と標本分散は，おのおの次

の汎関数によって定義される．

$$T_\mu(G) = \int x dG(x), \quad T_{\sigma^2}(G) = \int (x - T_\mu(G))^2 dG(x)$$

また，これらの影響関数は

$$T_\mu^{(1)}(x; G) = x - T_\mu(G), \quad T_{\sigma^2}^{(1)}(x; G) = (x - T_\mu(G))^2 - T_{\sigma^2}(G)$$

で与えられることを (4.23) 式および (4.27) 式で示した．一方，対数尤度関数の偏微分は

$$\left.\frac{\partial \log f(x|\mu, \sigma^2)}{\partial \mu}\right|_{\boldsymbol{\theta}=\boldsymbol{T}(G)} = \frac{x - T_\mu(G)}{T_{\sigma^2}(G)}$$

$$\left.\frac{\partial \log f(x|\mu, \sigma^2)}{\partial \sigma^2}\right|_{\boldsymbol{\theta}=\boldsymbol{T}(G)} = -\frac{1}{2T_{\sigma^2}(G)} + \frac{(x - T_\mu(G))^2}{2T_{\sigma^2}(G)^2} \quad (4.63)$$

である．ただし，$\boldsymbol{\theta} = (\mu, \sigma^2)'$，$\boldsymbol{T}(G) = (T_\mu(G), T_{\sigma^2}(G))'$ とおく．

したがって，(4.63) 式の結果を (4.58) 式へ代入することによって，次の対数尤度の (漸近) バイアスが求まる．

$$\begin{aligned}b(G) &= \int T_\mu^{(1)}(x; G) \left.\frac{\partial \log f(x|\mu, \sigma^2)}{\partial \mu}\right|_{\boldsymbol{T}(G)} dG(x) \\&+ \int T_{\sigma^2}^{(1)}(x; G) \left.\frac{\partial \log f(x|\mu, \sigma^2)}{\partial \sigma^2}\right|_{\boldsymbol{T}(G)} dG(x) \\&= \frac{1}{2}\left\{1 + \frac{\mu_4(G)}{T_{\sigma^2}(G)^2}\right\} \quad (4.64)\end{aligned}$$

ここで，

$$\mu_4(G) = \int (x - T_\mu(G))^4 dG(x)$$

とする．一般化情報量規準 GIC は，未知の確率分布 G を経験分布関数 $\hat{G}$ で置き換えた量をバイアス補正項とすることによって

$$\text{GIC} = n\left\{1 + \log(2\pi) + \log \hat{\sigma}^2\right\} + 1 + \frac{1}{n\hat{\sigma}^4} \sum_{\alpha=1}^{n}(x_\alpha - \hat{\mu})^4 \quad (4.65)$$

で与えられる．

4.2.2 最尤法の場合：情報量規準 AIC，TIC と GIC の関係

想定したモデル $f(x|\boldsymbol{\theta})$ の推定に最尤法を用いたとする．最尤推定量は

$$\sum_{\alpha=1}^{n}\frac{\partial\log f(x_\alpha|\boldsymbol{\theta})}{\partial\boldsymbol{\theta}}=\mathbf{0} \qquad (4.66)$$

の解 $\hat{\boldsymbol{\theta}}_{\mathrm{ML}}$ として定義され,この $\hat{\boldsymbol{\theta}}_{\mathrm{ML}}$ は任意の分布関数 G に対して

$$\int\frac{\partial\log f(x|\boldsymbol{\theta})}{\partial\boldsymbol{\theta}}\bigg|_{\boldsymbol{\theta}=\boldsymbol{T}_{\mathrm{ML}}(G)}dG(x)=\mathbf{0} \qquad (4.67)$$

で与えられる p 次元汎関数 $\boldsymbol{T}_{\mathrm{ML}}(G)$ に対して,$\hat{\boldsymbol{\theta}}_{\mathrm{ML}}=\boldsymbol{T}_{\mathrm{ML}}(\hat{G})$ と表すことができる.したがって,最尤推定量はある正則条件のもとで,$n\to+\infty$ のとき (4.67) 式の解 $\boldsymbol{T}_{\mathrm{ML}}(G)$ に概収束する.このことは,K-L 情報量を最小にする値に概収束することと同値であることがわかる.

最尤推定量の影響関数は,以下のようにして求めることができる.(4.67) 式中の分布関数 G を $(1-\varepsilon)G+\varepsilon\delta_x$ で置き換えると

$$\int\frac{\partial\log f(y|\boldsymbol{T}_{\mathrm{ML}}((1-\varepsilon)G+\varepsilon\delta_x))}{\partial\boldsymbol{\theta}}d\{(1-\varepsilon)G(y)+\varepsilon\delta_x(y)\}=\mathbf{0} \qquad (4.68)$$

となる.ここで両辺を ε で微分して $\varepsilon=0$ とおくと,次の式を得る.

$$\int\frac{\partial\log f(y|\boldsymbol{T}_{\mathrm{ML}}(G))}{\partial\boldsymbol{\theta}}d\{\delta_x(y)-G(y)\}$$
$$+\int\frac{\partial^2\log f(y|\boldsymbol{T}_{\mathrm{ML}}(G))}{\partial\boldsymbol{\theta}\partial\boldsymbol{\theta}'}dG(y)\cdot\frac{\partial}{\partial\varepsilon}\{\boldsymbol{T}_{\mathrm{ML}}((1-\varepsilon)G+\varepsilon\delta_x)\}\bigg|_{\varepsilon=0}=\mathbf{0} \qquad (4.69)$$

ただし,一般に p 次元パラメータベクトル $\boldsymbol{\theta}$ の実数値関数 $\ell(\boldsymbol{\theta})$ に対して,$\boldsymbol{\theta}$ に関する 2 次偏導関数は,次のように定義する.

$$\frac{\partial^2\ell(\boldsymbol{\theta})}{\partial\boldsymbol{\theta}\partial\boldsymbol{\theta}'}=\left[\frac{\partial^2\ell(\boldsymbol{\theta})}{\partial\theta_i\partial\theta_j}\right],\quad p{\times}p\text{ 行列 }(i,j=1,2,\cdots,p) \qquad (4.70)$$

したがって,次の結果を得る.

[最尤推定量の影響関数]

$$\frac{\partial}{\partial\varepsilon}\{\boldsymbol{T}_{\mathrm{ML}}((1-\varepsilon)G+\varepsilon\delta_x)\}\bigg|_{\varepsilon=0}=J(G)^{-1}\frac{\partial\log f(x|\boldsymbol{\theta})}{\partial\boldsymbol{\theta}}\bigg|_{\boldsymbol{\theta}=\boldsymbol{T}_{\mathrm{ML}}(G)}$$
$$\equiv T_{\mathrm{ML}}^{(1)}(x;G) \qquad (4.71)$$

ただし,

$$J(G)=-\int\frac{\partial^2\log f(x|\boldsymbol{\theta})}{\partial\boldsymbol{\theta}\partial\boldsymbol{\theta}'}\bigg|_{\boldsymbol{\theta}=\boldsymbol{T}_{\mathrm{ML}}(G)}dG(x) \qquad (4.72)$$

とする.

4.2 一般化情報量規準 GIC

ここで，対数尤度のバイアスを与える (4.58) 式の影響関数 $\boldsymbol{T}^{(1)}(x;G)$ を最尤推定量の影響関数で置き換えると

$$b_{\mathrm{ML}}(G) = \mathrm{tr}\left\{\int \boldsymbol{T}_{\mathrm{ML}}^{(1)}(x;G) \left.\frac{\partial \log f(x|\boldsymbol{\theta})}{\partial \boldsymbol{\theta}'}\right|_{\boldsymbol{\theta}=\boldsymbol{T}_{\mathrm{ML}}(G)} dG(x)\right\}$$

$$= \mathrm{tr}\left\{J(G)^{-1} \int \frac{\partial \log f(x|\boldsymbol{\theta})}{\partial \boldsymbol{\theta}} \left.\frac{\partial \log f(x|\boldsymbol{\theta})}{\partial \boldsymbol{\theta}'}\right|_{\boldsymbol{\theta}=\boldsymbol{T}_{\mathrm{ML}}(G)} dG(x)\right\}$$

$$= \mathrm{tr}\left\{J(G)^{-1} I(G)\right\} \tag{4.73}$$

となる．ただし，$I(G)$ は

$$I(G) = \int \frac{\partial \log f(x|\boldsymbol{\theta})}{\partial \boldsymbol{\theta}} \left.\frac{\partial \log f(x|\boldsymbol{\theta})}{\partial \boldsymbol{\theta}'}\right|_{\boldsymbol{\theta}=\boldsymbol{T}_{\mathrm{ML}}(G)} dG(x) \tag{4.74}$$

とする．したがって，最尤法に基づくモデル $f(x|\hat{\boldsymbol{\theta}}_{\mathrm{ML}})$ に対して一般化情報量規準は

$$\mathrm{TIC} = -2\sum_{\alpha=1}^{n} \log f(x_\alpha|\hat{\boldsymbol{\theta}}_{\mathrm{ML}}) + 2\mathrm{tr}\left\{J(\hat{G})^{-1} I(\hat{G})\right\}$$

となり，3 章の情報量規準 TIC と一致する．

次に，データを生成した未知の確率分布 $G(x)$(または $g(x)$) が，想定したパラメトリックモデル $\{f(x|\boldsymbol{\theta}); \boldsymbol{\theta} \in \Theta\}$ に含まれるとき，これを $G=F_{\boldsymbol{\theta}}$ とおく．さらに，最尤推定量を与える (4.67) 式の汎関数 $\boldsymbol{T}_{\mathrm{ML}}(G)$ に対して，フィッシャー一致性，すなわち $\boldsymbol{T}_{\mathrm{ML}}(F_{\boldsymbol{\theta}})=\boldsymbol{\theta}$ が成り立つとする (フィッシャー一致性については，前節 (4.44) 式を参照)．このとき，(4.67) 式は

$$\int \frac{\partial \log f(x|\boldsymbol{\theta})}{\partial \boldsymbol{\theta}} dF_{\boldsymbol{\theta}}(x) = \boldsymbol{0} \tag{4.75}$$

となる．この両辺を $\boldsymbol{\theta}$ で微分すると，次の式を得る．

$$\int \frac{\partial^2 \log f(x|\boldsymbol{\theta})}{\partial \boldsymbol{\theta} \partial \boldsymbol{\theta}'} dF_{\boldsymbol{\theta}}(x)$$
$$+ \int \frac{\partial \log f(x|\boldsymbol{\theta})}{\partial \boldsymbol{\theta}} \frac{\partial \log f(x|\boldsymbol{\theta})}{\partial \boldsymbol{\theta}'} dF_{\boldsymbol{\theta}}(z) = \boldsymbol{0} \tag{4.76}$$

したがって，$I(F_{\boldsymbol{\theta}}) = J(F_{\boldsymbol{\theta}})$ となり，(4.73) 式は

$$b_{\mathrm{AIC}}(F_{\boldsymbol{\theta}}) = \mathrm{tr}\left\{J(F_{\boldsymbol{\theta}})^{-1} I(F_{\boldsymbol{\theta}})\right\} = p$$

に帰着し，次の情報量規準 AIC を得る．

$$\mathrm{AIC} = -2\sum_{\alpha=1}^{n} \log f(x_\alpha|\hat{\boldsymbol{\theta}}_{\mathrm{ML}}) + 2p$$

このように最尤推定量を定義する汎関数から影響関数を求めることによって GIC から TIC が，さらに汎関数にフィッシャー一致性を仮定することによって AIC が導出されることがわかる．

4.2.3 ロバスト推定量の場合

ロバスト推定の 1 つである **M-推定量**は，標本空間とパラメータ空間の直積空間上で定義された実数値関数 $\psi_i(x,\boldsymbol{\theta})$ に対して，次の同時方程式の解 $\hat{\boldsymbol{\theta}}_M$ として与えられる．

$$\sum_{\alpha=1}^{n} \psi_i(x_\alpha, \hat{\boldsymbol{\theta}}_M) = 0, \quad i=1,2,\cdots,p \tag{4.77}$$

ここで，$\boldsymbol{\psi} = (\psi_1, \psi_2, \cdots, \psi_p)'$ とベクトル表示し，これを $\boldsymbol{\psi}$-関数と呼ぶ．最尤推定量 $\hat{\boldsymbol{\theta}}_{\mathrm{ML}}$ は，$\psi_i(x_\alpha, \boldsymbol{\theta}) = \partial \log f(x_\alpha|\boldsymbol{\theta})/\partial \theta_i$ とおいたときの解である．(4.77) 式の解 $\hat{\boldsymbol{\theta}}_M$ は，任意の分布関数 G に対して，同時方程式

$$\int \psi_i(x, \boldsymbol{T}_M(G))dG(x) = 0, \quad i=1,2,\cdots,p \tag{4.78}$$

の解として定義される p 次元汎関数ベクトル $\boldsymbol{T}_M(G)$ に対して，$\hat{\boldsymbol{\theta}}_M = \boldsymbol{T}_M(\hat{G})$ で与えられる．(4.78) 式の未知の確率分布 G をデータに基づく経験分布関数 $\hat{G}$ で置き換えたのが (4.77) 式である．

(4.59) 式の一般化情報量規準 GIC を適用するには，M-推定量 $\hat{\boldsymbol{\theta}}_M$ の影響関数を求める必要があるが，前節の最尤推定量の場合と同様に，以下のようにして求めることができる．まず，(4.78) 式の同時方程式を $\boldsymbol{\psi}$-関数を用いてベクトル表示すると

$$\int \boldsymbol{\psi}(x, \boldsymbol{T}_M(G))dG(x) = \boldsymbol{0} \tag{4.79}$$

と表される．次に分布関数 G を $(1-\varepsilon)G + \varepsilon\delta_x$ で置き換えると

$$\int \boldsymbol{\psi}(y, \boldsymbol{T}_M((1-\varepsilon)G + \varepsilon\delta_x)d\{(1-\varepsilon)G(y) + \varepsilon\delta_x(y)\} = \boldsymbol{0} \tag{4.80}$$

となる．この両辺を ε で微分して $\varepsilon = 0$ とすると

$$\int \boldsymbol{\psi}(y, \boldsymbol{T}_M(G)) d\{\delta_x(y) - G(y)\}$$
$$+ \int \frac{\partial \boldsymbol{\psi}(y, \boldsymbol{T}_M(G))'}{\partial \boldsymbol{\theta}} dG(y) \cdot \frac{\partial}{\partial \varepsilon}\{\boldsymbol{T}_M((1-\varepsilon)G + \varepsilon\delta_x)\}\bigg|_{\varepsilon=0} = \boldsymbol{0} \quad (4.81)$$

となる．ただし，$\boldsymbol{\psi}(y, \boldsymbol{T}_M(G))'$ は p 次元横ベクトルを表す．したがって，M-推定量の影響関数ベクトル $\boldsymbol{T}_M^{(1)}(x; G)$ は，次の式で与えられる．

[M-推定量の影響関数]
$$\frac{\partial}{\partial \varepsilon}\{\boldsymbol{T}_M((1-\varepsilon)G + \varepsilon\delta_x)\}\bigg|_{\varepsilon=0}$$
$$= R(\boldsymbol{\psi}, G)^{-1} \boldsymbol{\psi}(x, \boldsymbol{T}_M(G)) \equiv \boldsymbol{T}_M^{(1)}(x; G) \quad (4.82)$$

ただし，$R(\boldsymbol{\psi}, G)$ は次式で与えられる $p \times p$ 行列とする．

$$R(\boldsymbol{\psi}, G) = -\int \frac{\partial \boldsymbol{\psi}(x, \boldsymbol{\theta})'}{\partial \boldsymbol{\theta}}\bigg|_{\boldsymbol{\theta}=\boldsymbol{T}_M(G)} dG(x)$$

このとき，対数尤度のバイアスを与える (4.58) 式の影響関数 $\boldsymbol{T}^{(1)}(x; G)$ を M-推定量の影響関数で置き換えると

$$b_M(G) = \mathrm{tr}\left\{\int \boldsymbol{T}_M^{(1)}(x; G) \frac{\partial \log f(x|\boldsymbol{\theta})}{\partial \boldsymbol{\theta}}\bigg|_{\boldsymbol{\theta}=\boldsymbol{T}_M(G)} dG(x)\right\}$$
$$= \mathrm{tr}\left\{R(\boldsymbol{\psi}, G)^{-1} \int \boldsymbol{\psi}(x, \boldsymbol{T}_M(G)) \frac{\partial \log f(x|\boldsymbol{\theta})}{\partial \boldsymbol{\theta}'}\bigg|_{\boldsymbol{\theta}=\boldsymbol{T}_M(G)} dG(x)\right\}$$
$$= \mathrm{tr}\{R(\boldsymbol{\psi}, G)^{-1} Q(\boldsymbol{\psi}, G)\} \quad (4.83)$$

となる．ここで，
$$Q(\boldsymbol{\psi}, G) = \int \boldsymbol{\psi}(x, \boldsymbol{T}_M(G)) \frac{\partial \log f(x|\boldsymbol{\theta})}{\partial \boldsymbol{\theta}'}\bigg|_{\boldsymbol{\theta}=\boldsymbol{T}_M(G)} dG(x) \quad (4.84)$$

とする．

以上より，(4.77) 式の解として与えられる M-推定量 $\hat{\boldsymbol{\theta}}_M$ に基づくモデル $f(z|\hat{\boldsymbol{\theta}}_M)$ の評価基準は，次の式で与えられる．

[M-推定に基づく統計モデルの情報量規準]
$$\mathrm{GIC}_M = -2\sum_{\alpha=1}^{n} \log f(x_\alpha|\hat{\boldsymbol{\theta}}_M) + 2\mathrm{tr}\{R(\boldsymbol{\psi}, \hat{G})^{-1} Q(\boldsymbol{\psi}, \hat{G})\} \quad (4.85)$$

ただし，$R(\boldsymbol{\psi}, \hat{G})$, $Q(\boldsymbol{\psi}, \hat{G})$ はおのおの次の式で与えられる $p \times p$ 行列である．

$$R(\boldsymbol{\psi}, \hat{G}) = -\frac{1}{n}\sum_{\alpha=1}^{n}\frac{\partial \boldsymbol{\psi}(x_{\alpha},\boldsymbol{\theta})'}{\partial \boldsymbol{\theta}}\bigg|_{\boldsymbol{\theta}=\hat{\boldsymbol{\theta}}_M},$$
$$Q(\boldsymbol{\psi}, \hat{G}) = \frac{1}{n}\sum_{\alpha=1}^{n}\boldsymbol{\psi}(x_{\alpha},\hat{\boldsymbol{\theta}})\frac{\partial \log f(x_{\alpha}|\boldsymbol{\theta})}{\partial \boldsymbol{\theta}'}\bigg|_{\boldsymbol{\theta}=\hat{\boldsymbol{\theta}}_M} \quad (4.86)$$

GIC_M は TIC と同様の形をしているが，$\boldsymbol{\psi}(x,\boldsymbol{\theta}) = \partial \log f(x|\boldsymbol{\theta})/\partial \boldsymbol{\theta}$ の場合以外は R と Q の定義が異なることに注意する必要がある．

それでは，データを生成した真の分布 $g(x)$ が，想定したパラメトリックモデル $\{f(x|\boldsymbol{\theta}); \boldsymbol{\theta} \in \Theta\}$ に含まれるとき，最尤法に対して議論したことが，M-推定の枠組みで同様に成り立つであろうか．

いま $G = F_{\boldsymbol{\theta}}$ とおく．また，M-推定量を与える (4.79) 式の汎関数 $\boldsymbol{T}_M(G)$ に対して，フィッシャー一致性，すなわち $\boldsymbol{T}_M(F_{\boldsymbol{\theta}}) = \boldsymbol{\theta}$ が成り立つとする．このとき，(4.78) 式は

$$\int \boldsymbol{\psi}(x, \boldsymbol{\theta}) dF_{\boldsymbol{\theta}}(x) = \boldsymbol{0} \quad (4.87)$$

となる．この両辺を $\boldsymbol{\theta}$ で微分すると，次の式を得る．

$$\int \frac{\partial \boldsymbol{\psi}(x,\boldsymbol{\theta})'}{\partial \boldsymbol{\theta}} dF_{\boldsymbol{\theta}}(x) + \int \boldsymbol{\psi}(x,\boldsymbol{\theta})\frac{\partial \log f(x|\boldsymbol{\theta})}{\partial \boldsymbol{\theta}'} dF_{\boldsymbol{\theta}}(x) = \boldsymbol{0} \quad (4.88)$$

(前項 (4.76) 式の結果を参照)．したがって，$Q(\boldsymbol{\psi}, F_{\boldsymbol{\theta}}) = R(\boldsymbol{\psi}, F_{\boldsymbol{\theta}})$ となり，(4.83) 式は

$$b_{\mathrm{AIC}}(F_{\boldsymbol{\theta}}) = \mathrm{tr}\left\{R(\boldsymbol{\psi}, F_{\boldsymbol{\theta}})^{-1}Q(\boldsymbol{\psi}, F_{\boldsymbol{\theta}})\right\} = p \quad (4.89)$$

に帰着され，最尤法で推定したモデルに対すると同様に次の情報量規準 AIC を得る．

$$\mathrm{AIC} = -2\sum_{\alpha=1}^{n}\log f(x_{\alpha}|\hat{\boldsymbol{\theta}}_M) + 2p$$

[例 7] パラメトリックモデルとして，平均 μ，分散 σ^2 の正規分布を考える．いま，$\Phi(x)$ と $\phi(x)$ をそれぞれ標準正規分布関数とその密度関数として，$F_{\boldsymbol{\theta}}(x) = \Phi((x-\mu)/\sigma)$ ($\boldsymbol{\theta} = (\mu, \sigma)'$) とおく．データ $\{x_1, \cdots, x_n\}$ を発生した真の分布は，パラメトリックモデル $\{F_{\boldsymbol{\theta}}(x); \boldsymbol{\theta} \in \Theta \subset \mathbb{R}^2\}$ に含まれるものとする．モデルのパラメータ μ と σ は，それぞれ次のメジアン，メジアン絶対偏差で推定する．

$$\hat{\mu}_m = \mathrm{med}_i(x_i), \quad \hat{\sigma}_m = \frac{1}{c}\mathrm{med}_i\{|x_i - \mathrm{med}_j(x_j)|\} \tag{4.90}$$

ただし,$c = \Phi^{-1}(0.75)$ とおき,メジアン絶対偏差推定量 $\hat{\sigma}_m$ がフィッシャー一致性を有するようにしている.この 2 つの M-推定量 $(\hat{\mu}_m, \hat{\sigma}_m)$ を定義する ψ-関数は

$$\boldsymbol{\psi}(x; \mu, \sigma) = \left(\mathrm{sign}(x-\mu), \frac{1}{c}\mathrm{sign}(|x-\mu|-c\sigma)\right)'$$

で与えられ,その影響関数は

$$\boldsymbol{T}_{\boldsymbol{\theta}}^{(1)}(x; F_{\boldsymbol{\theta}}) = \left(T_\mu^{(1)}(x; F_{\boldsymbol{\theta}}), T_\sigma^{(1)}(x; F_{\boldsymbol{\theta}})\right)'$$
$$= \left(\frac{\mathrm{sign}(x-\mu)}{2\phi(0)}, \frac{\mathrm{sign}(|x-\mu|-c\sigma)}{4c\phi(c)}\right)'$$

で与えられる (例えば,Huber(1981, p.137) を参照されたい).

これから,推定したモデルの対数尤度

$$\sum_{\alpha=1}^n \log\left\{\frac{1}{\hat{\sigma}_m}\phi\left(\frac{x_\alpha - \hat{\mu}_m}{\hat{\sigma}_m}\right)\right\}$$

によって,平均対数尤度 $n\int \sigma^{-1}\phi((x-\mu)/\sigma)\,d\Phi(x)$ を推定したときの漸近的バイアスは

$$\int \frac{\mathrm{sign}(y)}{2\phi(0)} y\,d\Phi(y) + \int \frac{\mathrm{sign}(|y|-c)}{4c\phi(c)}(y^2-1)\,d\Phi(y) = 2 \tag{4.91}$$

と計算される.モデルの自由パラメータ数は 2 であり,情報量規準 AIC が M-推定の枠組みでも成り立っていることがわかる.

[例 8] 表 4.1 は平均 μ と分散 σ^2 が未知の正規分布モデルのパラメータの推定に M-推定量 ((4.90) 式のメジアンとメジアン絶対偏差) と最尤推定量の 2 つの方法を用いた場合について,データ数を変化させたとき,対数尤度のバイアス $b(G)$ がどのように変化するかをモンテカルロ法により数値的に求めた結果を示す.最尤推定量の場合には,データ数が小さい場合にも漸近バイアスである 2

表 4.1 M-推定量と最尤推定量

n	25	50	100	200	400	800	1600
M-推定量	3.839	2.569	2.250	2.125	2.056	2.029	2.012
最尤推定量	2.229	2.079	2.047	2.032	2.014	2.002	2.003

に比較的近い値をとっている．一方，M-推定量の場合は $n=25$ では 3.839 とかなり大きな値をとる．しかしながら，(4.91) 式が示すように，データ数が大となるときには最尤推定量のバイアスと同じ値に収束する．このように，一般の M-推定量に対しても AIC と同じ漸近バイアスが得られることは注目に値する．

4.3 正則化法 (罰則付き最尤法)

4.3.1 回帰モデル

目的変数 Y と p 個の説明変数 $\{x_1, x_2, \cdots, x_p\}$ に関して，n 組のデータ $\{(y_\alpha, \boldsymbol{x}_\alpha);$ $\alpha=1,2,\cdots,n\}$ が観測されたとする．各点 $\boldsymbol{x}_\alpha = (x_{\alpha 1}, x_{\alpha 2}, \cdots, x_{\alpha p})'$ においてデータ y_α はノイズを伴って

$$y_\alpha = \mu_\alpha + \varepsilon_\alpha, \quad \alpha = 1, 2, \cdots, n \tag{4.92}$$

に従って生成されたとする．

回帰モデルは，一般に現象の平均構造 $E[Y_\alpha|\boldsymbol{x}_\alpha] = \mu_\alpha (\alpha=1,2,\cdots,n)$ を近似するためのモデル (回帰関数) と各 $\boldsymbol{x}_\alpha$ における観測データ y_α の確率的変動を表す成分から構成される．平均構造を近似する回帰関数としては，説明変数の個数や分析目的に応じて，次のようなモデルが用いられる．(i) 線形回帰，(ii) 多項式回帰，(iii) 区分的多項式で与えられる自然 3 次スプライン (Green and Silverman(1994, p.12))，(iv) B-スプライン (de Boor(1978), Imoto(2001))，(v) カーネル関数 (Simonoff(1996), Wand and Jones(1995))，(vi) ニューラルネットワーク (Bishop(1995), Ripley(1996))．

このような平均構造を近似するためのモデルを一般に

$$u(\boldsymbol{x}_\alpha; \boldsymbol{w}), \quad \alpha = 1, 2, \cdots, n \tag{4.93}$$

とする．ここで $\boldsymbol{w}$ は，それぞれのモデルに含まれる未知のパラメータからなるベクトルである．例えば，平均構造を説明変数の線形結合 $u(\boldsymbol{x}_\alpha; \boldsymbol{w}) = w_0 + w_1 x_{\alpha 1} + w_2 x_{\alpha 2} + \cdots + w_p x_{\alpha p}$ で近似したのが，線形回帰モデルである．これに対して，複雑な非線形構造を有する現象分析に用いられる B-スプラインや階層型ニューラルネットワークモデルの 1 つである動径基底関数ネットワークは，基底関数と呼ばれる関数 $b_i(\boldsymbol{x})$ を用いて

$$u(\boldsymbol{x}_\alpha; \boldsymbol{w}) = \sum_{i=1}^m w_i b_i(\boldsymbol{x}_\alpha) \tag{4.94}$$

と表される．ただし，$\boldsymbol{w} = (w_1, \cdots, w_m)'$ とする．この基底関数の展開式に基づく回帰モデルについては，4.3.4 項で詳しく述べる．

一般に，平均構造を近似する回帰関数 $u(\boldsymbol{x}_\alpha; \boldsymbol{w})$ とガウスノイズをもつ回帰モデル

$$y_\alpha = u(\boldsymbol{x}_\alpha; \boldsymbol{w}) + \varepsilon_\alpha, \quad \varepsilon_\alpha \sim N(0, \sigma^2), \quad \alpha = 1, 2, \cdots, n \tag{4.95}$$

は，次の密度関数で表現される．

$$f(y_\alpha | \boldsymbol{x}_\alpha; \boldsymbol{\theta}) = \frac{1}{\sqrt{2\pi\sigma^2}} \exp\left[-\frac{\{y_\alpha - u(\boldsymbol{x}_\alpha; \boldsymbol{w})\}^2}{2\sigma^2}\right] \tag{4.96}$$

ただし，$\boldsymbol{\theta} = (\boldsymbol{w}', \sigma^2)'$ とおく．

4.3.2 正 則 化 法

多数のパラメータをもつ回帰モデルのパラメータ $\boldsymbol{\theta}$ を最尤法によって推定しようとすると，対数尤度の値は，構造を近似するモデルがデータの近くを通るにつれて大きくなり，誤差を過剰に取り込んだモデルを推定してしまう傾向がある．このため曲線または曲面は大きく変動し，滑らかでなくなる．そこで曲線(曲面)の変動を制御するため，通常の回帰モデルでは，情報量規準を最小とすることによって次数(パラメータ数)を制限してきた．しかしながら，この方法では，データを生みだす構造が複雑な場合にはその構造を十分に表現できないことがある．

そこで，パラメータ数を制限する代わりに $u(\boldsymbol{x}; \boldsymbol{w})$ の変動が大きくなるにつれて，あるいは滑らかさを失うにつれて増加するペナルティ項(正則化項)を対数尤度関数に付与した評価関数

$$\ell_\lambda(\boldsymbol{\theta}) = \sum_{\alpha=1}^n \log f(y_\alpha | \boldsymbol{x}_\alpha; \boldsymbol{\theta}) - \frac{n}{2}\lambda H(\boldsymbol{w}) \tag{4.97}$$

を最大とするパラメータの値を推定値とする方法が考えられた．ここで，$\lambda(>0)$ は**平滑化パラメータ**あるいは**正則化パラメータ**と呼ばれ，モデルの適合度と曲線の滑らかさを調整する役割を果たす．この関数 $\ell_\lambda(\boldsymbol{\theta})$ は，**正則化対数尤度関数**(regularized log-likelihood function) あるいは**罰則付き対数尤度関数**(penalized log-likelihood function) と呼ばれ，λ の値をどのように選択するかが重要な問題となる．なお，(4.97) 式の右辺第 2 項のデータ数 n は，λ の中に含めることもできるが，モデル評価基準の構成において違いが出てくるので注意する．

正則化対数尤度関数 (罰則付き対数尤度関数) の最大化に基づく方法は，**正則化法**(regularization) あるいは**罰則付き最尤法**(maximum penalized likelihood method) と呼ばれ，Good and Gaskins(1971) によって密度推定の枠組みで提唱され，その後，縮小推定量やベイズモデルとの関係が明らかにされた(Akaike(1980a)，Kitagawa and Gersch(1984, 1996)，Shibata(1989)，田辺 (1989, p.375))．

正則化項 $H(\boldsymbol{w})$ としては，関数の曲率を考慮した 2 階微分の積分の離散近似，パラメータ $\boldsymbol{w}$ の差分や 2 乗和等が説明変数の次元と分析目的に応じて用いられ，それぞれ次の式で与えられる．

$$H_1(\boldsymbol{w}) = \sum_{\alpha=1}^{n} \sum_{i=1}^{p} \left\{ \frac{\partial^2 u(\boldsymbol{x}_\alpha; \boldsymbol{w})}{\partial x_{i\alpha}^2} \right\}^2,$$

$$H_2(\boldsymbol{w}) = \sum_{i=k+1}^{m} (\Delta^k w_i)^2, \quad H_3(\boldsymbol{w}) = \sum_{i=1}^{m} w_i^2 \tag{4.98}$$

ここで，Δ は差分作用素 $\Delta w_i = w_i - w_{i-1}$ を表す．一般に正則化項は，パラメータ $\boldsymbol{w}$ の 2 次形式 $\boldsymbol{w}'K\boldsymbol{w}$ で表すことができる場合が多い．ただし，K は既知の $m \times m$ 非負値定符号行列とする．

例えば，$H_3(\boldsymbol{w})$ は m 次単位行列 I_m に対して，$H_3(\boldsymbol{w}) = \boldsymbol{w}'I_m\boldsymbol{w}$ と表すことができ，差分に基づく正則化項 $H_2(\boldsymbol{w})$ は差分行列 $K = D_k'D_k$ に対して，$H_2(\boldsymbol{w}) = \boldsymbol{w}'K\boldsymbol{w}$ と表すことができる．ただし，D_k は $(m-k) \times m$ 行列で，2 項係数 ${}_kC_i$ に対して次式で与えられる．

$$D_k = \begin{bmatrix} {}_kC_0 & -{}_kC_1 & \cdots & (-1)^k{}_kC_k & 0 & \cdots & 0 \\ 0 & {}_kC_0 & -{}_kC_1 & \cdots & (-1)^k{}_kC_k & \ddots & \vdots \\ \vdots & \ddots & \ddots & \ddots & \ddots & \ddots & 0 \\ 0 & \cdots & 0 & {}_kC_0 & -{}_kC_1 & \cdots & (-1)^k{}_kC_k \end{bmatrix}$$

実際上よく用いられるのは，次で与えられる 2 次差分である．

$$D_2 = \begin{bmatrix} 1 & -2 & 1 & 0 & \cdots & 0 \\ 0 & 1 & -2 & 1 & \ddots & \vdots \\ \vdots & \ddots & \ddots & \ddots & \ddots & 0 \\ 0 & \cdots & 0 & 1 & -2 & 1 \end{bmatrix} \quad (4.99)$$

このとき (4.97) 式の正則化対数尤度関数 $\ell_\lambda(\boldsymbol{\theta})$ は

$$\ell_\lambda(\boldsymbol{\theta}) = \sum_{\alpha=1}^{n} \log f(y_\alpha|\boldsymbol{x}_\alpha;\boldsymbol{\theta}) - \frac{n\lambda}{2}\boldsymbol{w}'K\boldsymbol{w} \quad (4.100)$$

と表すことができる．正則化対数尤度関数を最大にする $\boldsymbol{\theta}$ を $\boldsymbol{\theta} = \hat{\boldsymbol{\theta}}_P$ とすると，解 $\hat{\boldsymbol{\theta}}_P$ は平滑化パラメータに依存し，この平滑化パラメータの選択をどのような基準に基づいて行うかが問題となる．また，現象の構造を近似するモデルとして，核関数，スプライン関数や B-スプライン関数に基づくモデルを想定すると基底関数の個数の選択が必要となり，階層型ニューラルネットワークモデルでは，中間層のユニット数の選択が重要な問題となる．さらに，問題によっては差分行列の階差の決定も必要となってくる．次項ではこのような問題をモデル選択として捉え，一般に正則化法に基づいて構築されたモデルの評価基準を与える．

4.3.3　正則化法に基づくモデルの情報量規準

正則化対数尤度関数 (4.100) 式を最大とする推定量を $\hat{\boldsymbol{\theta}}_P$ とする．推定量 $\hat{\boldsymbol{\theta}}_P$ は，

$$\sum_{\alpha=1}^{n} \boldsymbol{\psi}_P(y_\alpha, \boldsymbol{\theta}) = \boldsymbol{0} \quad (4.101)$$

の解として与えられる．ただし，

$$\boldsymbol{\psi}_P(y_\alpha, \boldsymbol{\theta}) = \frac{\partial}{\partial \boldsymbol{\theta}}\left\{\log f(y_\alpha|\boldsymbol{x}_\alpha;\boldsymbol{\theta}) - \frac{\lambda}{2}\boldsymbol{w}'K\boldsymbol{w}\right\} \quad (4.102)$$

とおく．

したがって，正則化法によって推定されたモデル $f(y|\boldsymbol{x};\hat{\boldsymbol{\theta}}_P)$ の情報量規準は，ロバスト推定の枠組みで捉えることができる．よって，(4.85) 式と (4.86) 式において，$\boldsymbol{\psi}$-関数を正則化推定量を与える (4.102) 式の $\boldsymbol{\psi}_P$ で置き換えることによって，次の情報量規準を得る．

[正則化法に基づく統計モデルの情報量規準] (4.100)式の最大化によって得られる解 $\hat{\boldsymbol{\theta}}_P$ に基づくモデル $f(y|\boldsymbol{x};\hat{\boldsymbol{\theta}}_P)$ の評価基準は，次の式で与えられる．

$$\text{GIC}_P = -2\sum_{\alpha=1}^n \log f(y_\alpha|\boldsymbol{x}_\alpha;\hat{\boldsymbol{\theta}}_P) + 2\text{tr}\left\{R(\boldsymbol{\psi}_P,\hat{G})^{-1}Q(\boldsymbol{\psi}_P,\hat{G})\right\} \quad (4.103)$$

ただし，$R(\boldsymbol{\psi}_P,\hat{G})$, $Q(\boldsymbol{\psi}_P,\hat{G})$ は，おのおの次式で与えられる $(m+1)\times(m+1)$ 行列とする．

$$R(\boldsymbol{\psi}_P,\hat{G}) = -\frac{1}{n}\sum_{\alpha=1}^n \left.\frac{\partial \boldsymbol{\psi}_P(y_\alpha,\boldsymbol{\theta})'}{\partial \boldsymbol{\theta}}\right|_{\boldsymbol{\theta}=\hat{\boldsymbol{\theta}}_P},$$

$$Q(\boldsymbol{\psi}_P,\hat{G}) = \frac{1}{n}\sum_{\alpha=1}^n \left.\boldsymbol{\psi}_P(y_\alpha,\boldsymbol{\theta})\frac{\partial \log f(y_\alpha|\boldsymbol{x}_\alpha;\boldsymbol{\theta})}{\partial \boldsymbol{\theta}'}\right|_{\boldsymbol{\theta}=\hat{\boldsymbol{\theta}}_P} \quad (4.104)$$

また，各行列は $\ell_\alpha(\boldsymbol{\theta}) = \log f(y_\alpha|\boldsymbol{x}_\alpha;\boldsymbol{\theta})$ と置くとき，次のように表すことができる．

$$\frac{\partial \boldsymbol{\psi}_P(y_\alpha,\boldsymbol{\theta})'}{\partial \boldsymbol{\theta}} = \begin{bmatrix} \dfrac{\partial^2 \ell_\alpha(\boldsymbol{\theta})}{\partial \boldsymbol{w}\partial \boldsymbol{w}'}-\lambda K & \dfrac{\partial^2 \ell_\alpha(\boldsymbol{\theta})}{\partial \boldsymbol{w}\partial \sigma^2} \\ \dfrac{\partial^2 \ell_\alpha(\boldsymbol{\theta})}{\partial \sigma^2\partial \boldsymbol{w}'} & \dfrac{\partial^2 \ell_\alpha(\boldsymbol{\theta})}{\partial \sigma^2\partial \sigma^2} \end{bmatrix}, \quad (4.105)$$

$$\boldsymbol{\psi}_P(y_\alpha,\boldsymbol{\theta}_P)\frac{\partial \log f(y_\alpha|\boldsymbol{x}_\alpha;\boldsymbol{\theta})}{\partial \boldsymbol{\theta}'}$$

$$= \begin{bmatrix} \dfrac{\partial \ell_\alpha(\boldsymbol{\theta})}{\partial \boldsymbol{w}}\dfrac{\partial \ell_\alpha(\boldsymbol{\theta})}{\partial \boldsymbol{w}'}-\lambda K\boldsymbol{w}\dfrac{\partial \ell_\alpha(\boldsymbol{\theta})}{\partial \boldsymbol{w}'} & \dfrac{\partial \ell_\alpha(\boldsymbol{\theta})}{\partial \boldsymbol{w}}\dfrac{\partial \ell_\alpha(\boldsymbol{\theta})}{\partial \sigma^2}-\lambda K\boldsymbol{w}\dfrac{\partial \ell_\alpha(\boldsymbol{\theta})}{\partial \sigma^2} \\ \dfrac{\partial \ell_\alpha(\boldsymbol{\theta})}{\partial \sigma^2}\dfrac{\partial \ell_\alpha(\boldsymbol{\theta})}{\partial \boldsymbol{w}'} & \left\{\dfrac{\partial \ell_\alpha(\boldsymbol{\theta})}{\partial \sigma^2}\right\}^2 \end{bmatrix}$$

$$(4.106)$$

設定した平滑化パラメータの様々な値に対応して決まる統計モデルの評価を情報量規準 GIC_P に基づいて行い，GIC_P の値を最小とする λ を最適な平滑化パラメータの値として選択する．すなわち，λ の値に対応して決まる1つの統計モデルを，将来の予測に用いたときのよさを K-L 情報量で測って相互評価しているといえる．

Shibata(1989) は，3.4.3項で述べた AIC 導出法を $\ell^*(\hat{\boldsymbol{\theta}}) = \ell(\hat{\boldsymbol{\theta}}) - n\lambda k(\hat{\boldsymbol{\theta}})$ に適用して，正則化法に基づくモデルの情報量規準を導出し，これを RIC と呼んだ．Murata, Yoshizawa and Amari(1994) は，対数尤度関数 $\ell(\boldsymbol{\theta})$ に対して正則化項

4.3 正則化法 (罰則付き最尤法)

を付与した $-\ell(\boldsymbol{\theta})+\lambda k(\boldsymbol{\theta})$ を損失関数と定義して，期待損失の推定量としてモデル評価基準を導出し，これを NIC(network information criterion) と呼んだ．

[例 9 ロジスティックモデル] いま，0 または 1 の値をとる目的変数 Y と p 個の説明変数 $\{x_1, x_2, \cdots, x_p\}$ に対して，n 組のデータ $\{(y_\alpha, \boldsymbol{x}_\alpha); \alpha = 1, 2, \cdots, n\}$ を観測したとする．ただし，説明変数に関するデータは，$\boldsymbol{x}_\alpha = (1, x_{\alpha 1}, x_{\alpha 2}, \cdots, x_{\alpha p})'$ とおく．y_α は，例えばレベル $\boldsymbol{x}_\alpha$ の刺激に対して個体が反応すれば $y_\alpha = 1$，そうでなければ $y_\alpha = 0$ を対応させるとする．このとき，$\boldsymbol{x}_\alpha$ の刺激に対する個体の反応確率を $\pi(\boldsymbol{x}_\alpha)$ とすると

$$\Pr(Y_\alpha = 1|\boldsymbol{x}_\alpha) = \pi(\boldsymbol{x}_\alpha), \quad \Pr(Y_\alpha = 0|\boldsymbol{x}_\alpha) = 1-\pi(\boldsymbol{x}_\alpha) \quad (4.107)$$

であり，Y_α はベルヌーイ分布

$$f(y_\alpha|\boldsymbol{x}_\alpha; \boldsymbol{\beta}) = \pi(\boldsymbol{x}_\alpha)^{y_\alpha}\{1-\pi(\boldsymbol{x}_\alpha)\}^{1-y_\alpha}, \quad y_\alpha = 0, 1 \quad (4.108)$$

に従う確率変数である．さらに，レベル $\boldsymbol{x}_\alpha$ の刺激と反応確率 $\pi(\boldsymbol{x}_\alpha)$ を結びつけるモデル

$$\pi(\boldsymbol{x}_\alpha) = \frac{\exp(\boldsymbol{x}_\alpha'\boldsymbol{\beta})}{1+\exp(\boldsymbol{x}_\alpha'\boldsymbol{\beta})} \quad \text{または} \quad \log\frac{\pi(\boldsymbol{x}_\alpha)}{1-\pi(\boldsymbol{x}_\alpha)} = \boldsymbol{x}_\alpha'\boldsymbol{\beta} \quad (4.109)$$

を仮定したのがロジスティックモデルである．ここで，

$$\boldsymbol{x}_\alpha'\boldsymbol{\beta} = \beta_0+\beta_1 x_{\alpha 1}+\beta_2 x_{\alpha 2}+\cdots+\beta_p x_{\alpha p}$$

とする．

対数尤度関数は

$$\ell(\boldsymbol{\beta}) = \sum_{\alpha=1}^{n} [y_\alpha \log \pi(\boldsymbol{x}_\alpha)+(1-y_\alpha)\log\{1-\pi(\boldsymbol{x}_\alpha)\}]$$

$$= \sum_{\alpha=1}^{n} [y_\alpha \boldsymbol{x}_\alpha'\boldsymbol{\beta}-\log\{1+\exp(\boldsymbol{x}_\alpha'\boldsymbol{\beta})\}] \quad (4.110)$$

である．この対数尤度関数の最大化によって得られる最尤推定値は，説明変数間に強い相関がみられる場合や説明変数の個数に比してデータ数が十分でないような場合には，推定の変動が大きくきわめて不安定となる．このような場合，$(p+1)$ 次元パラメータベクトル $\boldsymbol{\beta}$ は，対数尤度関数に正則化項 (ペナルティ項) を付与した次の正則化対数尤度関数の最大化によって推定する．

$$\ell_\lambda(\boldsymbol{\beta}) = \sum_{\alpha=1}^{n}[y_\alpha \boldsymbol{x}'_\alpha\boldsymbol{\beta} - \log\{1+\exp(\boldsymbol{x}'_\alpha\boldsymbol{\beta})\}] - \frac{n\lambda}{2}\boldsymbol{\beta}'K\boldsymbol{\beta} \quad (4.111)$$

ここで, $(p+1)\times(p+1)$ 行列 K は既知の非負値定符号行列とする. リッジ推定量は, $K = I_{p+1}$ と置くことによって得られる. 解 $\hat{\boldsymbol{\beta}}$ は解析的に陽に表現することは難しいので, ニュートン–ラフソン法などの数値的最適化法によって推定する.

正則化対数尤度関数の $\boldsymbol{\beta}$ に関する 1 次, 2 次微分は

$$\frac{\partial \ell_\lambda(\boldsymbol{\beta})}{\partial \boldsymbol{\beta}} = \sum_{\alpha=1}^{n}\{y_\alpha - \pi(\boldsymbol{x}_\alpha)\}\boldsymbol{x}_\alpha - n\lambda K\boldsymbol{\beta}$$
$$= X'\Lambda \mathbf{1}_n - n\lambda K\boldsymbol{\beta} \quad (4.112)$$

$$\frac{\partial^2 \ell_\lambda(\boldsymbol{\beta})}{\partial \boldsymbol{\beta}\partial \boldsymbol{\beta}'} = -\sum_{\alpha=1}^{n}\pi(\boldsymbol{x}_\alpha)\{1-\pi(\boldsymbol{x}_\alpha)\}\boldsymbol{x}_\alpha\boldsymbol{x}'_\alpha - n\lambda K$$
$$= -X'\Pi(I_n - \Pi)X - n\lambda K \quad (4.113)$$

で与えられる. ただし, 説明変数に関する $n\times(p+1)$ 行列 X は, $X = (\boldsymbol{x}_1, \boldsymbol{x}_2, \cdots, \boldsymbol{x}_n)'$ とし, I_n は n 次単位行列, $\mathbf{1}_n$ はその要素が全て 1 の n 次元ベクトル, さらに Λ, Π は n 次対角行列で, おのおの次で与えられるとする.

$$\Lambda = \mathrm{diag}\,[y_1 - \pi(\boldsymbol{x}_1), y_2 - \pi(\boldsymbol{x}_2), \cdots, y_n - \pi(\boldsymbol{x}_n)],$$
$$\Pi = \mathrm{diag}\,[\pi(\boldsymbol{x}_1), \pi(\boldsymbol{x}_2), \cdots, \pi(\boldsymbol{x}_n)]$$

このとき, ある初期値から出発して次の更新式によって数値的に解を求める.

$$\boldsymbol{\beta}^{\mathrm{new}} = \boldsymbol{\beta}^{\mathrm{old}} + \left[E\left\{-\frac{\partial^2 \ell_\lambda(\boldsymbol{\beta}^{\mathrm{old}})}{\partial \boldsymbol{\beta}\partial \boldsymbol{\beta}'}\right\}\right]^{-1}\frac{\partial \ell_\lambda(\boldsymbol{\beta}^{\mathrm{old}})}{\partial \boldsymbol{\beta}}$$

これはフィッシャースコア法と呼ばれ, r 番目の推定値 $\hat{\boldsymbol{\beta}}^{(r)}$ から $r+1$ 番目の推定値 $\hat{\boldsymbol{\beta}}^{(r+1)}$ は

$$\hat{\boldsymbol{\beta}}^{(r+1)} = \left\{X'\Pi^{(r)}(I_n - \Pi^{(r)})X + n\lambda K\right\}^{-1}X'\Pi^{(r)}(I_n - \Pi^{(r)})\boldsymbol{\xi}^{(r)}$$

と更新される. ただし, $\boldsymbol{\xi}^{(r)} = X\boldsymbol{\beta}^{(r)} + \{\Pi^{(r)}(I_n - \Pi^{(r)})\}^{-1}(\boldsymbol{y} - \Pi^{(r)}\mathbf{1}_n)$ とし, $\Pi^{(r)}$ は, 推定値 $\hat{\boldsymbol{\beta}}^{(r)}$ に対して $\pi(\boldsymbol{x}_\alpha)$ を α 番目の対角要素にもつ n 次対角行列とする. このように数値的最適化法によって求めた推定値 $\hat{\boldsymbol{\beta}}$ を確率関数 (4.108) 式へ代入した

$$f(y_\alpha|\boldsymbol{x}_\alpha; \hat{\boldsymbol{\beta}}) = \hat{\pi}(\boldsymbol{x}_\alpha)^{y_\alpha}\{1 - \hat{\pi}(\boldsymbol{x}_\alpha)\}^{1-y_\alpha} \quad (4.114)$$

4.3 正則化法 (罰則付き最尤法)

が統計モデルである.ただし,

$$\hat{\pi}(\boldsymbol{x}_\alpha) = \frac{\exp(\boldsymbol{x}'_\alpha \hat{\boldsymbol{\beta}})}{1+\exp(\boldsymbol{x}'_\alpha \hat{\boldsymbol{\beta}})} \tag{4.115}$$

とする.

正則化法によって推定されたモデル (4.114) 式の情報量規準は,M-推定の枠組みで容易に求めることができる.すなわち,(4.112) 式から推定値 $\hat{\boldsymbol{\beta}}$ は

$$\frac{\partial \ell_\lambda(\boldsymbol{\beta})}{\partial \boldsymbol{\beta}} = \sum_{\alpha=1}^n \boldsymbol{\psi}_L(y_\alpha, \boldsymbol{\beta}) = \boldsymbol{0} \tag{4.116}$$

の解として与えられることがわかる.ただし,

$$\boldsymbol{\psi}_L(y_\alpha, \boldsymbol{\beta}) = \{y_\alpha - \pi(\boldsymbol{x}_\alpha)\} \boldsymbol{x}_\alpha - \lambda K \boldsymbol{\beta} \tag{4.117}$$

と置く.したがって,(4.101) 式の $\boldsymbol{\psi}$-関数を $\boldsymbol{\psi}_L(y_\alpha, \boldsymbol{\beta})$ とすれば,M-推定に基づくモデルの情報量規準 (4.103) の特別な場合と考えることができる.

まず (4.104) 式へ $\boldsymbol{\psi}_L(y_\alpha, \boldsymbol{\beta})$ を代入すると,バイアス補正項の計算に必要な 2 つの行列が次のように求まる.

$$R(\boldsymbol{\psi}_L, \hat{G}) = -\frac{1}{n} \sum_{\alpha=1}^n \left. \frac{\partial \boldsymbol{\psi}_L(y_\alpha, \boldsymbol{\beta})'}{\partial \boldsymbol{\beta}} \right|_{\hat{\boldsymbol{\beta}}}$$

$$= \frac{1}{n} \sum_{\alpha=1}^n \hat{\pi}(\boldsymbol{x}_\alpha)\{1 - \hat{\pi}(\boldsymbol{x}_\alpha)\} \boldsymbol{x}_\alpha \boldsymbol{x}'_\alpha + \lambda K$$

$$= \frac{1}{n} X' \hat{\Pi}(I_n - \hat{\Pi}) X + \lambda K,$$

$$Q(\boldsymbol{\psi}_L, \hat{G}) = \frac{1}{n} \sum_{\alpha=1}^n \boldsymbol{\psi}_L(y_\alpha, \boldsymbol{\beta}) \left. \frac{\partial \log f(y_\alpha | \boldsymbol{x}_\alpha; \boldsymbol{\beta})}{\partial \boldsymbol{\beta}'} \right|_{\hat{\boldsymbol{\beta}}}$$

$$= \frac{1}{n} \sum_{\alpha=1}^n [\{y_\alpha - \hat{\pi}(\boldsymbol{x}_\alpha)\} \boldsymbol{x}_\alpha - \lambda K \hat{\boldsymbol{\beta}}] \{y_\alpha - \hat{\pi}(\boldsymbol{x}_\alpha)\} \boldsymbol{x}'_\alpha$$

$$= \frac{1}{n} \left\{ X' \hat{\Lambda}^2 X - \lambda K \hat{\boldsymbol{\beta}} \boldsymbol{1}'_n \hat{\Lambda} X \right\} \tag{4.118}$$

ここで,$\hat{\Lambda}$, $\hat{\Pi}$ は

$$\hat{\Lambda} = \text{diag}\left[y_1 - \hat{\pi}(\boldsymbol{x}_1), y_2 - \hat{\pi}(\boldsymbol{x}_2), \cdots, y_n - \hat{\pi}(\boldsymbol{x}_n)\right],$$

$$\hat{\Pi} = \text{diag}\left[\hat{\pi}(\boldsymbol{x}_1), \hat{\pi}(\boldsymbol{x}_2), \cdots, \hat{\pi}(\boldsymbol{x}_n)\right]$$

とおく.

以上より，正則化法によって推定したモデル $f(y_\alpha|\boldsymbol{x}_\alpha;\hat{\boldsymbol{\beta}}_\lambda)$ の情報量規準は，次の式で与えられる．

[正則化法に基づくロジスティックモデルの情報量規準]

$$\mathrm{GIC_L} = -2\sum_{\alpha=1}^{n}[y_\alpha\log\hat{\pi}(\boldsymbol{x}_\alpha)+(1-y_\alpha)\log\{1-\hat{\pi}(\boldsymbol{x}_\alpha)\}]$$
$$+2\mathrm{tr}\left\{R(\boldsymbol{\psi}_L,\hat{G})^{-1}Q(\boldsymbol{\psi}_L,\hat{G})\right\} \quad (4.119)$$

ここで，

$$R(\boldsymbol{\psi}_L,\hat{G}) = \frac{1}{n}X'\hat{\Pi}(I_n-\hat{\Pi})X+\lambda K,$$
$$Q(\boldsymbol{\psi}_L,\hat{G}) = \frac{1}{n}\left\{X'\hat{\Lambda}^2 X-\lambda K\hat{\boldsymbol{\beta}}\mathbf{1}_n'\hat{\Lambda}X\right\} \quad (4.120)$$

である．

平滑化パラメータ λ の様々な値に対応して決まる統計モデルの情報量規準 $\mathrm{GIC_L}$ を最小にする λ を最適な値として選択する．

4.3.4 基底展開

本項では，基底関数に基づく回帰関数を導入して，線形回帰，多項式回帰，B-スプライン回帰などによるモデリングを統一的に議論する．

いま，p 次元説明変数ベクトル $\boldsymbol{x}$ と目的変数 Y に対して，平均構造 $E[Y|\boldsymbol{x}] = u(\boldsymbol{x})$ を近似する回帰関数として，基底関数と呼ばれる既知の関数 $b_i(\boldsymbol{x})(i=1,2,\cdots,m)$ に基づく

$$u(\boldsymbol{x};\boldsymbol{w}) = \sum_{i=1}^{m}w_i b_i(\boldsymbol{x}) = \boldsymbol{w}'\boldsymbol{b}(\boldsymbol{x}) \quad (4.121)$$

を考える．ただし，$\boldsymbol{b}(\boldsymbol{x}) = (b_1(\boldsymbol{x}),b_2(\boldsymbol{x}),\cdots,b_m(\boldsymbol{x}))'$ は m 次元基底関数ベクトルとし，$\boldsymbol{w} = (w_1,w_2,\cdots,w_m)'$ は未知の m 次元パラメータベクトルとする．

例えば線形回帰モデルは，説明変数 $\{x_1,x_2,\cdots,x_p\}$ に対して $b_1(\boldsymbol{x})=1$, $b_i(\boldsymbol{x})=x_{i-1}(i=2,3,\cdots,p+1)$ と置くか，あるいは $b_i(\boldsymbol{x})=x_i(i=1,2,\cdots,p)$ と置いて，新たに基底関数 $b_0(\boldsymbol{x})\equiv 1$ と切片 w_0 を付け加えると

$$\sum_{i=0}^{p}w_i b_i(\boldsymbol{x}) = w_0+w_1 x_1+w_2 x_2+\cdots+w_p x_p$$

と表せる.また,説明変数 x の多項式回帰は,基底関数 $b_0(x) = 1$ と切片 w_0 に加えて $b_i(x) = x^i$ とすると

$$\sum_{i=0}^{m} w_i b_i(x) = w_0 + w_1 x + w_2 x^2 + \cdots + w_m x^m$$

と表すことができる.

データ $\{(\boldsymbol{x}_\alpha, y_\alpha); \alpha = 1, 2, \cdots, n\}$ が観測されたとき,基底関数に基づく回帰モデル

$$\begin{aligned} y_\alpha &= \sum_{i=1}^{m} w_i b_i(\boldsymbol{x}_\alpha) + \varepsilon_\alpha \\ &= \boldsymbol{w}' \boldsymbol{b}(\boldsymbol{x}_\alpha) + \varepsilon_\alpha, \quad \alpha = 1, 2, \cdots, n \end{aligned} \quad (4.122)$$

を仮定する.ただし,$\varepsilon_\alpha (\alpha = 1, 2, \cdots, n)$ は,互いに独立に平均 0,分散 σ^2 の正規分布に従うとする.このとき,ガウスノイズをもつ回帰モデルは,確率密度関数

$$f(y_\alpha | \boldsymbol{x}_\alpha; \boldsymbol{\theta}) = \frac{1}{\sqrt{2\pi\sigma^2}} \exp\left[-\frac{\{y_\alpha - \boldsymbol{w}' \boldsymbol{b}(\boldsymbol{x}_\alpha)\}^2}{2\sigma^2}\right] \quad (4.123)$$

で表現される.ただし,$\boldsymbol{\theta} = (\boldsymbol{w}', \sigma^2)'$ とする.

モデルのパラメータ $\boldsymbol{\theta}$ は,次の正則化対数尤度関数の最大化によって推定する.

$$\begin{aligned} \ell_\lambda(\boldsymbol{\theta}) &= \sum_{\alpha=1}^{n} \log f(y_\alpha | \boldsymbol{x}_\alpha; \boldsymbol{\theta}) - \frac{n\lambda}{2} \boldsymbol{w}' K \boldsymbol{w} \\ &= -\frac{n}{2} \log(2\pi\sigma^2) - \frac{1}{2\sigma^2} \sum_{\alpha=1}^{n} \{y_\alpha - \boldsymbol{w}' \boldsymbol{b}(\boldsymbol{x}_\alpha)\}^2 - \frac{n\lambda}{2} \boldsymbol{w}' K \boldsymbol{w} \\ &= -\frac{n}{2} \log(2\pi\sigma^2) - \frac{1}{2\sigma^2} (\boldsymbol{y} - B\boldsymbol{w})'(\boldsymbol{y} - B\boldsymbol{w}) - \frac{n\lambda}{2} \boldsymbol{w}' K \boldsymbol{w} \end{aligned} \quad (4.124)$$

ここで,$\boldsymbol{y} = (y_1, y_2, \cdots, y_n)'$,$B$ は基底関数からなる $n \times m$ 行列で

$$B = \begin{bmatrix} \boldsymbol{b}(\boldsymbol{x}_1)' \\ \boldsymbol{b}(\boldsymbol{x}_2)' \\ \vdots \\ \boldsymbol{b}(\boldsymbol{x}_n)' \end{bmatrix} = \begin{bmatrix} b_1(\boldsymbol{x}_1) & b_2(\boldsymbol{x}_1) & \cdots & b_m(\boldsymbol{x}_1) \\ b_1(\boldsymbol{x}_2) & b_2(\boldsymbol{x}_2) & \cdots & b_m(\boldsymbol{x}_2) \\ \vdots & \vdots & \ddots & \vdots \\ b_1(\boldsymbol{x}_n) & b_2(\boldsymbol{x}_n) & \cdots & b_m(\boldsymbol{x}_n) \end{bmatrix} \quad (4.125)$$

とする.m 次非負値定符号行列 K の取り方については,4.3.2項を参照されたい.

この正則化対数尤度関数の最大化によって得られる $\bm{w}$ と σ^2 の推定量はそれぞれ

$$\hat{\bm{w}} = (B'B + n\lambda\hat{\sigma}^2 K)^{-1}B'\bm{y},$$
$$\hat{\sigma}^2 = \frac{1}{n}(\bm{y} - B\hat{\bm{w}})'(\bm{y} - B\hat{\bm{w}}) \tag{4.126}$$

である.したがって,(4.123) 式のパラメータ $\bm{w}$, σ^2 を推定量 $\hat{\bm{w}}$, $\hat{\sigma}^2$ で置き換えた確率密度関数

$$f(y_\alpha|\bm{x}_\alpha; \hat{\bm{\theta}}_P) = \frac{1}{\sqrt{2\pi\hat{\sigma}^2}} \exp\left[-\frac{\{y_\alpha - \hat{\bm{w}}'\bm{b}(\bm{x}_\alpha)\}^2}{2\hat{\sigma}^2}\right] \tag{4.127}$$

が,統計モデルである.ただし,$\hat{\bm{\theta}}_P = (\hat{\bm{w}}', \hat{\sigma}^2)'$ とする.

(4.126) 式の推定量 $\hat{\bm{w}}$ は,分散の推定量 $\hat{\sigma}^2$ に依存することから,実際上次のようにして計算する.まず $\beta = \lambda\hat{\sigma}^2$ とおいて,与えられた $\beta = \beta_0$ に対して $\hat{\bm{w}} = (B'B + n\beta_0 K)^{-1}B'\bm{y}$ を求める.次に分散の推定量 $\hat{\sigma}^2$ を求めた後,平滑化パラメータの値を $\lambda = \beta_0/\hat{\sigma}^2$ と計算する.

推定量 $\hat{\bm{w}}$ と $\hat{\sigma}^2$ は,平滑化パラメータ λ あるいは β や基底関数の個数 m に依存する.したがって,ある与えられた λ, m に対して 1 つのモデルが対応するとして,構成された多数のモデルの評価を情報量規準に基づいて行い,最適な λ, m を決定するのが目的である.統計モデル $f(y_\alpha|\bm{x}_\alpha; \hat{\bm{\theta}})$ を評価するための情報量規準は,前節で与えた正則化法に基づく情報量規準 (4.103) 式を用いると,以下のようにして求めることができる.

まず,$\log f(y_\alpha|\bm{x}_\alpha; \hat{\bm{\theta}}) = \ell_\alpha(\bm{\theta})$ と置くとき,バイアス補正項を求めるのに必要な計算は次の通りである.

$$\frac{\partial \ell_\alpha(\bm{\theta})}{\partial \sigma^2} = -\frac{1}{2\sigma^2} + \frac{1}{2\sigma^4}\{y_\alpha - \bm{w}'\bm{b}(\bm{x}_\alpha)\}^2,$$
$$\frac{\partial \ell_\alpha(\bm{\theta})}{\partial \bm{w}} = \frac{1}{\sigma^2}\{y_\alpha - \bm{w}'\bm{b}(\bm{x}_\alpha)\}\bm{b}(\bm{x}_\alpha),$$

および

$$\frac{\partial^2 \ell_\alpha(\bm{\theta})}{\partial \sigma^2 \partial \sigma^2} = \frac{1}{2\sigma^4} - \frac{1}{\sigma^6}\{y_\alpha - \bm{w}'\bm{b}(\bm{x}_\alpha)\}^2,$$
$$\frac{\partial^2 \ell_\alpha(\bm{\theta})}{\partial \bm{w} \partial \bm{w}'} = -\frac{1}{\sigma^2}\bm{b}(\bm{x}_\alpha)\bm{b}(\bm{x}_\alpha)',$$

4.3 正則化法 (罰則付き最尤法)

$$\frac{\partial^2 \ell_\alpha(\boldsymbol{\theta})}{\partial \sigma^2 \partial \boldsymbol{w}} = -\frac{1}{\sigma^4}\{y_\alpha - \boldsymbol{w}'\boldsymbol{b}(\boldsymbol{x}_\alpha)\}\boldsymbol{b}(\boldsymbol{x}_\alpha)$$

以上より,(4.122)式の基底展開に基づくモデルを正則化法で推定したときの統計モデル(4.127)に対する情報量規準は,次の式で与えられる.

[正則化法で推定した基底展開に基づく統計モデルの情報量規準]

$$\mathrm{GIC}_P = n(\log 2\pi + 1) + n\log \hat{\sigma}^2 + 2\mathrm{tr}\left\{R(\boldsymbol{\psi}_P, \hat{G})^{-1} Q(\boldsymbol{\psi}_P, \hat{G})\right\} \quad (4.128)$$

ただし,$\hat{\sigma}^2$ は (4.126) 式で与えられ,$(m+1)\times(m+1)$ 行列 $R(\boldsymbol{\psi}_P, \hat{G})$, $Q(\boldsymbol{\psi}_P, \hat{G})$ は次の式で与えられる.

$$R(\boldsymbol{\psi}_P, \hat{G}) = \frac{1}{n\hat{\sigma}^2}\begin{bmatrix} B'B + n\lambda\hat{\sigma}^2 K & \dfrac{1}{\hat{\sigma}^2}B'\Lambda\boldsymbol{1}_n \\ \dfrac{1}{\hat{\sigma}^2}\boldsymbol{1}_n'\Lambda B & \dfrac{n}{2\hat{\sigma}^2} \end{bmatrix},$$

$$Q(\boldsymbol{\psi}_P, \hat{G}) = \frac{1}{n\hat{\sigma}^2}\begin{bmatrix} \dfrac{1}{\hat{\sigma}^2}B'\Lambda^2 B - \lambda K \hat{\boldsymbol{w}}\boldsymbol{1}_n'\Lambda B & \dfrac{1}{2\hat{\sigma}^4}B'\Lambda^3\boldsymbol{1}_n - \dfrac{1}{2\hat{\sigma}^2}B'\Lambda\boldsymbol{1}_n \\ \dfrac{1}{2\hat{\sigma}^4}\boldsymbol{1}_n'\Lambda^3 B - \dfrac{1}{2\hat{\sigma}^2}\boldsymbol{1}_n'\Lambda B & \dfrac{1}{4\hat{\sigma}^6}\boldsymbol{1}_n'\Lambda^4\boldsymbol{1}_n - \dfrac{n}{4\hat{\sigma}^2} \end{bmatrix}$$

$$(4.129)$$

ここで,$\boldsymbol{1}_n$ はその要素が全て 1 の n 次元ベクトル $\boldsymbol{1}_n = (1,1,\cdots,1)'$,$\Lambda$ は $n\times n$ 対角行列

$$\Lambda = \mathrm{diag}[y_1 - \hat{\boldsymbol{w}}'\boldsymbol{b}(\boldsymbol{x}_1), y_2 - \hat{\boldsymbol{w}}'\boldsymbol{b}(\boldsymbol{x}_2), \cdots, y_n - \hat{\boldsymbol{w}}'\boldsymbol{b}(\boldsymbol{x}_n)]$$

とする.

基底関数の個数 m と平滑化パラメータ λ(または β)の様々な値に対して,情報量規準 GIC_P を最小とする $(\hat{m}, \hat{\lambda})$ を最適な値として選択する.実際問題への適用に当たっては,基底関数の個数を例えばデータ数の 1/10 から 1/5 ぐらいに固定しておいて,λ で平滑化の程度を調整する方法が考えられる.

[例10 **B-スプライン**] 説明変数 $x(\in \mathbb{R})$ と目的変数 $Y(\in \mathbb{R})$ に関して n 組のデータ $\{(x_\alpha, y_\alpha); \alpha = 1, 2, \cdots, n\}$ が観測されたとする.ただし,説明変数に関するデータは大きさの順に並び替えたものとする.これらのデータは (4.122) 式に従って生成されたと仮定し,基底関数として 3 次 B-スプライン関数を考える.B-スプライン基底関数 $b_j(x)$ は,節点と呼ばれる等間隔に配置された点 t_i において滑らかに連結した既知の区分的多項式で構成される.一般的には節点

を等間隔に配置する必要はない．

いま，m 個の基底関数 $\{b_1(x), b_2(x), \cdots, b_m(x)\}$ を構成するために必要な節点 t_i を次のようにとる．
$$t_1 < t_2 < t_3 < t_4 = x_1 < \cdots < t_{m+1} = x_n < \cdots < t_{m+4}$$
このように節点をとることによって，n 個のデータは $(m-3)$ 個の区間 $[t_4, t_5], [t_5, t_6]$, $\cdots, [t_m, t_{m+1}]$ によって分割されることになる．また，各区間 $[t_i, t_{i+1}] (i = 4, \cdots, m)$ はそれぞれ 4 つの B-スプライン基底関数で覆われる．この B-スプライン基底関数を構成するには，de Boor(1978) のアルゴリズムが有用である (Imoto(2001))．

一般に r 次の B-スプライン関数を $b_j(x; r)$ とおく．まず 0 次の B-スプライン関数を

$$b_j(x; 0) = \begin{cases} 1, & t_j \leq x < t_{j+1} \\ 0, & その他 \end{cases}$$

と定義する．この 0 次の B-スプライン関数から出発して r 次のスプライン関数は，次の逐次計算法によって求めることができる．

$$b_j(x; r) = \frac{x - t_j}{t_{j+r} - t_j} b_j(x; r-1) + \frac{t_{j+r+1} - x}{t_{j+r+1} - t_{j+1}} b_{j+1}(x; r-1)$$

このようにして構成された 3 次 B-スプライン基底関数を $b_j(x) = b_j(x; 3)$ とすると，確率密度関数で表現された 3 次 B-スプライン基底関数に基づくモデル

$$f(y_\alpha | x_\alpha; \boldsymbol{\theta}) = \frac{1}{\sqrt{2\pi\sigma^2}} \exp\left[-\frac{\{y_\alpha - \boldsymbol{w}'\boldsymbol{b}(x_\alpha)\}^2}{2\sigma^2}\right] \quad (4.130)$$

を得る．ただし，$\boldsymbol{b}(x_\alpha) = (b_1(x_\alpha), b_2(x_\alpha), \cdots, b_m(x_\alpha))'$, $\boldsymbol{\theta} = (\boldsymbol{w}', \sigma^2)'$ とする．モデルのパラメータ $\boldsymbol{\theta}$ を正則化法で推定すると，$\boldsymbol{w}$ と σ^2 の推定量は，(4.126) 式で与えられ，当てはめたモデルと予測値

$$y = \hat{\boldsymbol{w}}'\boldsymbol{b}(x), \quad \hat{\boldsymbol{y}} = B(B'B + n\lambda\hat{\sigma}^2 K)^{-1} B'\boldsymbol{y} \quad (4.131)$$

を得る．

図 4.3 はオートバイの衝突実験を繰り返し，衝突した瞬間から経過した時間 x (ms; ミリセカンド) において，頭部に加わる加速度 $Y (g; 重力)$ を計測した 133 個のデータをプロットしたものである (Härdle(1990))．このように複雑な非線形構造のみられるデータに対しては，多項式モデルや特定の非線形関数によるモデリングでは現象の構造を有効に捉えることは難しい．複雑な非線形構造をも

4.3 正則化法 (罰則付き最尤法)

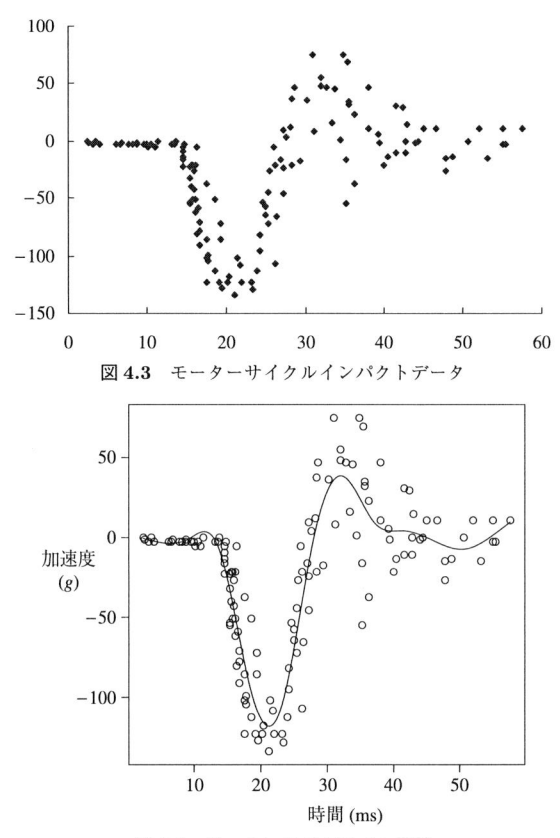

図 4.3 モーターサイクルインパクトデータ

図 4.4 データと B-スプライン曲線

つデータに対しては，真の構造に対してより柔軟なモデルを想定する必要がある．図 4.4 の実線は，3 次 B-スプラインに基づくモデルを当てはめたものである．情報量規準 GIC_P で基底関数の個数と平滑化パラメータの値を選択した結果，$m=16$，$\lambda= 7.74\times10^{-7}$ であった．

図 4.5 は，正則化法における平滑化パラメータが，曲線の推定にどのような役割を果たしているかを示したものである．この図からもわかるように，λ が大きな値をとると第 2 項のペナルティ項が相対的に大きくなり，正則化対数尤度関数 $\ell_\lambda(\theta)$ を大きくするために B-スプライン関数は 1 次式に近づき，λ の値が小さいと対数尤度関数の項が主となり，曲線の変動を犠牲にしてでも関数は

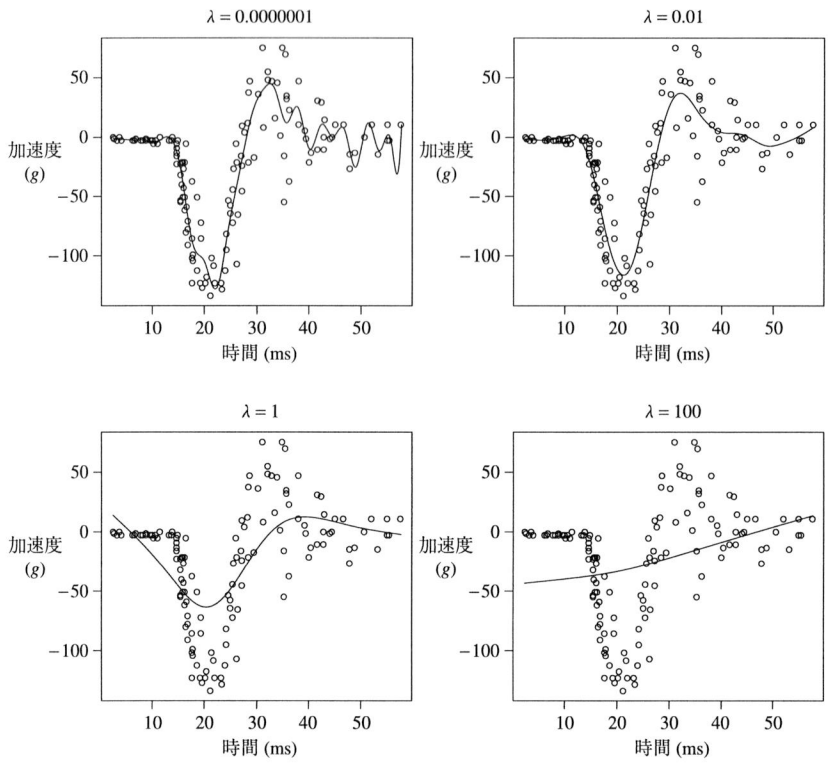

図 4.5 種々の平滑化パラメータの値を設定した正則化法に基づく B-スプライン推定曲線 ($m = 30$)

データの近くを通るようになる．B-スプラインを用いた回帰モデルに関しては，Imoto and Konishi(2003) を参照されたい．

[**例 11　動径基底関数展開**]　目的変数 Y と p 次元説明変数ベクトル $\boldsymbol{x}$ に関して観測された n 組のデータ $\{(y_\alpha, \boldsymbol{x}_\alpha); \alpha = 1, 2, \cdots, n\}$ に対して，一般に，動径基底関数に基づく回帰モデルは

$$y_\alpha = w_0 + \sum_{i=1}^{m} w_i \phi(\|\boldsymbol{x}_\alpha - \boldsymbol{\mu}_i\|) + \varepsilon_\alpha, \quad \alpha = 1, 2, \cdots, n \quad (4.132)$$

で与えられる (Bishop(1995, 5 章), Ripley(1996, 4.2 節))．ただし，$\boldsymbol{\mu}_i$ は基底関数の位置を定める p 次元中心ベクトル，$\|\cdot\|$ はユークリッドノルムとする．実際上よく用いられるのは，次のガウス型基底関数である．

$$\phi_i(\boldsymbol{x}) = \exp\left(-\frac{||\boldsymbol{x}-\boldsymbol{\mu}_i||^2}{2h_i^2}\right), \quad i = 1, 2, ..., m \tag{4.133}$$

ただし，h_i^2 は関数の広がりの程度を表す量である．

このガウス型基底関数をもつ非線形回帰モデルの未知のパラメータは，係数 $\{w_0, w_1, \cdots, w_m\}$ に加えて，基底関数に含まれる $\{\boldsymbol{\mu}_1, \cdots, \boldsymbol{\mu}_m, h_1^2, \cdots, h_m^2\}$ である．これらのパラメータを同時に推定する方法も考えられるが，推定の一意性や数値的最適化における局所解の問題等が生じ，また基底関数の個数と正則化パラメータの選択を考慮に入れたとき，計算量が膨大な量になることも予想される．このような問題点を克服し応用上有用な手法として，まず説明変数に関するデータからクラスタリング手法を適用して基底関数を事前に決定する方法がある (Moody and Darken(1989))．すなわち，n 個の説明変数に関するデータ $\{\boldsymbol{x}_1, \boldsymbol{x}_2, \cdots, \boldsymbol{x}_n\}$ を，例えば k 平均クラスタ法 (k-means clustering) によって基底関数の個数に相当する m 個のクラスタ $C_1, C_2, \cdots, C_m$ に分割し，各クラスタ C_i に含まれる n_i 個のデータに基づいて中心ベクトル $\boldsymbol{\mu}_i$ と h_i^2 を次のように決定する．

$$\hat{\boldsymbol{\mu}}_i = \frac{1}{n_i}\sum_{\boldsymbol{x}_\alpha \in C_i} \boldsymbol{x}_\alpha, \quad \hat{h}_i^2 = \frac{1}{n_i}\sum_{\boldsymbol{x}_\alpha \in C_i} ||\boldsymbol{x}_\alpha - \hat{\boldsymbol{\mu}}_i||^2 \tag{4.134}$$

これらの推定値を (4.133) 式のガウス型基底関数に代入して

$$\phi_i(\boldsymbol{x}) = \exp\left(-\frac{||\boldsymbol{x}-\hat{\boldsymbol{\mu}}_i||^2}{2\hat{h}_i^2}\right), \quad i = 1, 2, \cdots, m \tag{4.135}$$

を基底関数として用いる．

このとき，ガウス型基底関数に基づく非線形回帰モデルは

$$\begin{aligned}y_\alpha &= w_0 + \sum_{i=1}^{m} w_i \phi_i(\boldsymbol{x}_\alpha) + \varepsilon_\alpha \\ &= \boldsymbol{w}'\boldsymbol{\phi}(\boldsymbol{x}_\alpha) + \varepsilon_\alpha, \quad \alpha = 1, 2, \cdots, n \end{aligned} \tag{4.136}$$

で与えられる．ただし，$\boldsymbol{\phi}(\boldsymbol{x}) = (1, \phi_1(\boldsymbol{x}), \phi_2(\boldsymbol{x}), \cdots, \phi_m(\boldsymbol{x}))'$ は $(m+1)$ 次元基底関数ベクトル，$\boldsymbol{w} = (w_0, w_1, w_2, \cdots, w_m)'$ は $(m+1)$ 次元パラメータとする．したがって，ガウスノイズをもつ非線形回帰モデルは，確率密度関数

$$f(y_\alpha|\boldsymbol{x}_\alpha; \boldsymbol{\theta}) = \frac{1}{\sqrt{2\pi\sigma^2}} \exp\left[-\frac{\{y_\alpha - \boldsymbol{w}'\boldsymbol{\phi}(\boldsymbol{x}_\alpha)\}^2}{2\sigma^2}\right] \tag{4.137}$$

で表現される．ただし，$\boldsymbol{\theta} = (\boldsymbol{w}', \sigma^2)'$ とする．

モデルのパラメータ $\boldsymbol{\theta}$ を (4.124) 式の正則化法によって推定すると

$$\hat{\boldsymbol{w}} = (B'B + n\lambda\hat{\sigma}^2 K)^{-1} B'\boldsymbol{y}, \quad \hat{\sigma}^2 = \frac{1}{n}(\boldsymbol{y}-B\hat{\boldsymbol{w}})'(\boldsymbol{y}-B\hat{\boldsymbol{w}}) \qquad (4.138)$$

で与えられる．ただし，B はガウス型基底関数からなる $n \times (m+1)$ 行列で

$$B = \begin{bmatrix} \phi(\boldsymbol{x}_1)' \\ \phi(\boldsymbol{x}_2)' \\ \vdots \\ \phi(\boldsymbol{x}_n)' \end{bmatrix} = \begin{bmatrix} 1 & \phi_1(\boldsymbol{x}_1) & \phi_2(\boldsymbol{x}_1) & \cdots & \phi_m(\boldsymbol{x}_1) \\ 1 & \phi_1(\boldsymbol{x}_2) & \phi_2(\boldsymbol{x}_2) & \cdots & \phi_m(\boldsymbol{x}_2) \\ \vdots & \vdots & \vdots & \ddots & \vdots \\ 1 & \phi_1(\boldsymbol{x}_n) & \phi_2(\boldsymbol{x}_n) & \cdots & \phi_m(\boldsymbol{x}_n) \end{bmatrix} \qquad (4.139)$$

とする．また，ガウス型基底展開に基づく統計モデルの情報量規準は，(4.128)，(4.129) 式の行列 B を (4.139) 式のガウス型基底関数行列で置き換えた式によって与えられる．ガウス型動径基底関数に基づく非線形回帰については，安道・井元・小西 (2001) を参照されたい．

[例12 基底展開による非線形ロジスティックモデル] 4.3.3 項の例で取り上げたロジスティックモデルを基底展開法によって，より複雑な非線形構造が探索可能なモデルへと拡張する．

0 または 1 の値をとる目的変数 Y と p 個の説明変数 $\{x_1, x_2, \cdots, x_p\}$ に対して観測された n 組のデータを $\{(y_\alpha, \boldsymbol{x}_\alpha); \alpha = 1, 2, \cdots, n\}$ とする．このとき，$\boldsymbol{x}_\alpha$ に対する個体の反応確率 $\pi(\boldsymbol{x}_\alpha)$ に対して

$$\Pr(Y_\alpha = 1|\boldsymbol{x}_\alpha) = \pi(\boldsymbol{x}_\alpha), \quad \Pr(Y_\alpha = 0|\boldsymbol{x}_\alpha) = 1 - \pi(\boldsymbol{x}_\alpha) \qquad (4.140)$$

とすると，Y_α は 2 項分布 (ベルヌーイ分布)

$$f(y_\alpha|\boldsymbol{x}_\alpha; \boldsymbol{\beta}) = \pi(\boldsymbol{x}_\alpha)^{y_\alpha}\{1-\pi(\boldsymbol{x}_\alpha)\}^{1-y_\alpha}, \quad y_\alpha = 0, 1 \qquad (4.141)$$

に従う．ここでは，レベル $\boldsymbol{x}_\alpha$ と反応確率 $\pi(\boldsymbol{x}_\alpha)$ を結びつけるモデルとして，基底関数展開に基づくモデル

$$\log \frac{\pi(\boldsymbol{x}_\alpha)}{1-\pi(\boldsymbol{x}_\alpha)} = \sum_{i=1}^{m} w_i b_i(\boldsymbol{x}_\alpha)$$

$$= \boldsymbol{w}'\boldsymbol{b}(\boldsymbol{x}_\alpha), \quad \alpha = 1, 2, \cdots, n \qquad (4.142)$$

を仮定する．ただし，$\boldsymbol{b}(\boldsymbol{x}_\alpha) = (b_1(\boldsymbol{x}_\alpha), b_2(\boldsymbol{x}_\alpha), \cdots, b_m(\boldsymbol{x}_\alpha))'$ は m 次元基底関数ベクトル，$\boldsymbol{w} = (w_1, w_2, \cdots, w_m)'$ は未知の m 次元パラメータベクトルとする．

基底関数の係数からなる未知のパラメータベクトル $\boldsymbol{w}$ は，次の正則化対数尤

4.3 正則化法 (罰則付き最尤法)

度関数の最大化によって推定する．

$$\ell_\lambda(\boldsymbol{w}) = \sum_{\alpha=1}^{n}[y_\alpha \log \pi(\boldsymbol{x}_\alpha) + (1-y_\alpha)\log\{1-\pi(\boldsymbol{x}_\alpha)\}] - \frac{n\lambda}{2}\boldsymbol{w}'K\boldsymbol{w}$$

$$= \sum_{\alpha=1}^{n}[y_\alpha \boldsymbol{w}'\boldsymbol{b}(\boldsymbol{x}_\alpha) - \log\{1+\exp(\boldsymbol{w}'\boldsymbol{b}(\boldsymbol{x}_\alpha))\}] - \frac{n\lambda}{2}\boldsymbol{w}'K\boldsymbol{w} \quad (4.143)$$

ここで，$m \times m$ 行列 K は既知の非負値定符号行列とする (4.3.2項を参照)．与えられた λ に対して $\ell_\lambda(\boldsymbol{w})$ を最大とする解 $\boldsymbol{w} = \hat{\boldsymbol{w}}_\lambda$ は，4.3.3項の例で述べた数値的最適化法によって推定する．その推定プロセスの中で (4.112) と (4.113) 式において次のような置き換えを行う．

$$\boldsymbol{\beta} \Rightarrow \boldsymbol{w}, \quad X \Rightarrow B,$$

$$\pi(\boldsymbol{x}_\alpha) = \frac{\exp(\boldsymbol{x}'_\alpha \boldsymbol{\beta})}{1+\exp(\boldsymbol{x}'_\alpha \boldsymbol{\beta})} \quad \Rightarrow \quad \pi(\boldsymbol{x}_\alpha) = \frac{\exp\{\boldsymbol{w}'\boldsymbol{b}(\boldsymbol{x}_\alpha)\}}{1+\exp\{\boldsymbol{w}'\boldsymbol{b}(\boldsymbol{x}_\alpha)\}} \quad (4.144)$$

ただし，B は $n \times m$ 基底関数行列 $B = (\boldsymbol{b}(\boldsymbol{x}_1), \boldsymbol{b}(\boldsymbol{x}_2), \cdots, \boldsymbol{b}(\boldsymbol{x}_n))'$ である．数値的最適化法によって求めた推定値 $\hat{\boldsymbol{w}}_\lambda$ を確率関数 (4.141) 式へ代入した

$$f(y_\alpha|\boldsymbol{x}_\alpha; \hat{\boldsymbol{w}}_\lambda) = \hat{\pi}(\boldsymbol{x}_\alpha)^{y_\alpha}\{1-\hat{\pi}(\boldsymbol{x}_\alpha)\}^{1-y_\alpha} \quad (4.145)$$

が統計モデルである．ただし，

$$\hat{\pi}(\boldsymbol{x}_\alpha) = \frac{\exp\{\hat{\boldsymbol{w}}'_\lambda \boldsymbol{b}(\boldsymbol{x}_\alpha)\}}{1+\exp\{\hat{\boldsymbol{w}}'_\lambda \boldsymbol{b}(\boldsymbol{x}_\alpha)\}} \quad (4.146)$$

とする．

正則化法によって推定された統計モデル (4.145) 式の情報量規準は，M-推定の枠組みで容易に求めることができる．すなわち，(4.143) 式から推定値 $\hat{\boldsymbol{w}}_\lambda$ は

$$\frac{\partial \ell_\lambda(\boldsymbol{w})}{\partial \boldsymbol{w}} = \sum_{\alpha=1}^{n} \boldsymbol{\psi}_{\mathrm{LB}}(y_\alpha, \boldsymbol{w}) = \boldsymbol{0}$$

の解として与えられることがわかる．ただし，

$$\boldsymbol{\psi}_{\mathrm{LB}}(y_\alpha, \boldsymbol{w}) = \{y_\alpha - \pi(\boldsymbol{x}_\alpha)\}\boldsymbol{b}(\boldsymbol{x}_\alpha) - \lambda K \boldsymbol{w}$$

である．したがって，(4.101) 式の $\boldsymbol{\psi}$-関数を $\boldsymbol{\psi}_{\mathrm{LB}}(y_\alpha, \boldsymbol{w})$ とすれば，M-推定に基づくモデルの情報量規準 (4.103) 式を直接適用できる．

基底展開法に基づくロジスティックモデルを正則化法によって推定した統計モデル $f(y_\alpha|\boldsymbol{x}_\alpha; \hat{\boldsymbol{w}}_\lambda)$ の情報量規準は，(4.146) 式の $\hat{\pi}(\boldsymbol{x}_\alpha)$ に対して次の式で与えられる．

[正則化法による非線形ロジスティックモデルの情報量規準]

$$\mathrm{GIC_{LB}} = -2\sum_{\alpha=1}^{n}[y_\alpha \log \hat{\pi}(\boldsymbol{x}_\alpha)+(1-y_\alpha)\log\{1-\hat{\pi}(\boldsymbol{x}_\alpha)\}]$$
$$+2\mathrm{tr}\left\{R(\boldsymbol{\psi}_{\mathrm{LB}},\hat{G})^{-1}Q(\boldsymbol{\psi}_{\mathrm{LB}},\hat{G})\right\} \quad (4.147)$$

ここで,

$$R(\boldsymbol{\psi}_{\mathrm{LB}},\hat{G}) = \frac{1}{n}B'\hat{\Pi}(I_n-\hat{\Pi})B+\lambda K,$$
$$Q(\boldsymbol{\psi}_{\mathrm{LB}},\hat{G}) = \frac{1}{n}\left\{B'\hat{\Lambda}^2 B - \lambda K \hat{\boldsymbol{w}}\boldsymbol{1}_n'\hat{\Lambda}B\right\},$$
$$\hat{\Lambda} = \mathrm{diag}\left[y_1-\hat{\pi}(\boldsymbol{x}_1), y_2-\hat{\pi}(\boldsymbol{x}_2),\cdots,y_n-\hat{\pi}(\boldsymbol{x}_n)\right],$$
$$\hat{\Pi} = \mathrm{diag}\left[\hat{\pi}(\boldsymbol{x}_1),\hat{\pi}(\boldsymbol{x}_2),\cdots,\hat{\pi}(\boldsymbol{x}_n)\right]$$

とする.

平滑化パラメータ λ の様々な値に対応して決まる統計モデルの情報量規準 $\mathrm{GIC_{LB}}$ を最小にする λ を最適な値として選択する.

[例13 脊柱後弯症 (kyphosis) の発症確率] 図4.6は, 椎板切除術 (laminectomy) を施した83名の患者に対して, 手術時の年齢 (x; 月齢) とそのあと脊柱後弯症 (kyphosis) が認められた者に対しては $Y=1$ を, 認められなかった者に対しては $Y=0$ を対応させたデータをプロットしたものである (Hastie and Tibshirani(1990, p.301)). 目的は, いつ椎板切除の手術を行うと脊柱後弯症の発症確率 $\Pr(Y=1|x)=\pi(x)$ が小さくなるかを予測することにある.

もし月齢に対して, 脊柱後弯症の発症確率が単調性を有していると考えられる場合には, ロジスティックモデル

$$\log\frac{\pi(x_\alpha)}{1-\pi(x_\alpha)} = \beta_0+\beta_1 x_\alpha, \quad \alpha=1,2,\cdots,83$$

を仮定すればよい. しかし, この図からわかるように, 発症確率は月齢に対して必ずしも単調性を有しているとはいえない. したがって, ここでは4.3.4項の B-スプラインに基づく次のロジスティックモデルの当てはめを考える.

$$\log\left\{\frac{\pi(x_\alpha)}{1-\pi(x_\alpha)}\right\} = \sum_{i=1}^{m}w_i b_i(x_\alpha), \quad \alpha=1,2,\cdots,83$$

モデルのパラメータ $\boldsymbol{w}=(w_1,w_2,\cdots,w_m)'$ は正則化法によって推定し, 正則化項としては2次の差分行列を用いた. 基底関数の個数と平滑化パラメータの

4.3 正則化法 (罰則付き最尤法)

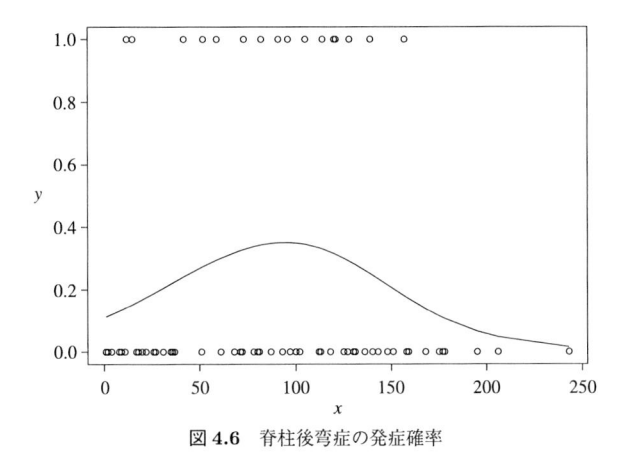

図 4.6 脊柱後弯症の発症確率

値は，情報量規準 GIC によって選択した結果，$m = 10, \lambda = 0.0159$ を得た．このとき，対応する推定ロジスティック曲線は次の式で与えられた．

$$y = \frac{\exp\left(\sum_{i=1}^{m} \hat{w}_i b_i(x)\right)}{1+\exp\left(\sum_{i=1}^{m} \hat{w}_i b_i(x)\right)} \quad (4.148)$$

ただし，基底関数の係数の推定値は，$\bm{w} = (-2.48, -1.59, -0.92, -0.63, -0.84, -1.60, -2.65, -3.76, -4.88, -6.00)'$ であった．図中の曲線は，この推定曲線を表す．推定ロジスティック曲線からわかるように，手術時の月齢とともに発症率は増加していくが，約 100 ヶ月でピークを迎え，それを過ぎると発症率は減少に転じていることがわかる．

非線形ロジスティックモデルに基づく識別・判別関数の構成については，安道・島内・小西 (2002) を参照されたい．

4.3.5　正則化最小 2 乗法

目的変数 Y と p 次元説明変数ベクトル $\bm{x}(\in \mathbb{R}^p)$ に関して観測された n 組のデータ $\{(\bm{x}_\alpha, y_\alpha); \alpha = 1, 2, \cdots, n\}$ に対して，(4.122) 式の基底展開に基づく回帰モデル

$$y_\alpha = \sum_{i=1}^{m} w_i b_i(\boldsymbol{x}_\alpha) + \varepsilon_\alpha, \quad \alpha = 1, 2, \cdots, n \tag{4.149}$$

の当てはめを考える．ただし，ノイズ ε_α は互いに独立で，$E[\varepsilon_\alpha] = 0$, $E[\varepsilon_\alpha^2] = \sigma^2$ とする．

モデルのパラメータの最小2乗推定量，すなわちノイズ ε_α の2乗和

$$\begin{aligned} S(\boldsymbol{w}) &= \sum_{\alpha=1}^{n} \left\{ y_\alpha - \sum_{i=1}^{m} w_i b_i(\boldsymbol{x}_\alpha) \right\}^2 \\ &= \sum_{\alpha=1}^{n} \{ y_\alpha - \boldsymbol{w}' \boldsymbol{b}(\boldsymbol{x}_\alpha) \}^2 \\ &= (\boldsymbol{y} - B\boldsymbol{w})'(\boldsymbol{y} - B\boldsymbol{w}) \end{aligned} \tag{4.150}$$

を最小とする推定量は，$\hat{\boldsymbol{w}} = (B'B)^{-1} B' \boldsymbol{y}$ である．ここで，$B = (\boldsymbol{b}(\boldsymbol{x}_1), \boldsymbol{b}(\boldsymbol{x}_2), \cdots, \boldsymbol{b}(\boldsymbol{x}_n))'$ とする．

複雑な非線形構造を内包する現象分析には，基底関数の個数を増やすことによってその構造を捉える方法が考えられる．しかし基底関数の増加は，パラメータ数の増加に伴うモデルのデータへの過適合と推定の不安定性につながり，場合によっては $(B'B)^{-1}$ の計算が不能となることもある．また，基底関数の個数を増やすにつれて，曲線あるいは曲面はよりデータの近くを通るようになり，誤差の2乗和は次第に0へと近づいていく．曲線がデータの近くを通るということは，曲線が局所的に大きく変動 (揺動) していることを示す．

このような場合には，ノイズの2乗和に曲線の変動に伴って大きくなるペナルティ項 (正則化項) を付与した次の関数を最小とする $\boldsymbol{w}$ を推定値とする．

$$S_\gamma(\boldsymbol{w}) = (\boldsymbol{y} - B\boldsymbol{w})'(\boldsymbol{y} - B\boldsymbol{w}) + \gamma \boldsymbol{w}' K \boldsymbol{w} \tag{4.151}$$

ただし，$\gamma > 0$ はモデルの適合度と曲線の変動の程度を調整する役割を果たす平滑化パラメータあるいは正則化パラメータである．また，K は $m \times m$ 次非負値定符号行列で，その取り方については，4.3.2 項を参照されたい．

この推定法は，**正則化最小2乗法**(regularized least squares method) あるいは **罰則付き最小2乗法**(penalized least squares method) と呼ばれ，解は

$$\hat{\boldsymbol{w}} = (B'B + \gamma K)^{-1} B' \boldsymbol{y} \tag{4.152}$$

で与えられる．

4.3 正則化法 (罰則付き最尤法)

いま，(4.124) 式のガウスノイズを仮定した基底展開に基づく回帰モデルの正則化対数尤度関数は，次のように書き換えることができる．

$$\ell_\lambda(\boldsymbol{\theta}) = -\frac{n}{2}\log(2\pi\sigma^2) - \frac{1}{2\sigma^2}(\boldsymbol{y}-B\boldsymbol{w})'(\boldsymbol{y}-B\boldsymbol{w}) - \frac{n\lambda}{2}\boldsymbol{w}'K\boldsymbol{w}$$
$$= -\frac{n}{2}\log(2\pi\sigma^2) - \frac{1}{2\sigma^2}\left\{(\boldsymbol{y}-B\boldsymbol{w})'(\boldsymbol{y}-B\boldsymbol{w}) + n\lambda\sigma^2\boldsymbol{w}'K\boldsymbol{w}\right\}$$

したがって，$n\lambda\sigma^2 = \gamma$ とおくと，正則化対数尤度関数の最大化は $S_\gamma(\boldsymbol{w})$ の最小化と同等であることがわかる．

4.3.6 モデルの自由度

4.3.4 項で，次の基底展開に基づくガウス型回帰モデリングについて述べた．

$$y_\alpha = \sum_{i=1}^{m} w_i b_i(\boldsymbol{x}_\alpha) + \varepsilon_\alpha = \boldsymbol{w}'\boldsymbol{b}(\boldsymbol{x}_\alpha) + \varepsilon_\alpha, \quad \alpha = 1,\cdots,n \quad (4.153)$$

ここで，$\varepsilon_\alpha (\alpha=1,\cdots,n)$ は，互いに独立に正規分布 $N(0,\sigma^2)$ に従うとする．モデルのパラメータ $\boldsymbol{w} = (w_1, w_2, \cdots, w_m)'$ と σ^2 の最尤推定量はそれぞれ

$$\hat{\boldsymbol{w}} = (B'B)^{-1}B'\boldsymbol{y}, \quad \hat{\sigma}^2 = \frac{1}{n}(\boldsymbol{y}-\hat{\boldsymbol{y}})'(\boldsymbol{y}-\hat{\boldsymbol{y}}) \quad (4.154)$$

で与えられる．ただし，$\boldsymbol{y} = (y_1, y_2, \cdots, y_n)'$，$B = (\boldsymbol{b}(\boldsymbol{x}_1), \boldsymbol{b}(\boldsymbol{x}_2), \cdots, \boldsymbol{b}(\boldsymbol{x}_n))'$ ($n \times m$ 行列) とし，$\hat{\boldsymbol{y}}$ は

$$\hat{\boldsymbol{y}} = B\hat{\boldsymbol{w}} = B(B'B)^{-1}B'\boldsymbol{y} \quad (4.155)$$

で定義される予測値ベクトルである．

このとき情報量規準 AIC は

$$\text{AIC} = n(\log 2\pi + 1) + n\log\hat{\sigma}^2 + 2(m+1) \quad (4.156)$$

で与えられる．モデルのパラメータ数または自由度は，基底関数の個数 m に誤差分散 σ^2 の 1 を加えた $m+1$ である．特に (4.153) 式のモデルは，基底関数の個数の増加に伴って複雑なモデルとなり，基底関数に関わるパラメータ数 m がモデルの複雑さの程度の指標となっている．例えば，線形回帰モデルに対しては説明変数の個数が対応し，多項式モデルに対しては多項式の次数が対応している．

これに対して，正則化法によってモデルを推定した場合，モデルの複雑さの程度は基底関数の個数に加えて平滑化パラメータによってもコントロールさ

れ,パラメータ数という概念では捉えきれなくなる.この問題に対して,Hastie and Tibshirani(1990) は,平滑化パラメータでコントロールされるモデルの複雑さの程度を次のように定義した.

まず,最尤法に基づく予測値ベクトル $\hat{y}$ は,観測値ベクトル y に対して
$$\hat{y} = Hy, \quad H = B(B'B)^{-1}B' \tag{4.157}$$
と射影行列 H によって,$n \times m$ 行列 B の m 個の列ベクトルによって張られる m 次元空間へ射影されたものである.このとき
$$\text{自由パラメータ数} = \text{tr}(H) = \text{tr}\left\{B(B'B)^{-1}B'\right\} = m \tag{4.158}$$
となることがわかる.一方,正則化法によって推定されたモデルの予測値ベクトルは,(4.126) 式より
$$\hat{y} = H(\lambda, m)y, \quad H(\lambda, m) = B(B'B + n\lambda\hat{\sigma}^2 K)^{-1}B' \tag{4.159}$$
である.

Hastie and Tibshirani(1990) は,平滑化パラメータでコントロールされるモデルの複雑さの程度を
$$edf = \text{tr}\{H(\lambda, m)\} = \text{tr}\left\{B(B'B + n\lambda\hat{\sigma}^2 K)^{-1}B'\right\} \tag{4.160}$$
で定義して,これを**有効自由度**(effective degrees of freedom) あるいは**有効パラメータ数**(effective number of parameters) と呼んだ.したがって,正則化法によって推定されたモデル (4.153) の情報量規準は,(4.156) 式の AIC の基底関数の個数 m を形式的に有効パラメータ数で置き換えた
$$\text{AIC}_M = n(\log 2\pi + 1) + n\log\hat{\sigma}^2 + 2\left[\text{tr}\left\{B(B'B + n\lambda\hat{\sigma}^2 K)^{-1}B'\right\} + 1\right] \tag{4.161}$$
で与えられる.この情報量規準 AIC_M を最小とする λ と m を選択することによってよいモデルが得られる.

一般に,行列 H や $H(\lambda, m)$ は,観測値ベクトル y を予測値ベクトル $\hat{y}$ へと変換する行列であることから**ハット行列**(hat matrix) あるいは曲線 (曲面) 推定に対しては,**平滑化行列**(smoother matrix) と呼ばれている.

[**例 14**] 図 4.7 は,次のモデルにしたがって発生させた 100 個のデータをプロットしたものである.
$$y_\alpha = \sin(2\pi x_\alpha^3) + \varepsilon_\alpha, \quad \varepsilon_\alpha \sim N(0, 10^{-1.3})$$
ここで,x_α は $[0,1]$ 上の一様乱数として発生させた.このデータに 10 個の基底

4.3 正則化法 (罰則付き最尤法) 113

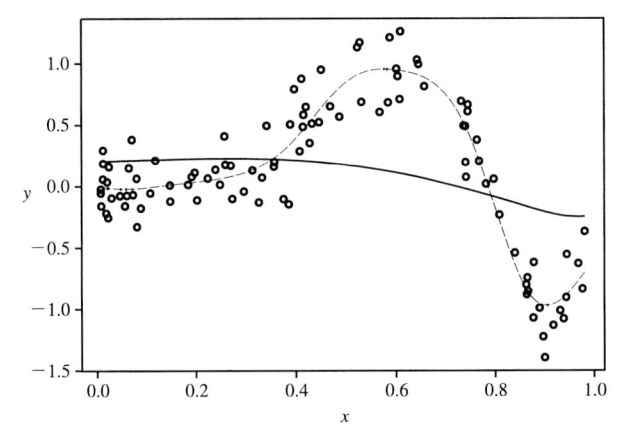

図 4.7 人工データと $\lambda = 80$(実線) と $\lambda = 0.003$(破線) に対する推定曲線

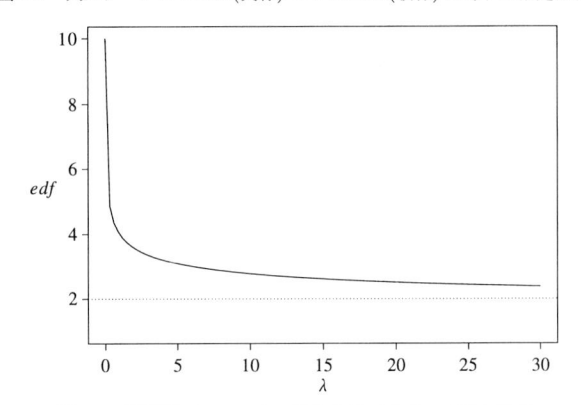

図 4.8 平滑化パラメータの値と有効パラメータ数の関係

関数に基づく B-スプライン回帰モデルを当てはめた．モデルのパラメータは，4.3.2 項で述べた 2 次の差分行列を正則化項としてもつ正則化法によって推定した．図 4.8 は，平滑化パラメータ λ の値と有効パラメータ数の関係

$$edf = \mathrm{tr}\left\{B(B'B+n\lambda\hat{\sigma}^2 K)^{-1}B'\right\}$$

を表したものである．

この図から平滑化パラメータの値が 0 のとき，有効パラメータ数は上の式から $\mathrm{tr}\left\{B(B'B)^{-1}B'\right\} = 10$(基底関数の個数) となり，平滑化パラメータの値が大きくなるにつれて edf は 2 に近づいていく様子がうかがえる．図 4.7 の実線は，$\lambda = 80$ に対応する推定した回帰曲線，破線は (4.161) 式の AIC_M を最小とする

$\lambda(=0.003)$ に対する推定回帰曲線を示す.十分大きな λ に対して当てはめたモデルは直線 (パラメータ数 2) に近づいていく.したがって有効パラメータ数は,2 と基底関数の個数との間の実数をとることがわかる.

4.4 一般化情報量規準 GIC の導出

情報量規準 GIC は,K-L 情報量の 1 つの推定量として与えられ,それは構築した統計モデルの対数尤度で平均対数尤度を推定したときのバイアスの補正を行ったものであった.本節では,(4.59) 式の一般化情報量規準 GIC の導出法と漸近的性質について述べる.

4.4.1 導 入

GIC は,密度関数 $f(x|\boldsymbol{\theta})$ の p 次元パラメータベクトル $\boldsymbol{\theta}$ を,汎関数で定義される推定量 $\hat{\boldsymbol{\theta}}$ で置き換えた統計モデル $f(x|\hat{\boldsymbol{\theta}})$ の評価基準であった.その導出に当たっては,モデルの対数尤度 $\sum_{\alpha=1}^{n} \log f(X_\alpha|\hat{\boldsymbol{\theta}}) \equiv \log f(\boldsymbol{X}_n|\hat{\boldsymbol{\theta}})$ で平均対数尤度 $n \int \log f(z|\hat{\boldsymbol{\theta}}) dG(z)$ を推定したときのバイアスの補正が本質的であった.すなわち,対数尤度と平均対数尤度の偏差

$$D(\boldsymbol{X}_n; G) = \log f(\boldsymbol{X}_n|\hat{\boldsymbol{\theta}}) - n \int \log f(z|\hat{\boldsymbol{\theta}}) dG(z) \tag{4.162}$$

の期待値 $E_G[D(\boldsymbol{X}_n; G)]$ の評価が必要であった.

このため,まず (4.162) 式を次のように 3 つの項に分解する (図 4.9).

$$\begin{aligned} D(\boldsymbol{X}_n; G) &= \log f(\boldsymbol{X}_n|\hat{\boldsymbol{\theta}}) - n \int \log f(z|\hat{\boldsymbol{\theta}}) dG(z) \\ &= D_1(\boldsymbol{X}_n; G) + D_2(\boldsymbol{X}_n; G) + D_3(\boldsymbol{X}_n; G) \end{aligned} \tag{4.163}$$

ただし,

$$D_1(\boldsymbol{X}_n; G) = \log f(\boldsymbol{X}_n|\hat{\boldsymbol{\theta}}) - \log f(\boldsymbol{X}_n|T(G)),$$
$$D_2(\boldsymbol{X}_n; G) = \log f(\boldsymbol{X}_n|T(G)) - n \int \log f(z|T(G)) dG(z),$$
$$D_3(\boldsymbol{X}_n; G) = n \int \log f(z|T(G)) dG(z) - n \int \log f(z|\hat{\boldsymbol{\theta}}) dG(z) \tag{4.164}$$

4.4 一般化情報量規準 GIC の導出

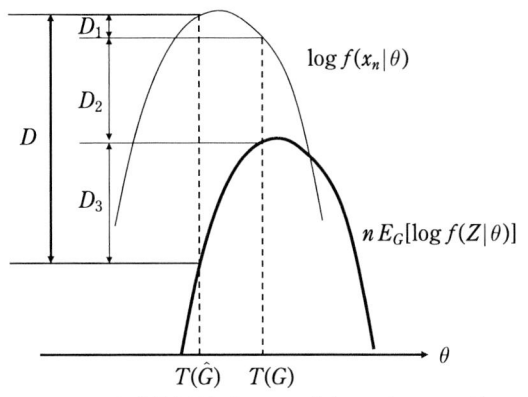

図 4.9 一般化情報量規準 GIC の導出における D の分解

と置く．ここで第 2 項目の $D_2(\boldsymbol{X}_n; G)$ の $\boldsymbol{X}_n$ の同時分布に関する期待値は

$$\begin{aligned}
E_G\left[D_2(\boldsymbol{X}_n; G)\right] &= E_G\left[\log f(\boldsymbol{X}_n|\boldsymbol{T}(G)) - n\int \log f(z|\boldsymbol{T}(G))dG(z)\right] \\
&= \sum_{\alpha=1}^n E_G\left[\log f(X|\boldsymbol{T}(G))\right] - n\int \log f(z|\boldsymbol{T}(G))dG(z) \\
&= 0
\end{aligned} \tag{4.165}$$

であることから，バイアスの計算は

$$\begin{aligned}
b(G) &\equiv E_G\left[D(\boldsymbol{X}_n; G)\right] \\
&= E_G\left[D_1(\boldsymbol{X}_n; G)\right] + E_G\left[D_3(\boldsymbol{X}_n; G)\right]
\end{aligned} \tag{4.166}$$

に帰着される．したがって，AIC の導出の場合と同様に $E_G\left[D_1(\boldsymbol{X}_n; G)\right]$ と $E_G\left[D_3(\boldsymbol{X}_n; G)\right]$ の 2 項だけを評価すればよいことがわかる．

[**注 2**] 本章でしばしば用いる記号 O, O_p および o, o_p は，次のように定義される．

(i) O, o：$\{a_n\}, \{b_n\}$ を 2 つの実数列とする．もし $n \to +\infty$ のとき，$|a_n/b_n|$ が有界であれば，$a_n = O(b_n)$ と記し，また，$|a_n/b_n|$ が 0 に収束すれば，$a_n = o(b_n)$ と記す．

(ii) O_p, o_p：確率変数列 $\{X_n\}$ および実数列 $\{b_n\}$ に対して，もし $n \to +\infty$ のとき，X_n/b_n が確率有界であれば，$X_n = O_p(b_n)$ と記し，また X_n/b_n が 0 に確率収束すれば，$X_n = o_p(b_n)$ と記す．なお，確率有界とは，任意の $\varepsilon > 0$ に対し

て, $n > n_0(\varepsilon)$ ならば

$$P\{|X_n| \leq b_n c_\varepsilon\} \geq 1-\varepsilon$$

となるような定数 c_ε および自然数 $n_0(\varepsilon)$ がとれることである.

標本数 n に関する漸近理論を議論するとき, b_n は $n^{-1/2}, n^{-1}$ などとなり, 極限分布への収束の速さあるいは近似精度を評価するための1つの目安となる.

4.4.2 推定量の確率展開

密度関数 $f(x|\boldsymbol{\theta})$ の p 次元パラメータベクトル $\boldsymbol{\theta} = (\theta_1, \cdots, \theta_p)'$ の各成分の推定量 $\hat{\theta}_i$ は, 統計的汎関数 $T_i(G)$ によって $\hat{\theta}_i = T_i(\hat{G})$ と定義されているものとする. ここで, (4.52)式で示したように $\hat{\theta}_i = T_i(\hat{G})$ の $T_i(G)$ のまわりでの n^{-1} 次までの確率展開は, 汎関数の1次微分 $T_i^{(1)}(X_\alpha; G)$ と2次微分 $T_i^{(2)}(X_\alpha, X_\beta; G)$ を用いて

$$\hat{\theta}_i = T_i(G) + \frac{1}{n}\sum_{\alpha=1}^n T_i^{(1)}(X_\alpha; G)$$

$$+ \frac{1}{2n^2}\sum_{\alpha=1}^n\sum_{\beta=1}^n T_i^{(2)}(X_\alpha, X_\beta; G) + o_p(n^{-1}) \qquad (4.167)$$

で与えられる. この確率展開式を次のようにベクトル表示する.

$$\hat{\boldsymbol{\theta}} = \boldsymbol{T}(G) + \frac{1}{n}\sum_{\alpha=1}^n \boldsymbol{T}^{(1)}(X_\alpha; G)$$

$$+ \frac{1}{2n^2}\sum_{\alpha=1}^n\sum_{\beta=1}^n \boldsymbol{T}^{(2)}(X_\alpha, X_\beta; G) + o_p(n^{-1}) \qquad (4.168)$$

ただし, $\boldsymbol{T}(G), \boldsymbol{T}^{(1)}(X_\alpha; G), \boldsymbol{T}^{(2)}(X_\alpha, X_\beta; G)$ は, おのおのその第 i 成分として $T_i(G), T_i^{(1)}(X_\alpha; G), T_i^{(2)}(X_\alpha, X_\beta; G)$ をもつ p 次元ベクトルとする.

ここで汎関数の確率展開において $E_G\left[\boldsymbol{T}^{(1)}(X_\alpha; G)\right] = \boldsymbol{0}$ および $\alpha \neq \beta$ のとき $E_G[\boldsymbol{T}^{(2)}(X_\alpha, X_\beta; G)] = \boldsymbol{0}$ であることに注意すると, 推定量 $\hat{\boldsymbol{\theta}}$ の期待値は,

$$E_G[\hat{\boldsymbol{\theta}} - \boldsymbol{T}(G)] = \frac{1}{2n^2}\sum_{\alpha=1}^n\sum_{\beta=1}^n E_G\left[\boldsymbol{T}^{(2)}(X_\alpha, X_\beta; G)\right] + o(n^{-1})$$

$$= \frac{1}{2n^2}\sum_{\alpha=1}^n E_G\left[\boldsymbol{T}^{(2)}(X_\alpha, X_\alpha; G)\right] + o(n^{-1})$$

$$= \frac{1}{n}\boldsymbol{b} + o(n^{-1}) \qquad (4.169)$$

となる．ここで，$\boldsymbol{b} = (b_1, b_2, \cdots, b_p)'$ は

$$\boldsymbol{b} = \frac{1}{2}\int \boldsymbol{T}^{(2)}(z,z;G)dG(z), \quad b_i = \frac{1}{2}\int T_i^{(2)}(z,z;G)dG(z) \quad (4.170)$$

で与えられる推定量の漸近バイアスである．

また，推定量 $\hat{\boldsymbol{\theta}}$ の分散共分散行列は，漸近的に

$$E_G\left[(\hat{\boldsymbol{\theta}}-\boldsymbol{T}(G))(\hat{\boldsymbol{\theta}}-\boldsymbol{T}(G))'\right]$$

$$= \frac{1}{n^2}\sum_{\alpha=1}^n\sum_{\beta=1}^n E_G\left[\boldsymbol{T}^{(1)}(X_\alpha;G)\boldsymbol{T}^{(1)}(X_\beta;G)'\right]+o(n^{-1})$$

$$= \frac{1}{n^2}\sum_{\alpha=1}^n E_G\left[\boldsymbol{T}^{(1)}(X_\alpha;G)\boldsymbol{T}^{(1)}(X_\alpha;G)'\right]+o(n^{-1})$$

$$= \frac{1}{n}\Sigma(G)+o(n^{-1}) \quad (4.171)$$

となる．ただし，$\Sigma(G) = (\sigma_{ij})\ (i,j=1,2,\cdots,p)$ は，次の式で与えられる漸近分散共分散行列である．

$$\Sigma(G) = \int \boldsymbol{T}^{(1)}(z;G)\boldsymbol{T}^{(1)}(z;G)'dG(z),$$

$$\sigma_{ij} = \int T_i^{(1)}(z;G)T_j^{(1)}(z;G)dG(z) \quad (4.172)$$

4.4.3 バイアス補正項の計算

標本数 n を無限大とするとき，経験分布関数 $\hat{G}$ は $\hat{G} \to G$ となり，さらに $\hat{\boldsymbol{\theta}} = \boldsymbol{T}(\hat{G}) \to \boldsymbol{T}(G)$ となることから，平均対数尤度を推定量 $\hat{\boldsymbol{\theta}}$ の関数とみて，$\boldsymbol{T}(G)$ のまわりでテイラー展開すると

$$\int \log f(z|\hat{\boldsymbol{\theta}})dG(z)$$

$$= \int \log f(z|\boldsymbol{T}(G))dG(z) + (\hat{\boldsymbol{\theta}}-\boldsymbol{T}(G))'\int \left.\frac{\partial \log f(z|\boldsymbol{\theta})}{\partial \boldsymbol{\theta}}\right|_{\boldsymbol{T}(G)}dG(z)$$

$$-\frac{1}{2}(\hat{\boldsymbol{\theta}}-\boldsymbol{T}(G))'J(G)(\hat{\boldsymbol{\theta}}-\boldsymbol{T}(G))+\cdots \quad (4.173)$$

となる．ただし，

$$J(G) = -\int \left.\frac{\partial^2 \log f(z|\boldsymbol{\theta})}{\partial \boldsymbol{\theta}\partial \boldsymbol{\theta}'}\right|_{\boldsymbol{T}(G)}dG(z) \quad (4.174)$$

とおく. 次に, (4.168) 式の推定量 $\hat{\boldsymbol{\theta}}$ の確率展開式を (4.173) 式へ代入すると

$$\int \log f(z|\hat{\boldsymbol{\theta}})dG(z) - \int \log f(z|\boldsymbol{T}(G))dG(z)$$

$$= \frac{1}{n}\sum_{\alpha=1}^{n} \boldsymbol{T}^{(1)}(X_\alpha;G)' \int \left.\frac{\partial \log f(z|\boldsymbol{\theta})}{\partial \boldsymbol{\theta}}\right|_{\boldsymbol{T}(G)} dG(z)$$

$$+ \frac{1}{2n^2}\sum_{\alpha=1}^{n}\sum_{\beta=1}^{n} \boldsymbol{T}^{(2)}(X_\alpha, X_\beta;G)' \int \left.\frac{\partial \log f(z|\boldsymbol{\theta})}{\partial \boldsymbol{\theta}}\right|_{\boldsymbol{T}(G)} dG(z)$$

$$- \frac{1}{2n^2}\sum_{\alpha=1}^{n}\sum_{\beta=1}^{n} \boldsymbol{T}^{(1)}(X_\alpha;G)' J(G) \boldsymbol{T}^{(1)}(X_\beta;G) + o_p(n^{-1}) \quad (4.175)$$

を得る.

この確率展開式を用いると, (4.164) 式の $D_3(\boldsymbol{X}_n;G)$ の期待値は

$$E_G\left[D_3(\boldsymbol{X}_n;G)\right]$$

$$= E_G\left[n\int \log f(z|\boldsymbol{T}(G))dG(z) - n\int \log f(z|\hat{\boldsymbol{\theta}})dG(z)\right]$$

$$= -\frac{1}{n}\sum_{\alpha=1}^{n} E_G\left[\frac{1}{2}\boldsymbol{T}^{(2)}(X_\alpha,X_\alpha;G)'\right] \int \left.\frac{\partial \log f(z|\boldsymbol{\theta})}{\partial \boldsymbol{\theta}}\right|_{\boldsymbol{T}(G)} dG(z)$$

$$+ \frac{1}{2n}\sum_{\alpha=1}^{n} E_G\left[\boldsymbol{T}^{(1)}(X_\alpha;G)' J(G) \boldsymbol{T}^{(1)}(X_\alpha;G)\right] + o(1)$$

$$= -\boldsymbol{b}' \int \left.\frac{\partial \log f(z|\boldsymbol{\theta})}{\partial \boldsymbol{\theta}}\right|_{\boldsymbol{T}(G)} dG(z) + \frac{1}{2}\mathrm{tr}\left\{J(G)\Sigma(G)\right\} + o(1) \quad (4.176)$$

と計算される. ここで,

$$E_G\left[\boldsymbol{T}^{(1)}(X_\alpha;G)' J(G) \boldsymbol{T}^{(1)}(X_\alpha;G)\right]$$
$$= \mathrm{tr}\left\{J(G) E_G\left[\boldsymbol{T}^{(1)}(X_\alpha;G) \boldsymbol{T}^{(1)}(X_\alpha;G)'\right]\right\}$$
$$= \mathrm{tr}\left\{J(G)\Sigma(G)\right\}$$

となることに注意する.

同様に, 対数尤度を推定量 $\hat{\boldsymbol{\theta}}$ の関数とみて $\boldsymbol{T}(G)$ のまわりでテイラー展開すると

$$\log f(\boldsymbol{X}_n|\hat{\boldsymbol{\theta}})$$

4.4 一般化情報量規準 GIC の導出

$$= \log f(\boldsymbol{X}_n|\boldsymbol{T}(G)) + (\hat{\boldsymbol{\theta}} - \boldsymbol{T}(G))' \frac{\partial \log f(\boldsymbol{X}_n|\boldsymbol{\theta})}{\partial \boldsymbol{\theta}}\bigg|_{\boldsymbol{T}(G)}$$

$$+ \frac{1}{2}(\hat{\boldsymbol{\theta}} - \boldsymbol{T}(G))' \frac{\partial^2 \log f(\boldsymbol{X}_n|\boldsymbol{\theta})}{\partial \boldsymbol{\theta} \partial \boldsymbol{\theta}'}\bigg|_{\boldsymbol{T}(G)} (\hat{\boldsymbol{\theta}} - \boldsymbol{T}(G)) + o_p(1) \quad (4.177)$$

となる.次に,推定量 $\hat{\boldsymbol{\theta}}$ の確率展開式 (4.168) 式を代入すると

$$\log f(\boldsymbol{X}_n|\hat{\boldsymbol{\theta}}) - \log f(\boldsymbol{X}_n|\boldsymbol{T}(G))$$

$$= \frac{1}{n}\sum_{\alpha=1}^{n}\sum_{\beta=1}^{n} \boldsymbol{T}^{(1)}(X_\alpha;G)' \frac{\partial \log f(X_\beta|\boldsymbol{\theta})}{\partial \boldsymbol{\theta}}\bigg|_{\boldsymbol{T}(G)}$$

$$+ \frac{1}{2n^2}\sum_{\alpha=1}^{n}\sum_{\beta=1}^{n}\sum_{\gamma=1}^{n} \boldsymbol{T}^{(2)}(X_\alpha, X_\beta;G)' \frac{\partial \log f(X_\gamma|\boldsymbol{\theta})}{\partial \boldsymbol{\theta}}\bigg|_{\boldsymbol{T}(G)}$$

$$+ \frac{1}{2n^2}\sum_{\alpha=1}^{n}\sum_{\beta=1}^{n}\sum_{\gamma=1}^{n} \boldsymbol{T}^{(1)}(X_\alpha;G)' \frac{\partial^2 \log f(X_\gamma|\boldsymbol{\theta})}{\partial \boldsymbol{\theta} \partial \boldsymbol{\theta}'}\bigg|_{\boldsymbol{T}(G)} \boldsymbol{T}^{(1)}(X_\beta;G) + o_p(1)$$

$$(4.178)$$

を得る.

この確率展開式の各項の期待値は,次のように計算される.

$$\frac{1}{n}\sum_{\alpha=1}^{n}\sum_{\beta=1}^{n} E_G\left[\boldsymbol{T}^{(1)}(X_\alpha;G)' \frac{\partial \log f(X_\beta|\boldsymbol{\theta})}{\partial \boldsymbol{\theta}}\bigg|_{\boldsymbol{T}(G)}\right]$$

$$= \int \boldsymbol{T}^{(1)}(z;G)' \frac{\partial \log f(z|\boldsymbol{\theta})}{\partial \boldsymbol{\theta}}\bigg|_{\boldsymbol{T}(G)} dG(z)$$

$$= \mathrm{tr}\left\{\int \boldsymbol{T}^{(1)}(z;G) \frac{\partial \log f(z|\boldsymbol{\theta})}{\partial \boldsymbol{\theta}'}\bigg|_{\boldsymbol{T}(G)} dG(z)\right\},$$

$$\frac{1}{2n^2}\sum_{\alpha=1}^{n}\sum_{\beta=1}^{n}\sum_{\gamma=1}^{n} E_G\left[\boldsymbol{T}^{(2)}(X_\alpha, X_\beta;G)' \frac{\partial \log f(X_\gamma|\boldsymbol{\theta})}{\partial \boldsymbol{\theta}}\bigg|_{\boldsymbol{T}(G)}\right]$$

$$= \boldsymbol{b}' \int \frac{\partial \log f(z|\boldsymbol{\theta})}{\partial \boldsymbol{\theta}}\bigg|_{\boldsymbol{T}(G)} dG(z) + o(1),$$

$$\frac{1}{2n^2}\sum_{\alpha=1}^{n}\sum_{\beta=1}^{n}\sum_{\gamma=1}^{n}E_G\left[\boldsymbol{T}^{(1)}(X_\alpha;G)'\frac{\partial^2\log f(X_\gamma|\boldsymbol{\theta})}{\partial\boldsymbol{\theta}\partial\boldsymbol{\theta}'}\bigg|_{\boldsymbol{T}(G)}\boldsymbol{T}^{(1)}(X_\beta;G)\right]$$

$$=\frac{1}{2}\mathrm{tr}\left\{E_G\left[\frac{\partial^2\log f(Z|\boldsymbol{\theta})}{\partial\boldsymbol{\theta}\partial\boldsymbol{\theta}'}\bigg|_{\boldsymbol{T}(G)}\right]E_G\left[\boldsymbol{T}^{(1)}(Z;G)\boldsymbol{T}^{(1)}(Z;G)'\right]\right\}+o(1)$$

$$=-\frac{1}{2}\mathrm{tr}\left\{J(G)\Sigma(G)\right\}+o(1)$$

したがって,(4.164) 式の $D_1(\boldsymbol{X}_n;G)$ の期待値は

$$E_G[D_1(\boldsymbol{X}_n;G)]$$
$$=E_G[\log f(\boldsymbol{X}_n|\hat{\boldsymbol{\theta}})-\log f(\boldsymbol{X}_n|\boldsymbol{T}(G))]$$
$$=\mathrm{tr}\left\{\int \boldsymbol{T}^{(1)}(z;G)\frac{\partial\log f(z|\boldsymbol{\theta})}{\partial\boldsymbol{\theta}'}\bigg|_{\boldsymbol{T}(G)}dG(z)\right\}$$
$$+\boldsymbol{b}'\int\frac{\partial\log f(z|\boldsymbol{\theta})}{\partial\boldsymbol{\theta}}\bigg|_{\boldsymbol{T}(G)}dG(z)-\frac{1}{2}\mathrm{tr}\left\{J(G)\Sigma(G)\right\}+o(1) \quad (4.179)$$

となる.

以上より,対数尤度で平均対数尤度を推定したときのバイアスは,(4.176) 式と (4.179) 式より

$$b(G)=E_G[D(\boldsymbol{X}_n;G)]$$
$$=E_G[D_1(\boldsymbol{X}_n;G)]+E_G[D_3(\boldsymbol{X}_n;G)]$$
$$=\mathrm{tr}\left\{\int \boldsymbol{T}^{(1)}(z;G)\frac{\partial\log f(z|\boldsymbol{\theta})}{\partial\boldsymbol{\theta}'}\bigg|_{\boldsymbol{T}(G)}dG(z)\right\}+o(1) \quad (4.180)$$

となることがわかる.この漸近的なバイアス項は未知の分布 G に依存していることから,G を経験分布関数 $\hat{G}$ で置き換えた

$$b(\hat{G})=\frac{1}{n}\sum_{\alpha=1}^{n}\mathrm{tr}\left\{\boldsymbol{T}^{(1)}(x_\alpha;\hat{G})\frac{\partial\log f(x_\alpha|\boldsymbol{\theta})}{\partial\boldsymbol{\theta}'}\bigg|_{\hat{\boldsymbol{\theta}}}\right\} \quad (4.181)$$

をバイアス補正項としたのが,情報量規準 GIC である.

4.4.4 情報量規準の漸近的性質

情報量規準は,構築した統計モデルの平均対数尤度あるいは K-L 情報量の偏

りの少ない推定量を求めるために漸近理論を用いて構成したものである．本項では，情報量規準の平均対数尤度の推定量としてのよさを理論的に評価する方法を，一般的な枠組みで述べる．

以下ではモデル $f(x|\boldsymbol{\theta})$ の p 次元パラメータは，適当な p 次元汎関数 $\boldsymbol{T}(G)$ が存在して，$\hat{\boldsymbol{\theta}} = \boldsymbol{T}(\hat{G})$ によって推定されるものとする．このとき，統計モデル $f(x|\hat{\boldsymbol{\theta}})$ の平均対数尤度

$$\eta(G;\hat{\boldsymbol{\theta}}) \equiv E_{G(z)}[\log f(Z|\hat{\boldsymbol{\theta}})] = \int \log f(z|\hat{\boldsymbol{\theta}}) dG(z) \tag{4.182}$$

を精度よく推定するのが目的である．

平均対数尤度は，真の分布 G から発生したデータ $\boldsymbol{X}_n$ に依存することから $\boldsymbol{X}_n$ に関する期待値を求めると，ある正則条件の下で

$$\begin{aligned}&E_{G(\boldsymbol{x})}[\eta(G;\hat{\boldsymbol{\theta}})] \\ &= E_{G(\boldsymbol{x})}E_{G(z)}[\log f(Z|\hat{\boldsymbol{\theta}})] \\ &= \int \log f(z|\boldsymbol{T}(G))dG(z) + \frac{1}{n}\eta_1(G) + \frac{1}{n^2}\eta_2(G) + O(n^{-3}) \end{aligned} \tag{4.183}$$

と展開される．目的は，この量を観測データからできるだけ精度よく推定することである．すなわち，$\eta(G;\hat{\boldsymbol{\theta}})$ のある推定量 $\hat{\eta}(\hat{G};\hat{\boldsymbol{\theta}})$ に対して

$$E_{G(\boldsymbol{x})}[\hat{\eta}(\hat{G};\hat{\boldsymbol{\theta}}) - \eta(G;\hat{\boldsymbol{\theta}})] = O(n^{-j}) \tag{4.184}$$

ができるだけ大きな j に対して成立すればよい．例えば，$j=2$ の場合は (4.183) 式の $1/n$ の項まで一致する推定量であることを示している．

自然な推定量は，平均対数尤度 $\eta(G;\hat{\boldsymbol{\theta}})$ の未知の確率分布 G をデータに基づく経験分布関数 $\hat{G}$ で置き換えることによって得られる対数尤度 $(\times 1/n)$

$$\eta(\hat{G};\hat{\boldsymbol{\theta}}) \equiv \frac{1}{n}\sum_{\alpha=1}^{n}\log f(x_\alpha|\hat{\boldsymbol{\theta}}) \tag{4.185}$$

であった．本節では，展開式のオーダーの関係から n で割った上の式を対数尤度と呼ぶことにする．対数尤度の期待値は，汎関数の確率展開を用いると

$$\begin{aligned}&E_{G(\boldsymbol{x})}[\eta(\hat{G};\hat{\boldsymbol{\theta}})] \\ &= \int \log f(z|\boldsymbol{T}(G))dG(z) + \frac{1}{n}L_1(G) + \frac{1}{n^2}L_2(G) + O(n^{-3})\end{aligned} \tag{4.186}$$

と展開される．したがって，(4.183) 式の推定量としての対数尤度は第 1 項しか

一致せず，オーダー $1/n$ の項がバイアスとして残る．すなわち

$$E_{G(x)}[\eta(\hat{G};\hat{\boldsymbol{\theta}})-\eta(G;\hat{\boldsymbol{\theta}})] = \frac{1}{n}\{L_1(G)-\eta_1(G)\}+O(n^{-2})$$

となる．前項 (4.180) 式で，このバイアスが汎関数の枠組みで

$$\begin{aligned}b(G) &= L_1(G)-\eta_1(G) \\ &= \mathrm{tr}\left\{\int \boldsymbol{T}^{(1)}(z;G)\frac{\partial \log f(z|\boldsymbol{\theta})}{\partial \boldsymbol{\theta}'}\bigg|_{T(G)}dG(z)\right\}\end{aligned} \quad (4.187)$$

で与えられることを示した．

そこで，対数尤度の漸近バイアス $\{L_1(G)-\eta_1(G)\}/n \equiv b_1(G)/n$ の一致推定量 $b_1(\hat{G})/n=\{L_1(\hat{G})-\eta_1(\hat{G})\}/n$ で補正した

$$\eta_{\mathrm{IC}}(\hat{G};\hat{\boldsymbol{\theta}}) = \eta(\hat{G};\hat{\boldsymbol{\theta}})-\frac{1}{n}b_1(\hat{G}) \quad (4.188)$$

を平均対数尤度 $\eta(G;\hat{\boldsymbol{\theta}})$ の新たな推定量とした．この推定量の期待値は，$E_G[b_1(\hat{G})] = b_1(G)+O(n^{-1})$ となることに注意すると

$$E_G\left[\eta(\hat{G};\hat{\boldsymbol{\theta}})-\frac{1}{n}b_1(\hat{G})-\eta(G;\hat{\boldsymbol{\theta}})\right] = O(n^{-2})$$

となることが示される．

これは，対数尤度の漸近バイアスを補正した情報量規準 $\eta_{\mathrm{IC}}(\hat{G};\hat{\boldsymbol{\theta}})$ の期待値と平均対数尤度 $\eta(G;\hat{\boldsymbol{\theta}})$ の期待値が n^{-1} の項まで一致して，残差のオーダーが n^{-2} であることを示している．このとき情報量規準 $\eta_{\mathrm{IC}}(\hat{G};\hat{\boldsymbol{\theta}})$ は，平均対数尤度の推定量として **2 次の精度**(second-order accuracy) を有するという．情報量規準 AIC，TIC，GIC は全てこのタイプの推定量である．

4.4.5 情報量規準の高次補正

では，平均対数尤度の推定量として，より高次の精度を有する情報量規準を求めるにはどうすればよいであろうか．この問題については，特定のモデルや推定量に対する情報量規準の改良が知られているが (Sugiura(1978), Fujikoshi and Satoh(1997), McQuarrie and Tsai(1998))，ここでは一般の場合における精密化を示す．

理論的には (4.188) 式の漸近バイアス補正を施した対数尤度 $\eta_{\mathrm{IC}}(\hat{G};\hat{\boldsymbol{\theta}})$ で，平

4.4 一般化情報量規準 GIC の導出

均対数尤度 $\eta(G;\hat{\boldsymbol{\theta}})$ を推定したときのバイアスをさらに補正することが考えられる. すなわち,

$$E_{G(\boldsymbol{x})}\left[\eta_{\mathrm{IC}}(\hat{G};\hat{\boldsymbol{\theta}})-\eta(G;\hat{\boldsymbol{\theta}})\right]$$

$$= E_{G(\boldsymbol{x})}\left[\eta(\hat{G};\hat{\boldsymbol{\theta}})-\frac{1}{n}b_1(\hat{G})-\eta(G;\hat{\boldsymbol{\theta}})\right]$$

$$= E_{G(\boldsymbol{x})}\left[\eta(\hat{G};\hat{\boldsymbol{\theta}})-\eta(G;\hat{\boldsymbol{\theta}})\right]-\frac{1}{n}E_{G(\boldsymbol{x})}\left[b_1(\hat{G})\right] \quad (4.189)$$

で与えられる 2 次のバイアス補正項を修正すればよい.

ここで,上式右辺の第 1 項と第 2 項はそれぞれ

$$E_{G(\boldsymbol{x})}\left[\eta(\hat{G};\hat{\boldsymbol{\theta}})-\eta(G;\hat{\boldsymbol{\theta}})\right] = \frac{1}{n}b_1(G)+\frac{1}{n^2}b_2(G)+O(n^{-3}),$$

$$E_{G(\boldsymbol{x})}\left[b_1(\hat{G})\right] = b_1(G)+\frac{1}{n}\Delta b_1(G)+O(n^{-2}) \quad (4.190)$$

と展開できる.ただし,$b_1(G)$ は 1 次あるいは漸近的バイアス補正項である.したがって,漸近バイアス補正を施した対数尤度 $\eta_{\mathrm{IC}}(\hat{G};\hat{\boldsymbol{\theta}})$ のバイアスは

$$E_{G(\boldsymbol{x})}\left[\eta(\hat{G};\hat{\boldsymbol{\theta}})-\frac{1}{n}b_1(\hat{G})-\eta(G;\hat{\boldsymbol{\theta}})\right] = \frac{1}{n^2}\{b_2(G)-\Delta b_1(G)\}+O(n^{-3}) \quad (4.191)$$

で与えられる.

汎関数に基づく統計モデル $f(x|\hat{\boldsymbol{\theta}})$ に対してこの 2 次のバイアス補正項は,次の式によって与えられる (Konishi and Kitagawa(2003)).

$$b_2(G)-\Delta b_1(G)$$

$$= b_1(G)+\frac{1}{2}\left\{\sum_{i=1}^{p}\int T_i^{(2)}(z,z;G)dG(z)\int\frac{\partial \log f(z|\boldsymbol{T}(G))}{\partial \theta_i}dG(z)\right.$$

$$-\sum_{i=1}^{p}\int T_i^{(2)}(z,z;G)\frac{\partial \log f(z|\boldsymbol{T}(G))}{\partial \theta_i}dG(z)$$

$$+\sum_{i=1}^{p}\sum_{j=1}^{p}\int T_i^{(1)}(z;G)T_j^{(1)}(z;G)dG(z)\int\frac{\partial^2 \log f(z|\boldsymbol{T}(G))}{\partial \theta_i \partial \theta_j}dG(z)$$

$$\left.-\sum_{i=1}^{p}\sum_{j=1}^{p}\int T_i^{(1)}(z;G)T_j^{(1)}(z;G)\frac{\partial^2 \log f(z|\boldsymbol{T}(G))}{\partial \theta_i \partial \theta_j}dG(z)\right\} \quad (4.192)$$

この 2 次バイアス補正項は,未知の確率分布 G を経験分布関数 $\hat{G}$ で置き換えた $b_2(\hat{G})-\Delta b_1(\hat{G})$ によって推定する.このとき,(4.188) 式の 1 次バイアス補正を

施した情報量規準 $\eta_{\mathrm{IC}}(G;\hat{\boldsymbol{\theta}})$ のバイアスをさらに補正することによって以下の結果が得られる．

[2次のバイアス補正を施した一般化情報量規準] 統計モデル $f(x|\hat{\boldsymbol{\theta}})$ は，汎関数 $\boldsymbol{T}(\cdot)$ を用いて $\hat{\boldsymbol{\theta}} = \boldsymbol{T}(\hat{G}) = (T_1(\hat{G}), T_2(\hat{G}), \cdots, T_p(\hat{G}))'$ で推定されたものとする．このとき，対数尤度の2次バイアス補正を施した一般化情報量規準は

$$\mathrm{SGIC} \equiv -2\sum_{\alpha=1}^{n} \log f(X_\alpha|\hat{\boldsymbol{\theta}}) + 2\left\{b_1(\hat{G}) + \frac{1}{n}(b_2(\hat{G}) - \Delta b_1(\hat{G}))\right\} \qquad (4.193)$$

で与えられる．ただし，$b_1(\hat{G})$ は (4.181) 式で与えられた漸近バイアス項，$b_2(\hat{G}) - \Delta b_1(\hat{G})$ は (4.192) 式で与えられる2次バイアス補正項である．

2次のバイアス補正を施した情報量規準 SGIC は，(4.184) 式のオーダーが $O(n^{-3})$，すなわち n^{-2} 次の項まで期待値が一致して残差のオーダーが n^{-3} であるという意味で，**3次の精度**(third-order accuracy) を有することがわかる．

[例15 正規線形回帰モデルの有限修正] 説明変数ベクトル $\boldsymbol{x}$ と目的変数 y に関して観測された n 個のデータ $\{(\boldsymbol{x}_\alpha, y_\alpha); \alpha = 1, 2, \cdots, n\}$ に対して，次の正規線形回帰モデルを仮定する．

$$\boldsymbol{y} = X\boldsymbol{\beta} + \boldsymbol{\varepsilon}, \quad \boldsymbol{\varepsilon} \sim N(\boldsymbol{0}, \sigma^2 I_n) \qquad (4.194)$$

ただし，$\boldsymbol{y} = (y_1, y_2, \cdots, y_n)'$, X は $n \times p$ 計画行列，$\boldsymbol{\beta}$ は p 次元パラメータベクトルとする．モデルのパラメータ $\boldsymbol{\theta} = (\boldsymbol{\beta}', \sigma^2)'(\in \Theta \subset \mathbb{R}^{p+1})$ の最尤推定量は

$$\hat{\boldsymbol{\beta}} = (X'X)^{-1}X'\boldsymbol{y}, \quad \hat{\sigma}^2 = \frac{1}{n}(\boldsymbol{y} - X\hat{\boldsymbol{\beta}})'(\boldsymbol{y} - X\hat{\boldsymbol{\beta}})$$

で与えられる．

ここでは，データを発生した真の分布は，想定したモデルの中に含まれるとする．すなわち，真の分布は，ある $\boldsymbol{\beta}_0$ と σ_0^2 が存在して，平均 $X\boldsymbol{\beta}_0$, 分散共分散行列 $\sigma_0^2 I_n$ の n 次元正規分布に従うとする．このとき，$\boldsymbol{y}$ とは独立にランダムに採られた n 次元観測値ベクトル $\boldsymbol{z}$ に対して，統計モデルは

$$f(\boldsymbol{z}|\hat{\boldsymbol{\theta}}) = (2\pi\hat{\sigma}^2)^{-n/2} \exp\left\{-\frac{(\boldsymbol{z} - X\hat{\boldsymbol{\beta}})'(\boldsymbol{z} - X\hat{\boldsymbol{\beta}})}{2\hat{\sigma}^2}\right\} \qquad (4.195)$$

と表せる．このモデルの対数尤度と平均対数尤度はおのおの

$$\log f(\boldsymbol{y}|\hat{\boldsymbol{\theta}}) = -\frac{n}{2}\left\{\log(2\pi\hat{\sigma}^2) + 1\right\},$$

$$\int \log f(\boldsymbol{z}|\hat{\boldsymbol{\theta}})dG(\boldsymbol{z}) = -\frac{n}{2}\left\{\log(2\pi\hat{\sigma}^2) + \frac{\sigma_0^2}{\hat{\sigma}^2}\right.$$
$$\left.+\frac{(X\boldsymbol{\beta}_0-X\hat{\boldsymbol{\beta}})'(X\boldsymbol{\beta}_0-X\hat{\boldsymbol{\beta}})}{n\hat{\sigma}^2}\right\} \quad (4.196)$$

で与えられる.

このとき対数尤度のバイアスは, 3.5.1 項で述べたように正規分布の特性を利用して精確に求めることができ, 次の式で与えられる (Sugiura(1978)).

$$E_G\left[\log f(\boldsymbol{y}|\hat{\boldsymbol{\theta}}) - \int \log f(\boldsymbol{z}|\hat{\boldsymbol{\theta}})dG(\boldsymbol{z})\right] = \frac{n(p+1)}{n-p-2} \quad (4.197)$$

したがって, 想定した正規線形回帰モデルの中にデータを発生した真のモデルが含まれるという仮定のもとで, 対数尤度の精確なバイアスを補正した次の情報量規準を得る.

$$\mathrm{AIC_C} = -2\log f(\boldsymbol{y}|\hat{\boldsymbol{\theta}}) + 2\frac{n(p+1)}{n-p-2}$$
$$= n\left\{\log(2\pi\hat{\sigma}^2) + 1\right\} + 2\frac{n(p+1)}{n-p-2} \quad (4.198)$$

一方, 情報量規準 AIC は, 対数尤度にモデルの自由パラメータ数を補正した

$$\mathrm{AIC} = -2\log f(\boldsymbol{y}|\hat{\boldsymbol{\theta}}) + 2(p+1) \quad (4.199)$$

であった.

いま, 対数尤度の精確なバイアス補正項を, 次のように $1/n$ のオーダーで級数展開する.

$$\frac{n(p+1)}{n-p-2} = (p+1)\left\{1 + \frac{1}{n}(p+2) + \frac{1}{n^2}(p+2)^2 + \cdots\right\} \quad (4.200)$$

右辺第 1 項の $p+1$ が漸近バイアスであり, この例からも情報量規準 AIC はモデルの対数尤度の漸近バイアスを補正したものであることがわかる. Hurvich and Tsai(1989, 1991), Fujikoshi and Satoh(1997) は, 時系列モデル, 多変量線形回帰モデルに対して正規性の仮定のもとで平均対数尤度の推定量としてのよさを改良した情報量規準を提唱し, バイアス補正の有効性について議論している.

4.4.6 数　値　例

対数尤度の 2 次補正項 $b_2(G)$ や漸近バイアスの推定量 $b_1(\hat{G}_n)$ のもつバイアス

$\Delta b_1(G)$ は，汎関数の枠組みで求めるときわめて複雑な形をしているが，(4.192) 式で示したように $b_2(G)-\Delta b_1(G)$ の結果はかなり整理できる．ここでは，正規分布モデルの場合について，これらの補正項が具体的にどのようになるかを示しておく．

まず統計的汎関数 $T_\mu(G)$ および $T_{\sigma^2}(G)$ の微分は，以下のように与えられる．

$$T_\mu^{(1)}(x;G) = x-\mu, \quad T_\mu^{(j)}(x_1,\cdots,x_j;G) = 0 \quad (j \geq 2),$$
$$T_{\sigma^2}^{(1)}(x;G) = (x-\mu)^2 - \sigma^2,$$
$$T_{\sigma^2}^{(2)}(x,y;G) = -2(x-\mu)(y-\mu),$$
$$T_{\sigma^2}^{(j)}(x_1,\cdots,x_j;G) = 0 \quad (j \geq 3) \tag{4.201}$$

この結果を利用すると，2次のバイアス補正項に対する次の結果を得る．

$$b_2(G) = 3 - \frac{\mu_4}{\sigma^4} - \frac{1}{2}\frac{\mu_6}{\sigma^6} + 4\frac{\mu_3^2}{\sigma^6} + \frac{3}{2}\frac{\mu_4^2}{\sigma^8},$$
$$\Delta b_1(G) = 3 - \frac{3}{2}\frac{\mu_4}{\sigma^4} - \frac{\mu_6}{\sigma^6} + 4\frac{\mu_3^2}{\sigma^6} + \frac{3}{2}\frac{\mu_4^2}{\sigma^8},$$
$$b_2(G) - \Delta b_1(G) = \frac{1}{2}\left(\frac{\mu_4}{\sigma^4} + \frac{\mu_6}{\sigma^6}\right) \tag{4.202}$$

ただし，μ_j は真の分布 G の j-次のモーメントである．これらの結果から，$b_2(G)$ と $\Delta b_1(G)$ はかなり複雑であるが，$b_2(G)-\Delta b_1(G)$ は比較的簡単な形となることがわかる．したがって，3次の精度をもつバイアス補正項は以下のようになる．

$$b_1(G) - \frac{1}{n}\Delta b_1(G) + \frac{1}{n}b_2(G) = \frac{1}{2}\left(1 + \frac{\mu_4}{\sigma^4}\right) + \frac{1}{2n}\left(\frac{\mu_4}{\sigma^4} + \frac{\mu_6}{\sigma^6}\right) \tag{4.203}$$

真のモデルとして正規分布とラプラス分布 (両側指数分布)

$$g(x) = \frac{1}{\sqrt{2\pi}}\exp\left(-\frac{x^2}{2}\right)$$
$$g(x) = \frac{1}{2}\exp(-|x|) \tag{4.204}$$

の2つの場合を想定し，モンテカルロ実験を行った結果を示す．想定するモデルは正規分布モデル $\{f(x|\mu,\sigma^2);(\mu,\sigma^2)\in\Theta\}$ とし，未知パラメータ μ，σ^2 は最尤法によって推定するものとする．中心化モーメントは，真のモデルが正規分布の場合は $\mu_3 = 0$，$\mu_4 = 3$，$\mu_6 = 15$，ラプラス分布の場合は $\mu_3 = 0$，$\mu_4 = 6$，$\mu_6 = 90$ である．

表 4.2 は，これらを用いて計算された最尤モデル $f(x|\hat{\mu},\hat{\sigma}^2)$ の対数尤度の漸

表 4.2 正規分布およびラプラス分布の場合の補正項

真のモデル	$b_1(G)$	$b_1(G)+\frac{1}{n}b_2(G)$	$\frac{1}{n}\Delta b_1(G)$
正規分布	2	$2+\frac{6}{n}$	$-\frac{3}{n}$
ラプラス分布	3.5	$3.5+\frac{6}{n}$	$-\frac{42}{n}$

表 4.3 正規分布の場合の補正項とその推定値

真のバイアス \ データ数 n	25	50	100	200	400	800
$b(G)$	2.27	2.13	2.06	2.03	2.02	2.01
$b_1(G)$	2.00	2.00	2.00	2.00	2.00	2.00
$b_1(G)+\frac{1}{n}b_2(G)$	2.24	2.12	2.06	2.03	2.02	2.01
$b_1(\hat{G})$	1.89	1.94	1.97	1.99	1.99	2.00
$b_1(\hat{G})+\frac{1}{n}b_2(\hat{G})$	2.18	2.08	2.04	2.02	2.01	2.00
$b_1(\hat{G})+\frac{1}{n}(b_2(\hat{G})-\Delta b_1(\hat{G}))$	2.18	2.10	2.06	2.03	2.01	2.01

表 4.4 ラプラスの場合の補正項とその推定値

真のバイアス \ データ数 n	25	50	100	200	400	800
$b(G)$	3.88	3.66	3.57	3.53	3.52	3.51
$b_1(G)$	3.50	3.50	3.50	3.50	3.50	3.50
$b_1(G)+\frac{1}{n}b_2(G)$	3.74	3.62	3.56	3.53	3.52	3.51
$b_1(\hat{G})$	2.59	2.93	3.17	3.31	3.40	3.45
$b_1(\hat{G})+\frac{1}{n}b_2(\hat{G})$	3.30	3.31	3.34	3.39	3.43	3.46
$b_1(\hat{G})+\frac{1}{n}(b_2(\hat{G})-\Delta b_1(\hat{G}))$	3.28	3.43	3.49	3.51	3.51	3.51

近バイアス $b_1(G)$, 2次補正量 $b_1(G)+\frac{1}{n}b_2(G)$ および漸近バイアスの推定量のバイアス $\frac{1}{n}\Delta b_1(G)$ を示す．真の分布が正規分布の場合には，$\Delta b_1(G)$ の絶対値は $b_2(G)$ の半分であるが，ラプラス分布の場合には7倍になっている．これから，一般には単に $b_2(G)$ だけの補正を行ってもほとんど意味がないことがわかる．AIC の長所の1つは，バイアス補正項が分布 G に依存せず，したがって $\Delta b_{\mathrm{AIC}}(\hat{G}) = 0$ が成り立つことである

表 4.3 および表 4.4 は，それぞれ真の分布を正規分布およびラプラス分布とした場合について，真のバイアス $b(G)$, 漸近バイアス $b_1(G)$, 2次補正 $b_1(G)+\frac{1}{n}b_2(G)$ および経験分布関数 $\hat{G}$ を代入して求めた $b_1(\hat{G})$, $b_1(\hat{G})+\frac{1}{n}b_2(\hat{G})$ と $b_1(\hat{G})+\frac{1}{n}(b_2(\hat{G})-\Delta b_1(\hat{G}))$ の値を示す．これらの値は，10000 回のモンテカルロ計算によって求めたものである．

$n = 200$ 以上の場合には，バイアス補正量は真の分布 G を用いた場合だけでなく，経験分布関数 $\hat{G}$ を用いた場合でも真のバイアス $b(G)$ のかなりよい推定

値が得られている．一方，$n=25$ の場合には，漸近バイアスはかなり過小評価であり，2次補正が有効であることを示している．

ただし，実際の場合は G は未知であり，したがって経験分布関数 $\hat{G}$ を用いる必要があることに注意する．真の分布が正規分布の場合には，漸近バイアスの推定量 $b_1(\hat{G})$ は AIC による補正量 2 よりも小さな値 1.89 をとることがわかる．この差 -0.11 は，漸近バイアスの推定量のバイアス $\Delta b_1(G) = -3/25 = -0.12$ にほぼ合致する．一方，2次の補正量は真のバイアスのよい近似値を与える．

真の分布がラプラス分布の場合には，G を用いた補正量 $b_1(G)$，$b_1(G)+\frac{1}{n}b_2(G)$ は $b(G)$ の比較的よい近似を与えるが，それらの推定値は大きなバイアスをもつ．これは $b_2(G) = -42/n$ と漸近バイアスの推定量のバイアスが大きいことによる．実際，これを補正した $b_1(\hat{G})+\frac{1}{n}(b_2(\hat{G})-\Delta b_1(\hat{G}))$ は，真のバイアスのかなりよい近似値を与える．

この例の場合については，$n=50$ 以上では $\Delta b_1(G)$ による補正が有効であるが，$n=25$ の場合は全く役に立っていないことに注意する必要がある．これは1次補正のバイアスの推定精度が悪いことによるものであり，高次補正の方法の限界と考えられる．この問題の解決策としては，次章のブートストラップ法の利用が考えられる．

5

ブートストラップ情報量規準

　現在の高度に発展した計算機環境は，解析的アプローチに数値的アプローチを融合して複雑なモデリングを可能とした．例えば解析的には最尤推定量が求められない場合でも，数値的最適化法によって解を求めることができる．また，複雑なベイズモデルも MCMC(Markov Chain Monte Carlo) などの数値的方法の利用によって実用化が可能となった．これに対応して，モデルの評価もきわめて複雑かつ多様なモデルを対象とする必要性が生じてきた．これを解決するために，Efron(1979) によって提唱された**ブートストラップ法**(bootstrap method)を適用して，複雑なプロセスを経て推定されたモデルの評価を可能としたのが，**ブートストラップ情報量規準**である (Efron(1983), Wong(1983), Konishi and Kitagawa(1996), Ishiguro, Sakamoto and Kitagawa(1997), 北川・小西 (1999))．

5.1　ブートストラップ法

　ブートストラップ法は，従来，理論や数式に基づく解析的アプローチが難しかった問題に対して，有効な解を与えることができるということで注目を集めた．その特徴は，ブートストラップ法の実行プロセスの中で，解析的表現を計算機を用いた大量の反復計算で置き換えたところにある．これによって，きわめて緩やかな仮定のもとで，より複雑な問題に適用できる柔軟な統計手法となった．

　Efron(1979) は，推定量のバイアスと分散 (標準誤差) のノンパラメトリック推定に関して，ブートストラップ法を，古くから用いられてきたジャックナイフ法よりも有効な手法として紹介した．そこでは，標本メジアンの分散推定，判別分析における予測誤差推定の問題などを取り上げ，主としてシミュレーションを通して，その有効性を示すとともに種々の問題提起を行った．その後，ブー

トストラップ法は，推定量の確率分布のパーセント点の推定，パラメータの信頼区間の構成法に応用され，信頼区間の近似精度向上を目的とした研究を通して，ブートストラップ法の理論構造が明らかにされていった．同時に様々な問題への応用研究が進展し，実用的な統計的手法の1つとして定着していった．

ブートストラップ法の統計的諸問題への応用と実際的な側面を中心に書かれた著書としては，Efron and Tibshirani(1993), Davison and Hinkley(1997) などがあり，理論的側面を中心としたものとしては，Efron(1982), Hall(1992), Shao and Tu(1995) 等がある．また，Diaconis and Efron(1983), 小西 (1988, 8章) では，ブートストラップ法の基本的な考え方をきわめて平易に紹介している．本節では，推定量のバイアスと分散の推定問題を通して，ブートストラップ法の基本的な考え方と実行プロセスを紹介する．

未知の確率分布 $G(x)$ から生成された n 個の無作為標本を $\boldsymbol{X}_n = \{X_1, X_2, \cdots, X_n\}$ とする．確率分布 $G(x)$ に関するパラメータ θ を，推定量 $\hat{\theta} = \hat{\theta}(\boldsymbol{X}_n)$ を用いて推定するものとする．観測データ $\boldsymbol{x}_n = \{x_1, x_2, \cdots, x_n\}$ が得られたとき，推定値 $\hat{\theta} = \hat{\theta}(\boldsymbol{x}_n)$ によって θ を推定するとともに，推定の信頼度を併せて評価することが統計的分析を行う上で重要となる．

推定の誤差を捉える基本的な評価尺度が，以下に示す推定量のバイアスおよび分散である．

$$b(G) = E_G[\hat{\theta}] - \theta, \qquad \sigma^2(G) = E_G\left[\{\hat{\theta} - E_G[\hat{\theta}]\}^2\right] \qquad (5.1)$$

推定量の統計的誤差を表現するバイアスと分散は，いずれも確率分布 $G(x)$ に依存する量であり，観測されたデータに基づいてどのように推定するかが問題となる．ブートストラップ法は，これらの量の推定を個々の推定量に対して解析的に行う代わりに，計算機上で数値的に実行するためのアルゴリズムを組み込んだ手法で，基本的には次のステップを通して実行する．

(1) 未知の確率分布 $G(x)$ を経験分布関数 $\hat{G}(x)$ で推定する．ここで $\hat{G}(x)$ は，n 個の観測データ $\{x_1, x_2, \cdots, x_n\}$ の各点で等確率 $1/n$ をもつ確率分布関数である (経験分布関数については 4.1.1 項を参照).

(2) 経験分布関数 $\hat{G}(x)$ からの無作為標本は，**ブートストラップ標本**と呼ばれ，これを $\boldsymbol{X}_n^* = \{X_1^*, X_2^*, \cdots, X_n^*\}$ とおく．また，ブートストラップ標本に基づく推定量を $\hat{\theta}^* = \hat{\theta}(\boldsymbol{X}_n^*)$ とする．このとき，(5.1) 式の推定量のバイアスと分

図5.1 ブートストラップ標本とブートストラップ推定量

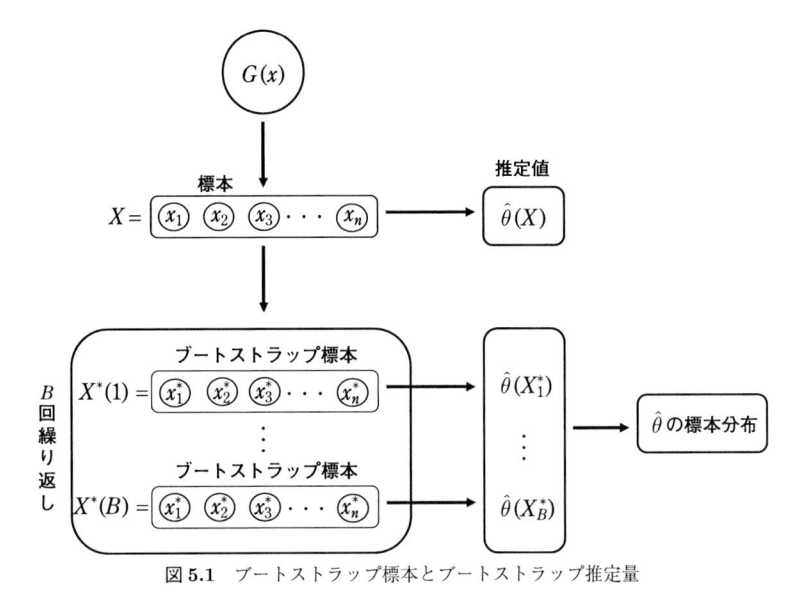

散は各々

$$b(\hat{G}) = E_{\hat{G}}[\hat{\theta}^*] - \hat{\theta}, \qquad \sigma^2(\hat{G}) = E_{\hat{G}}\left[\{\hat{\theta}^* - E_{\hat{G}}[\hat{\theta}^*]\}^2\right] \qquad (5.2)$$

と推定される．ただし，$E_{\hat{G}}$ は経験分布関数 $\hat{G}(x)$ に関する期待値を表すものとする．この $b(\hat{G})$ と $\sigma^2(\hat{G})$ は，それぞれ $b(G), \sigma^2(G)$ のブートストラップ推定値と呼ばれる．

(3) (5.2)式のブートストラップ推定値は，ブートストラップ標本とは観測データから大きさ n の標本を復元抽出したものであることを利用して，モンテカルロ法によって数値的に近似する (注1)．すなわち，$\hat{G}(x)$ から大きさ n のブートストラップ標本を B 回反復抽出して，これらを $\{\boldsymbol{X}_n^*(i); i=1,\cdots,B\}$ とし，対応する B 個の推定値を $\{\hat{\theta}^*(i) = \hat{\theta}(\boldsymbol{X}_n^*(i)); i=1,\cdots,B\}$ とする．このとき，(5.2)式の推定量のバイアスと分散のブートストラップ推定値は，それぞれ次のように近似される (図5.1)．

$$b(\hat{G}) \approx \frac{1}{B}\sum_{i=1}^{B}\hat{\theta}^*(i) - \hat{\theta},$$

$$\sigma^2(\hat{G}) \approx \frac{1}{B-1}\sum_{i=1}^{B}\{\hat{\theta}^*(i) - \hat{\theta}^*(\cdot)\}^2$$

ただし,$\hat{\theta}^*(\cdot) = \sum_{i=1}^{B} \hat{\theta}^*(i)/B$ とする.

以上が,ブートストラップ法の基本的な実行プロセスである.

[注1 ブートストラップ標本] ブートストラップ標本とはいったい何かを簡単に説明する.一般に任意の分布関数 $G(x)$ に対して,$G(x)$ に従う乱数は $[0,1]$ 上の一様乱数 u を反復発生し,$G(x)$ の逆関数 $G^{-1}(u)$ によって得ることができる.同様のことを経験分布関数に当てはめると,経験分布関数とは n 個のデータ $x_1, x_2, \cdots, x_n$ の各点上に等確率 $1/n$ をもつ離散分布であることから

$$\hat{G}^{-1}(u) = \{x_1, \cdots, x_n \text{の中のいずれか1つのデータに対応}\} \quad (5.3)$$

となる.この反復で得られるブートストラップ標本は,観測された n 個のデータから重複を許して採られた n 個のデータの集まりに他ならないことがわかる.

図 5.2 は密度関数,分布関数,経験分布関数とブートストラップ標本の関係を示す.左上は正規密度関数,右上はそれを積分して得られた分布関数である.縦軸の $[0,1]$ 上で一様乱数 u を発生させ,そこから水平に引いた線と分布関数との交点を求め,さらに垂直に線を下ろして x 軸に交わる点を求めると,正規乱数が得られる.左中は正規分布に従う 10 個のデータの位置を示す.右中はこれらのデータによって定まる経験分布関数とそれを用いて同様に乱数を生成した 1 例を示す.この場合には必ず左側のデータと同じ値が得られること,またそれらが等確率で得られることがわかる.これは図 5.2 の下に示すように,ブートストラップ標本が,経験分布関数の構成に用いられたデータの復元抽出によって得られることを意味する.

[注2 ブートストラップシミュレーション] ブートストラップ法が,複雑な推測問題に対して幅広く適用できるのは,上述のステップ (3) のモンテカルロ法によって,ブートストラップ推定値を数値的に近似できる点にある.いま,$\hat{\theta}-\theta$ あるいは $\{\hat{\theta}-E_G[\hat{\theta}]\}^2$ のように真の値 θ と推定量 $\hat{\theta}$ で定まる関数を一般に $r(\hat{\theta}, \theta)$ とおくことにする.推定量のバイアスや分散は,適当に定めた $r(\hat{\theta}, \theta)$ の期待値で

$$E_G[r(\hat{\theta}, \theta)] = \int \cdots \int r(\hat{\theta}, \theta) \prod_{\alpha=1}^{n} dG(x_\alpha) \quad (5.4)$$

と表される ($dG(x)$ については,3.2 節を参照).ブートストラップ法では,こ

5.1 ブートストラップ法

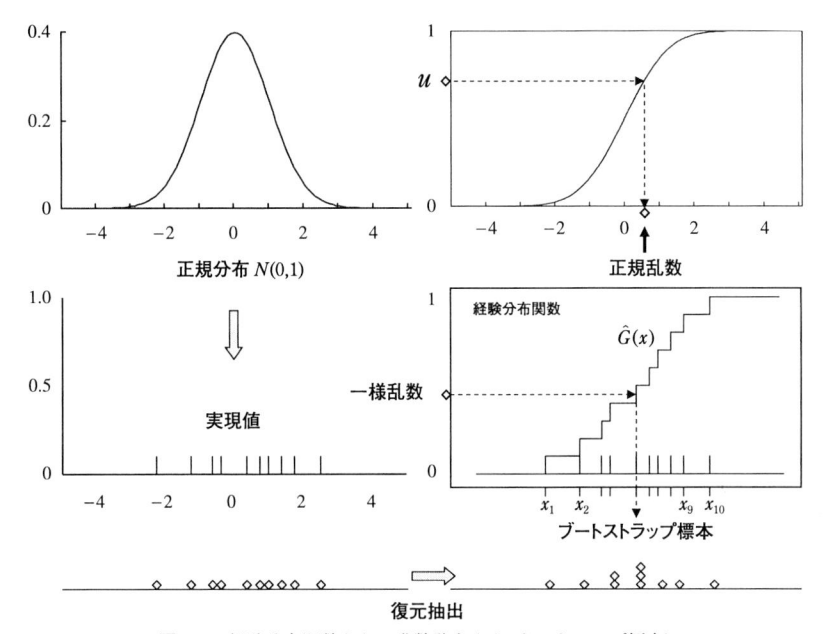

図 5.2 経験分布関数からの乱数発生 (ブートストラップ標本)

れを

$$E_{\hat{G}}[r(\hat{\theta}^*, \hat{\theta})] = \int \cdots \int r(\hat{\theta}^*, \hat{\theta}) \prod_{\alpha=1}^{n} d\hat{G}(x_\alpha^*) \tag{5.5}$$

によって推定する.すなわち,$\{G, \theta, \hat{\theta}\}$ に基づく推測過程を $\{\hat{G}, \hat{\theta}, \hat{\theta}^*\}$ へと置き換えて実行していることがわかる.

(5.4) 式の期待値は,確率分布 $G(x)$ が未知であることから実際に計算することはできない.これに対して,(5.5) 式の期待値は,既知の確率分布である経験分布関数の同時分布 $\prod_{\alpha=1}^{n} d\hat{G}(x_\alpha^*)$ に関する期待値であることから,モンテカルロ・シミュレーションによって数値的に近似することができる.すなわち,経験分布関数に従う大きさ n の乱数の組 (ブートストラップ標本) を反復発生させて,次のように数値的に近似できる.

$$E_{\hat{G}}[r(\hat{\theta}^*, \hat{\theta})] = \int \cdots \int r(\hat{\theta}^*, \hat{\theta}) \prod_{\alpha=1}^{n} d\hat{G}(x_\alpha^*)$$

$$\approx \frac{1}{B}\sum_{i=1}^{B} r(\hat{\theta}^*(i), \hat{\theta}) \tag{5.6}$$

ただし，$\hat{\theta}^*(i)$ は，$\hat{G}(x)$ から大きさ n の乱数を B 回反復発生させたときの i 番目の乱数の組に基づく推定値とする．

この方法は，経験分布関数からの大きさ n の乱数，すなわちブートストラップ標本の反復抽出が観測データ $\{x_1, x_2, \cdots, x_n\}$ からの大きさ n の標本の復元抽出と同値であることを利用している．したがって，もし，独立に同一分布に従う標本でなければ，このような標本の反復抽出は基本的には実行できないことがわかる．

[注 3 ブートストラップ標本の反復抽出の回数] モンテカルロ・シミュレーションによる数値近似の誤差は，ブートストラップ反復抽出の回数 B を無限大とすると無視できるものとなる．実際には，反復抽出の回数は，バイアスおよび分散(標準誤差)の推定に対しては，$B = 50 \sim 200$ で十分なことが多い．これに対して推定量の確率分布のパーセント点の推定では，$B = 1000 \sim 2000$ は必要とする．

5.2 ブートストラップ情報量規準

5.2.1 ブートストラップバイアス推定

情報量規準は，モデルの平均対数尤度を対数尤度で推定したときのバイアス

$$b(G) = E_{G(\boldsymbol{x})}\left[\sum_{\alpha=1}^{n} \log f(X_\alpha|\hat{\boldsymbol{\theta}}(\boldsymbol{X}_n)) - nE_{G(z)}\left[\log f(Z|\hat{\boldsymbol{\theta}}(\boldsymbol{X}_n))\right]\right] \tag{5.7}$$

の補正を行ったものであった．ただし，$E_{G(\boldsymbol{x})}$ は標本 $\boldsymbol{X}_n$ の同時分布に関する期待値を，$E_{G(z)}$ は確率分布 G に関する期待値を表す．

この式の右辺第 2 項 $E_{G(z)}[\log f(Z|\hat{\boldsymbol{\theta}}(\boldsymbol{X}_n))]$ は

$$E_{G(z)}[\log f(Z|\hat{\boldsymbol{\theta}}(\boldsymbol{X}_n))] = \int \log f(z|\hat{\boldsymbol{\theta}}(\boldsymbol{X}_n))dG(z) \tag{5.8}$$

と表すことができる．これは，標本 $\boldsymbol{X}_n$ とは独立にランダムに観測される将来のデータ z の従う分布 $G(z)$ に関する期待値を意味する．また，この推定量で

5.2 ブートストラップ情報量規準

ある右辺第 1 項は

$$\sum_{\alpha=1}^{n} \log f(X_\alpha|\hat{\boldsymbol{\theta}}(\boldsymbol{X}_n)) = n\int \log f(z|\hat{\boldsymbol{\theta}}(\boldsymbol{X}_n)) d\hat{G}(z) \tag{5.9}$$

と経験分布関数 $\hat{G}(x)$ による積分の形で表すことができる．

(5.7) 式の期待値を適当な条件設定のもとで漸近理論によって解析的に求めた結果，得られた情報量規準が AIC, TIC, GIC であった．これに対してブートストラップ情報量規準は，個々の統計モデルの対数尤度のバイアスを解析的に導くのではなく，ブートストラップ法で数値的に近似したものである．

ブートストラップ情報量規準の構成においては，真の分布 $G(x)$ が経験分布関数 $\hat{G}(x)$ で置き換えられる．これに伴って (5.7) 式に含まれる確率変数，推定量は，以下のように置き換えられる．

$$\begin{array}{rcl} G(x) & \longrightarrow & \hat{G}(x) \\ X_\alpha \sim G(x) & \longrightarrow & X_\alpha^* \sim \hat{G}(x) \\ Z \sim G(z) & \longrightarrow & Z^* \sim \hat{G}(z) \\ E_{G(\boldsymbol{x})}, E_{G(z)} & \longrightarrow & E_{\hat{G}(\boldsymbol{x}^*)}, E_{\hat{G}(z^*)} \\ \hat{\boldsymbol{\theta}} = \hat{\boldsymbol{\theta}}(\boldsymbol{X}) & \longrightarrow & \hat{\boldsymbol{\theta}}^* = \hat{\boldsymbol{\theta}}(\boldsymbol{X}^*) \end{array}$$

したがって，バイアスのブートストラップ推定量は

$$b^*(\hat{G}) = E_{\hat{G}(\boldsymbol{x}^*)}\left[\sum_{\alpha=1}^n \log(X_\alpha^*|\hat{\boldsymbol{\theta}}(\boldsymbol{X}_n^*)) - n E_{\hat{G}(z^*)}[\log f(Z^*|\hat{\boldsymbol{\theta}}(\boldsymbol{X}_n^*))]\right] \tag{5.10}$$

となる．以下では，各項がブートストラップ法の枠組みの中で，どのように置き換えられたかを詳しくみることにする．

ブートストラップ法では，データ $\boldsymbol{x}_n = \{x_1, x_2, \cdots, x_n\}$ が与えられるとき，まず真の分布関数 $G(x)$ を経験分布関数 $\hat{G}(x)$ で置き換える．経験分布関数からの標本，すなわちブートストラップ標本 $\boldsymbol{X}_n^*$ に基づいて統計モデル $f(x|\hat{\boldsymbol{\theta}}(\boldsymbol{X}_n^*))$ を構築する．次に経験分布関数を真の分布とみたときの $f(x|\hat{\boldsymbol{\theta}}(\boldsymbol{X}_n^*))$ に対する平均対数尤度は，$\hat{G}(x)$ が n 個の各データに等確率 $1/n$ を付与した離散型確率分布 $\hat{g}(x)$ の分布関数であることから

$$E_{\hat{G}(z)}\left[\log f(Z|\hat{\boldsymbol{\theta}}(\boldsymbol{X}_n^*))\right] = \int \log f(z|\hat{\boldsymbol{\theta}}(\boldsymbol{X}_n^*)) d\hat{G}(z)$$

$$= \frac{1}{n}\sum_{\alpha=1}^{n} \log f(x_\alpha|\hat{\boldsymbol{\theta}}(\boldsymbol{X}_n^*))$$

$$\equiv \frac{1}{n}\ell(\boldsymbol{x}_n|\hat{\boldsymbol{\theta}}(\boldsymbol{X}_n^*)) \qquad (5.11)$$

と計算できる．すなわち，$\hat{G}(x)$ を真の分布とする平均対数尤度は本来の対数尤度に他ならない．

一方，平均対数尤度の 1 つの推定量である対数尤度は，$\hat{\boldsymbol{\theta}}(\boldsymbol{X}_n^*)$ に用いたブートストラップ標本 $\boldsymbol{X}_n^*$ を再び利用して構成されることから

$$E_{\hat{G}^*}[\log f(Z|\hat{\boldsymbol{\theta}}(\boldsymbol{X}_n^*))] = \int \log f(z|\hat{\boldsymbol{\theta}}(\boldsymbol{X}^*))d\hat{G}^*(z)$$

$$= \frac{1}{n}\sum_{\alpha=1}^{n} \log f(X_\alpha^*|\hat{\boldsymbol{\theta}}(\boldsymbol{X}_n^*))$$

$$\equiv \frac{1}{n}\ell(\boldsymbol{X}_n^*|\hat{\boldsymbol{\theta}}(\boldsymbol{X}_n^*)) \qquad (5.12)$$

と表すことができる．ただし，$\hat{G}^*$ はブートストラップ標本 $\boldsymbol{X}_n^*$ に基づく経験分布関数とする．したがって，ブートストラップ法によると (5.7) 式のバイアスのブートストラップ推定値は

$$b^*(\hat{G}) = E_{\hat{G}(\boldsymbol{x}^*)}[\ell(\boldsymbol{X}_n^*|\hat{\boldsymbol{\theta}}(\boldsymbol{X}_n^*))-\ell(\boldsymbol{X}_n|\hat{\boldsymbol{\theta}}(\boldsymbol{X}_n^*))]$$

$$= \int \cdots \int \{\ell(\boldsymbol{X}_n^*|\hat{\boldsymbol{\theta}}(\boldsymbol{X}_n^*))-\ell(\boldsymbol{X}_n|\hat{\boldsymbol{\theta}}(\boldsymbol{X}_n^*))\}\prod_{\alpha=1}^{n}d\hat{G}(x_\alpha^*) \qquad (5.13)$$

で与えられる．この積分は，前節で述べたように $\hat{G}$ が既知の確率分布 (経験分布関数) であることを利用して，モンテカルロ法によって数値的に近似できるところにブートストラップ情報量規準の最大の特徴がある．

ブートストラップ情報量規準では，図 5.3 において D の代わりに D^* を用いている．これは，平均対数尤度 $nE_{G(z)}[\log f(Z|\hat{\boldsymbol{\theta}}(\boldsymbol{X}_n))]$ と対数尤度 $nE_{\hat{G}(z)}[\log f(Z|\hat{\boldsymbol{\theta}}(\boldsymbol{X}_n))] = \log f(\boldsymbol{X}_n|\hat{\boldsymbol{\theta}}(\boldsymbol{X}_n))$ の差の期待値を求める代わりに，$E_{\hat{G}(z)}[\log f(Z|\hat{\boldsymbol{\theta}}(\boldsymbol{X}_n^*))]$ と $E_{\hat{G}^*(z)}[\log f(Z|\hat{\boldsymbol{\theta}}(\boldsymbol{X}_n^*))]$ の差の期待値を求めることに相当する．

5.2.2　ブートストラップ情報量規準 EIC

大きさ n のブートストラップ標本を B 組抽出して，その i 番目のブートストラップ標本を $\boldsymbol{X}_n^*(i) = \{X_1^*(i), X_2^*(i), \cdots, X_n^*(i)\}$ とする．この標本 $\boldsymbol{X}_n^*(i)$ に対す

5.2 ブートストラップ情報量規準

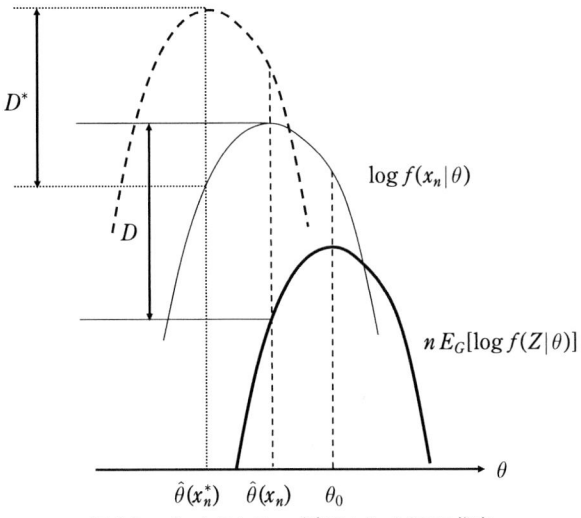

図 5.3 ブートストラップ法によるバイアス推定

る (5.12) 式と (5.11) 式の値の差を

$$D^*(i) = \ell(\boldsymbol{X}_n^*(i)|\hat{\boldsymbol{\theta}}(\boldsymbol{X}_n^*(i))) - \ell(\boldsymbol{x}_n|\hat{\boldsymbol{\theta}}(\boldsymbol{X}_n^*(i))) \tag{5.14}$$

とする．ただし，$\hat{\boldsymbol{\theta}}(\boldsymbol{X}_n^*(i))$ は i 番目のブートストラップ標本による $\boldsymbol{\theta}$ の推定値である．このとき，B 個のブートストラップ標本に基づく (5.13) 式の期待値は，

$$b^*(\hat{G}) \approx \frac{1}{B} \sum_{i=1}^{B} D^*(i) \equiv b_B(\hat{G}) \tag{5.15}$$

と数値的に近似される．この $b_B(\hat{G})$ をもって対数尤度のバイアス $b(G)$ の推定値とする．したがって，ブートストラップ法によって対数尤度のバイアスを補正した次の情報量規準が求まる．

[ブートストラップ情報量規準 EIC]

$$\text{EIC} = -2 \sum_{\alpha=1}^{n} \log f(X_\alpha|\hat{\boldsymbol{\theta}}) + 2 b_B(\hat{G}) \tag{5.16}$$

Ishiguro, Sakamoto and Kitagawa(1997) は，これをブートストラップ情報量規準 EIC(extended information criterion) と呼んだ．

5.2.3 バイアス補正の精度

対数尤度のバイアスは

$$b(G) = b_1(G) + \frac{1}{n}b_2(G) + \frac{1}{n^2}b_3(G) + \cdots \quad (5.17)$$

と展開できる．したがって，バイアスのブートストラップ推定量の期待値は

$$E_G[b_B(\hat{G})] = E_G\left[b_1(\hat{G}) + \frac{1}{n}b_2(\hat{G})\right] + o(n^{-1})$$

$$= b_1(G) + \frac{1}{n}\Delta b_1(G) + \frac{1}{n}b_2(G) + o(n^{-1}) \quad (5.18)$$

となる．ただし，$\Delta b_1(G)$ は 1 次のバイアス推定量 $b_1(\hat{G})$ のバイアスである．したがって $\Delta b_1(G) = 0$ の場合には，ブートストラップ推定量は自動的に 2 次のバイアス補正を行っていることになる．

一方，一般化情報量規準 GIC の場合には

$$E_G[b_1(\hat{G})] = b_1(G) + \frac{1}{n}\Delta b_1(G) + o(n^{-1}) \quad (5.19)$$

となり，たとえ $\Delta b_1(G) = 0$ でも 2 次のバイアス補正にはならない．2 次のバイアス補正量は，4.4.5 項で示したように

$$b_1(G) + \frac{1}{n}\{b_2(G) - \Delta b_1(G)\} \quad (5.20)$$

で与えられる．したがって，$b_1(G) + b_2(G)/n$ としても，$\Delta b_1(G) \neq 0$ の場合には 2 次補正とはならない．

前章では，この点を考慮して 2 次のバイアス補正項を解析的に求めたが，実用上はブートストラップ法による方が有効である．$b_1(G)$ が解析的に求められる場合には 2 次補正量のブートストラップ推定値は

$$\frac{1}{n}b_2^*(\hat{G}) = E_{\hat{G}(x^*)}\left[\log f(\boldsymbol{X}_n^*|\hat{\boldsymbol{\theta}}(\boldsymbol{X}_n^*)) - b_1(\hat{G}) - nE_{\hat{G}(z)}[\log f(Z|\hat{\boldsymbol{\theta}}(\boldsymbol{X}_n^*))]\right] \quad (5.21)$$

によって求められる．

一方，1 次補正量 $b_1(G)$ を解析的に求めることが困難な場合には，次の 2 段階ブートストラップ法により 2 次補正量の推定値を求めることができる．

$$\frac{1}{n}b_2^{**}(\hat{G}) = E_{\hat{G}(x^*)}\left[f(\boldsymbol{X}_n^*|\hat{\boldsymbol{\theta}}(\boldsymbol{X}_n^*)) - b_B^*(\hat{G}) - nE_{\hat{G}(z^*)}\log f(Z^*|\hat{\boldsymbol{\theta}}(\boldsymbol{X}_n^*))\right] \quad (5.22)$$

ただし，$b_B^*(\hat{G})$ は (5.15) 式で求めた 1 次補正量のブートストラップ推定量である．

5.3 分散減少法

5.3.1 ブートストラップ法による変動

ブートストラップ法はきわめて緩やかな仮定,すなわち推定量が標本の並べ変えに対して不変であるといった条件のもとで,解析的に煩雑な手続きなしで適用できる.しかし,ブートストラップ法の適用に当たっては,バイアス推定量自体の標本変動に加えて,ブートストラップシミュレーションによる変動の大きさと近似誤差にも十分注意を払う必要がある.

(5.15) 式の近似値 $b_B(\hat{G})$ は,標本が与えられたという条件のもとで,ブートストラップ標本の反復抽出の回数 B を無限大にすると,確率 1 で (5.13) 式のバイアスのブートストラップ推定値 $b^*(\hat{G})$ に収束する.しかし,有限な B に対してはシミュレーション誤差が生じるため,誤差を抑制するための工夫が必要となる.これは,標本が与えられたもとで,$b_B(\hat{G})$ の変動を可能な限り小さくするための手法と考えることができる.このブートストラップバイアス推定の変動を減少させるためのきわめてシンプルであるが有効な方法が,次項に述べる分散減少法すなわち**効率的ブートストラップシミュレーション法**あるいは**効率的リサンプリング法**である.

[例1] 表 5.1 は真の分布 $G(x)$ を標準正規分布 $N(0,1)$ とし,正規分布モデル $N(\mu, \sigma^2)$ のパラメータを最尤法で推定した場合の真のバイアス $b(G)$ およびブートストラップ推定値 $b^*(\hat{G})$ の値を示す.ブートストラップ反復回数を $B = 100$ とし,モンテカルロ実験を 10000 回繰り返して求めた $b^*(\hat{G})$(正確には $b_B(\hat{G})$ の平均),$b_B(\hat{G})$ の分散および $D^*(i)$ の分散を示す.n の増大とともに $b_B(\hat{G})$ の分

表 5.1 真のバイアスとブートストラップ推定値の平均と分散

n	25	100	400	1600
$b(G)$	2.27	2.06	2.02	2.00
$b^*(\hat{G})$	2.23	2.04	2.01	2.00
$b_B(\hat{G})$ の分散	0.51	0.61	2.07	8.04
D^* の分散	24.26	56.06	203.63	797.66

散は大きくなり，n が大きな場合には $B = 100$ 程度では精度のよい推定値は得られないことを示している．$D^*(i)$ の分散は，ほぼ $b_B(\hat{G})$ の B 倍であるが，データ数のおよそ半分に等しいことがわかる．この $D^*(i)$ の分散の値を B(この例では 100) で割った値が，$b_B(\hat{G})$ の変動中のブートストラップ近似誤差に起因する部分である．したがって，特に n が大きな場合には，この変動を小さくする工夫が不可欠であることを示している．

5.3.2 効率的ブートストラップシミュレーション

いま，(5.7) 式のモデルの対数尤度と平均対数尤度 (の n 倍) の差を

$$D(\boldsymbol{X}_n; G) = \log f(\boldsymbol{X}_n|\hat{\boldsymbol{\theta}}) - n\int \log f(z|\hat{\boldsymbol{\theta}})dG(z) \tag{5.23}$$

とおく．ただし，$\log f(\boldsymbol{X}_n|\hat{\boldsymbol{\theta}}) = \sum_{\alpha=1}^n \log f(X_\alpha|\hat{\boldsymbol{\theta}})$ とする．このとき，$D(\boldsymbol{X}_n; G)$ は，次のように 3 つの部分に分解できる (図 5.4)．

$$D(\boldsymbol{X}_n; G) = D_1(\boldsymbol{X}_n; G) + D_2(\boldsymbol{X}_n; G) + D_3(\boldsymbol{X}_n; G) \tag{5.24}$$

ここで，

$$D_1(\boldsymbol{X}_n; G) = \log f(\boldsymbol{X}_n|\hat{\boldsymbol{\theta}}) - \log f(\boldsymbol{X}_n|\boldsymbol{\theta}),$$

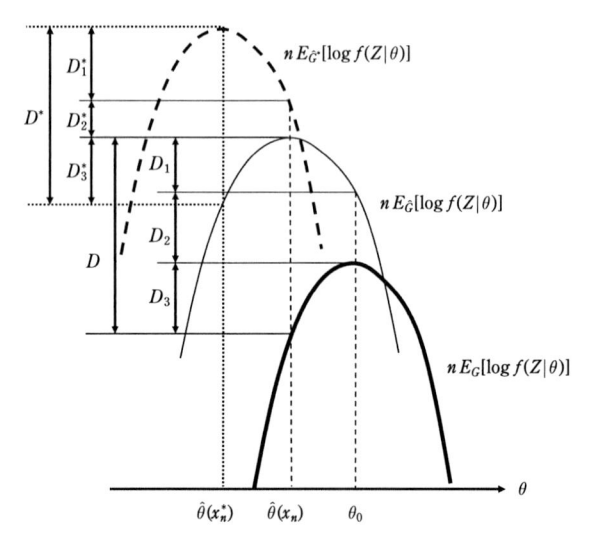

図 5.4 分散減少法のためのバイアス項の分解
図を見やすくするために，$\hat{\theta}(X)$ が関数の頂点に対応する最尤推定量の場合を示している．

$$D_2(\boldsymbol{X}_n;G) = \log f(\boldsymbol{X}_n|\boldsymbol{\theta}) - n\int \log f(z|\boldsymbol{\theta})dG(z),$$

$$D_3(\boldsymbol{X}_n;G) = n\int \log f(z|\boldsymbol{\theta})dG(z) - n\int \log f(z|\hat{\boldsymbol{\theta}})dG(z) \quad (5.25)$$

とする．

情報量規準の導出におけるバイアスとは，標本の同時分布に関する $D(\boldsymbol{X}_n;G)$ の期待値であるが，上の式の右辺の期待値を個々の式の期待値に分解すると，第2項は

$$\begin{aligned}
&E_G\left[D_2(\boldsymbol{X}_n;G)\right] \\
&= E_G\left[\log f(\boldsymbol{X}_n|\boldsymbol{\theta}) - n\int \log f(z|\boldsymbol{\theta})dG(z)\right] \\
&= \sum_{\alpha=1}^{n} E_G\left[\log f(X_\alpha|\boldsymbol{\theta})\right] - nE_G[\log f(Z|\boldsymbol{\theta})] \\
&= 0 \quad (5.26)
\end{aligned}$$

となる．したがって，モデルの対数尤度のバイアスについて，第2項の期待値を取り除くことができ，次の式が成り立つ．

$$E_G[D(\boldsymbol{X}_n;G)] = E_G[D_1(\boldsymbol{X}_n;G) + D_3(\boldsymbol{X}_n;G)] \quad (5.27)$$

また，ブートストラップ推定値に関しては

$$E_{\hat{G}}[D(\boldsymbol{X}_n^*;\hat{G})] = E_{\hat{G}}[D_1(\boldsymbol{X}_n^*;\hat{G}) + D_3(\boldsymbol{X}_n^*;\hat{G})] \quad (5.28)$$

が成り立つ．ゆえにブートストラップ推定値のモンテカルロ近似を実行するときは，B 回のブートストラップ標本の反復抽出に対して，次の値の平均をブートストラップバイアス推定値とすればよい．

$$\begin{aligned}
D_1(\boldsymbol{X}_n^*(i);\hat{G}) + D_3(\boldsymbol{X}_n^*(i);\hat{G}) &= \log f(\boldsymbol{X}_n^*(i)|\hat{\boldsymbol{\theta}}^*(i)) - \log f(\boldsymbol{X}_n^*(i)|\hat{\boldsymbol{\theta}}) \\
&\quad + \log f(\boldsymbol{X}_n|\hat{\boldsymbol{\theta}}) - \log f(\boldsymbol{X}_n|\hat{\boldsymbol{\theta}}^*(i)) \quad (5.29)
\end{aligned}$$

すなわち，

$$b_B(\hat{G}) = \frac{1}{B}\sum_{i=1}^{B}\{D_1(\boldsymbol{X}_n^*(i);\hat{G}) + D_3(\boldsymbol{X}_n^*(i);\hat{G})\} \quad (5.30)$$

をブートストラップバイアス推定値とする．

実際，与えられた標本のもとでの2つのブートストラップ推定量の条件付き漸近分散のオーダーは，次のようになることが示される．

$$\mathrm{Var}\left[\frac{1}{B}\sum_{i=1}^{B}\{D(\boldsymbol{X}_n^*(i);\hat{G})\}\right] = \frac{1}{B}O(n) \tag{5.31}$$

$$\mathrm{Var}\left[\frac{1}{B}\sum_{i=1}^{B}\{D_1(\boldsymbol{X}_n^*(i);\hat{G})+D_3(\boldsymbol{X}_n^*(i);\hat{G})\}\right] = \frac{1}{B}O(1) \tag{5.32}$$

この分散のオーダーの違いは，$\hat{\boldsymbol{\theta}}$ が最尤推定量の場合は，(5.32) 式の各項 $B^{-1}\sum_{i=1}^{B}D_1(\boldsymbol{X}_n^*(i);\hat{G})$ および $B^{-1}\sum_{i=1}^{B}D_3(\boldsymbol{X}_n^*(i);\hat{G})$ の漸近分散のオーダーが $O(1)$ であるのに対して，$B^{-1}\sum_{i=1}^{B}D_2(\boldsymbol{X}_n^*(i);\hat{G})$ の漸近分散のオーダーが $O(n)$ であることによって簡単に説明できる．さらに，モデルの対数尤度の影響関数を利用すると，一般の場合についても次のように説明することができる．

仮にその期待値が 0 となるもの $(\mathrm{IF}(X;G))$ が存在すれば，(5.23) 式の $D(\boldsymbol{X}_n;G)$ の期待値と $D(\boldsymbol{X}_n;G)-\sum_{\alpha=1}^{n}\mathrm{IF}(X_\alpha;G)$ の期待値は同じである．このような性質を満たすものとして

$$\mathrm{IF}(X;G) \equiv \log f(X|\boldsymbol{\theta})-\int \log f(z|\boldsymbol{\theta})dG(z) \tag{5.33}$$

がある．これは，$D(\boldsymbol{X}_n;G)$ の影響関数と呼ばれるもので，期待値は変わらないが $D(\boldsymbol{X}_n;G)$ の漸近分散のオーダーが $O(n)$ であるのに対して，$D(\boldsymbol{X}_n;G)-\sum_{\alpha=1}^{n}\mathrm{IF}(X_\alpha;G)$ の漸近分散のオーダーは $O(1)$ となることが示される．したがって，(5.23) 式に代えて，ブートストラップバイアス推定量として

$$\begin{aligned}
E_{\hat{G}}[D(\boldsymbol{X}_n^*;\hat{G})] &= E_{\hat{G}}\left[D(\boldsymbol{X}_n^*;\hat{G})-\sum_{\alpha=1}^{n}\mathrm{IF}(X_\alpha^*;\hat{G})\right] \\
&= E_{\hat{G}}\left[\log f(\boldsymbol{X}_n^*|\hat{\boldsymbol{\theta}}^*)-\log f(\boldsymbol{X}_n^*|\hat{\boldsymbol{\theta}})\right. \\
&\quad \left.+\log f(\boldsymbol{X}_n|\hat{\boldsymbol{\theta}})-\log f(\boldsymbol{X}_n|\hat{\boldsymbol{\theta}}^*)\right]
\end{aligned}$$

をとれば，ブートストラップのリサンプリングに起因する変動を大きく減少させることができる．

この方法は，Konishi and Kitagawa(1996), Ishiguro, Sakamoto, Kitagawa(1997), 北川・小西 (1999) によって提案され，その有効性が理論的・数値的に検証された．その他ブートストラップ法に基づく情報量規準については，Cavanaugh and Shumway(1997), Shibata(1997) などの研究がある．

[例 2] ここでは，2 次補正や分散減少法の効果などを，平均 μ と分散 σ^2 が

未知の正規分布モデルを用いて示す．ただし，真の分布としては以下の2つの分布を考える．

$$\text{正規分布：} g(x) = \frac{1}{\sqrt{2\pi}} \exp\left\{-\frac{x^2}{2}\right\},$$

$$\text{ラプラス分布：} g(x) = \frac{1}{\sqrt{2}} \exp\left\{-\sqrt{2}|x|\right\} \tag{5.34}$$

これらの分布の中心化モーメントは $\mu_3 = 0, \mu_4 = 3, \mu_6 = 15$ (正規分布の場合)，$\mu_3 = 0, \mu_4 = 6, \mu_6 = 90$ (ラプラス分布の場合) となり，1次のバイアス補正量 $b_1(G)$ は，4.4.6項の表4.2に示したように標本数だけの関数となる．

表5.2は，真の分布を正規分布と仮定し，標本数を $n = 25, 100, 400$ とした3通りの場合について10000回のモンテカルロ実験で求めたバイアス補正量を示す．True は精密なバイアスの値 $b(G)$ で，表5.2の場合には解析的に評価でき $2n/(n-3)$ で与えられる．B_1, B_2 はそれぞれ，(4.64) および (4.202) 式に示す以下の1次と2次の補正量を表す．

$$B_1 = b_1(G), \quad B_2 = b_1(G) + \frac{1}{n}(b_2(G) - \Delta b_1(G))$$

また，$\hat{\ }$ は真の分布 G の代わりに経験分布関数 $\hat{G}$ を代入した場合，$*$ と $**$ はそれぞれ1000回のブートストラップおよび (5.22) 式の2段階ブートストラップ法による推定値を表す．

この場合，モデルが真の分布を含むので B_1 は AIC の補正項と一致する．$n = 400$ の場合，漸近バイアス B_1 や他の全てのバイアス推定値は真の値に近く，よい近似値となっている．一方 $n = 25$ の場合には，B_1 は真の値とかなり異なっているが，B_2 はよい近似値を与えている．ただし，実際には，真の分布 G は未知であり，B_1 や B_2 ではなく $\hat{B}_1$ や $\hat{B}_2$ を用いることに注意する必要がある．この場合，$\hat{B}_1 = 1.89$ は B_1 よりかなり小さな値をとるが，その差 0.11 は1次のバイアス補正項のバイアス値 $\Delta B_1 = -3/25 = -0.12$ とよく対応している．2次の

表 5.2 正規分布モデルのバイアス補正量

n	True	B_1	B_2	$\hat{B}_1$	$\hat{B}_2$	B_1^*	B_2^*	B_2^{**}
25	2.27	2.00	2.24	1.89	2.18	2.20	2.24	2.33
100	2.06	2.00	2.06	1.97	2.06	2.04	2.06	2.06
400	2.02	2.00	2.02	1.99	2.02	2.01	2.02	2.02

真のモデルが正規分布の場合．

補正項 $\hat{B}_2$ は $n=25$ の場合にはかなり過小評価を与えるが，$n=100$ や 400 の場合には，精密な値を与えている．1次のブートストラップ推定値 B_1^* は 2次の解析的補正項 B_2 に近い値を与えている．これは，この例の場合にはモデルが真の分布を含むので，4.4.6項で議論したように B_1 は定数となり，したがって $\Delta B_1 = 0$ となることから，ブートストラップ推定値が自動的に2次の補正を行っていることによる．

表 5.3 は $n = 25, 100, 400$ の場合のブートストラップ推定値の分散を示す．各 n に対して左側の数値は，(5.15) 式のブートストラップ補正項の $\hat{G}$ の変化，すなわちデータ $\boldsymbol{x}_n$ の違いによる分散を示す．一方，右側の数値は，(5.15) 式あるいは (5.30) 式によるブートストラップ推定値の分散である．表の数値は B=100 として求めたが，この項はブートストラップ反復数 B に反比例するものと考えられる．この表から，D_1 と D_3 に分解する方法は，特に n が大きいときに劇的に効果があることがわかる．また，左側の数値が示すように標本自身の変動があるので，無闇にブートストラップの反復数を増やしても意味がないことがわかる．

図 5.5 は，左から順に $n = 25, 100, 400$ の場合について，D, D_1+D_3, D_1, D_2 および D_3 のブートストラップ推定値の分布を Box プロットで示す．n が増大するにしたがって，D と D_1+D_3 の変動の違いが顕著になり，その原因が D_2 の分布の広がりによることが明瞭に示されている．

表 5.4 は，ラプラス分布 (両側指数分布) を真の分布とした場合である．この場合，B_1 と B_2 は AIC の補正量 2 と比較して，真の値のかなりよい推定値を与える．しかしながら，$\hat{G}$ を用いて推定した $\hat{B}_1$ と $\hat{B}_2$ はかなり大きなバイアスをもっている．これは 1 次のバイアス補正項のバイアスは $\Delta b_1 = -42/n$ であることから，ある程度は理解できる．この場合にも，ブートストラップ推定値 B_1^* は $\hat{B}_1$ よりもバイアス $b(G)$ のよい近似値を与える．$n=25$ の場合，B_2^{**} は $\hat{B}_2$ や B_2^* よりもよい近似値を与えるが，これは B_1^* が $\hat{B}_1$ よりもよい近似値を与えることによると考えられる．

最尤推定量以外の方法でパラメータを推定した場合の例として，表5.5は，メジアン $\hat{\mu}_m = \mathrm{med}_i\{X_i\}$ および平均偏差のメジアン $\hat{\sigma}_m = c^{-1}\mathrm{med}_i\{|X_i-\mathrm{med}_j\{X_j\}|\}$ をそれぞれ μ および σ の推定量として用いた場合の結果を示す．ただし $c =$

表 5.3 分散減少法の効果

n	25		100		400	
D	0.023	0.237	0.057	0.113	0.206	0.223
D_1+D_3	0.008	0.231	0.005	0.061	0.004	0.019

表 5.4 正規分布モデル
真の分布がラプラスモデルの場合.

n	True	B_1	B_2	$\hat{B}_1$	$\hat{B}_2$	B_1^*	B_2^*	B_2^{**}
25	3.87	3.50	3.74	2.60	3.28	3.09	3.30	3.52
100	3.57	3.50	3.56	3.16	3.49	3.33	3.50	3.50
400	3.56	3.50	3.52	3.40	3.51	3.43	3.51	3.50

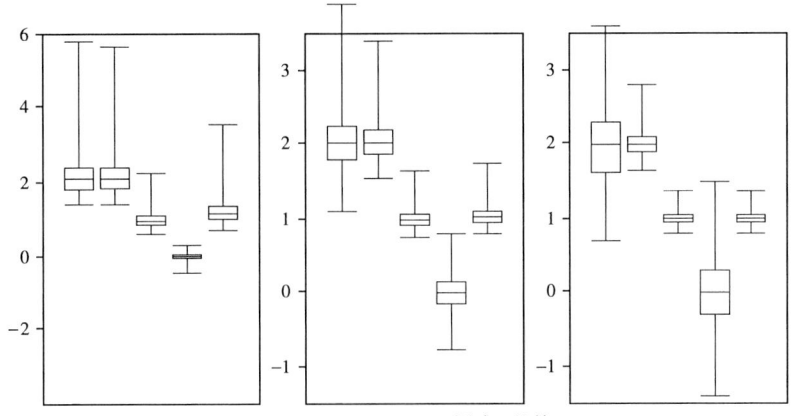

図 5.5 ブートストラップ分布の比較
左から $n = 25, n = 100, n = 400$ の場合.

$\Phi^{-1}(0.75)$ である.ブートストラップ法は,このような推定値に対しても適用できる.この場合,D_1 と D_3 の平均は全く異なった値をとるが,ブートストラップ法はこの場合にも適切な推定値を与える.一方,漸近バイアス $b_1(G)$ は,最尤推定量の場合と同じであるが,$n = 100$ や 400 の場合には,AIC が適切な近似値を与えることは興味深い (Konishi and Kitagawa(1996)).

Cavanaugh and Shumway(1997) によって提案されたブートストラップ推定値は $2D_3$ と同等である.図 5.5 からわかるのように,$\hat{\theta}$ が 最尤推定量の場合にも,D_3 は一般に D_1 より大きいので,$2D_3$ は D_1+D_3 の過大評価値を与える.彼らの方法は,もともと 最尤推定量に対して提案されたものであるが,表 5.5 からそれ以外の推定量に対しては全く利用できないことがわかる.

表 5.5 正規分布モデル (メジアン推定量の場合)
真の分布が正規分布の場合.

n		True	B_1	B_1^*	B_2^{**}
25	D_1+D_3	2.58	1.89	2.57	2.63
	D_1	−0.47	0.94	−0.56	−0.54
	D_3	3.04	0.94	3.14	3.16
100	D_1+D_3	2.12	1.97	2.25	2.27
	D_1	−0.18	0.98	−0.37	−0.35
	D_3	2.30	0.98	2.61	2.62
400	D_1+D_3	2.02	1.99	2.06	2.06
	D_1	−0.16	0.99	−0.19	−0.19
	D_3	2.18	0.99	2.25	2.26

5.4 EIC の適用例

5.4.1 変化点モデル

時刻 α に観測されたデータを x_α と表すものとする.ただし,α は実際には時間的あるいは空間的に順序づけられたデータにおいて,その観測された順番を表すものと考えてよい.n 個のデータ $x_1,\cdots,x_n$ が得られるとき,$[1,n]$ をここでは全区間と呼ぶことにする.以下ではこの全区間上で,データは必ずしも1つの分布に従うものとは限らないが,いくつかの区間に分割すれば,それぞれの区間では一定の分布に従うものとする.区間の分割のしかたと各小区間上の分布は未知である.このような状況を表現する最も簡単なモデルとして,以下の変化点モデルを考えることにする.

区間 $[1,n]$ は k 個の小区間 $[1,n_1],[n_1+1,n_2],\cdots,[n_{k-1}+1,n]$ に分割され,それぞれの小区間上ではデータ x_α は,平均 μ_j,分散 σ_j^2 の正規分布に従うものとする.すなわち,$j=1,\cdots,k$ について

$$x_\alpha \sim N(\mu_j,\sigma_j^2), \qquad \alpha=n_{j-1}+1,\cdots,n_j \tag{5.35}$$

とする.ただし,$n_0=0$,$n_k=n$,分割の数 k は未知とする.$\boldsymbol{\theta}_k=(\mu_1,\cdots,\mu_k,\sigma_1^2,\cdots,\sigma_k^2)'$ とするとき,分割数が k のモデルの密度関数は

$$f(\boldsymbol{x}|\boldsymbol{\theta}_k)=\prod_{j=1}^k \prod_{\alpha=n_{j-1}+1}^{n_j} \frac{1}{\sqrt{2\pi\sigma_j^2}} \exp\left\{-\frac{(x_\alpha-\mu_j)^2}{2\sigma_j^2}\right\} \tag{5.36}$$

5.4 EICの適用例

となる．したがって対数尤度関数は

$$\ell_k(\boldsymbol{\theta}_k) = -\frac{n}{2}\log 2\pi - \frac{1}{2}\sum_{j=1}^{k}(n_j - n_{j-1})\log \sigma_j^2$$

$$-\frac{1}{2}\sum_{j=1}^{k}\sum_{\alpha=n_{j-1}+1}^{n_j}\frac{(x_\alpha - \mu_j)^2}{\sigma_j^2} \tag{5.37}$$

となり，μ_j および $\sigma_j^2 (j=1,\cdots,k)$ の最尤推定量は

$$\hat{\mu}_j = \frac{1}{n_j - n_{j-1}}\sum_{\alpha=n_{j-1}+1}^{n_j} x_\alpha,$$

$$\hat{\sigma}_j^2 = \frac{1}{n_j - n_{j-1}}\sum_{\alpha=n_{j-1}+1}^{n_j} (x_\alpha - \hat{\mu}_j)^2 \tag{5.38}$$

で与えられる．このとき，最大対数尤度は

$$\ell_k(\hat{\boldsymbol{\theta}}_k) = -\frac{n}{2}(\log 2\pi + 1) - \frac{1}{2}\sum_{j=1}^{k}(n_j - n_{j-1})\log \hat{\sigma}_j^2 \tag{5.39}$$

となる．したがって，このモデルに含まれる未知のパラメータ数を μ_j と σ_j^2 に対応する $2k$ 個とみなすと AIC は

$$\text{AIC}_k = n(\log 2\pi + 1) + \sum_{j=1}^{k}(n_j - n_{j-1})\log \hat{\sigma}_j^2 + 4k \tag{5.40}$$

となる．

しかしながら，実際には分割点も未知であり，これを情報量規準のパラメータ数に加えるべきかどうかは明らかでない．そこで，以下の手続きを通して，ブートストラップ法によってバイアス補正項を評価してみる．
区間の数 $k=1,\cdots,K$ について以下のステップを繰り返す．
(1) 分割点の位置番号 $n_1,\cdots,n_{k-1}$ およびパラメータ $\{(\mu_j,\sigma_j^2); j=1,\cdots,k\}$ を推定する．
(2) $\hat{\varepsilon}_\alpha = x_\alpha - \hat{\mu}_j (\alpha = n_{j-1}+1,\cdots,n_j)$ により残差を計算する．
(3) 残差のリサンプリングにより $\hat{\varepsilon}_\alpha^* (\alpha = 1,\cdots,n)$ を生成し，ブートストラップサンプル $x_\alpha^* = \hat{\mu}_j + \hat{\varepsilon}_\alpha^* (\alpha = n_{j-1}+1,\cdots,n_j)$ を求める．
(4) 区間数 k を既知として，最尤法により $n_1^*,\cdots,n_{k-1}^*$ およびパラメータ

$\mu_1^*, \cdots, \mu_k^*, \sigma_1^{2*}, \cdots, \sigma_k^{2*}$ を推定する.

(5) ステップ (3)～(4) を B 回繰り返して, バイアス

$$b_B(\hat{G}) = \frac{1}{B} \sum_{i=1}^{B} \{\log f(\boldsymbol{x}^*(i)|\hat{\boldsymbol{\theta}}_k^*) - \log f(\boldsymbol{x}|\hat{\boldsymbol{\theta}}_k^*)\} \tag{5.41}$$

を求める. ただし, $\boldsymbol{x}^*(\alpha)$ はステップ (3) の方法で求めたブートストラップサンプルである. 次の例でこのアルゴリズムを適用して, パラメータ数とバイアス補正量の関係を検討する.

[例 3] データ数 $n = 100$ のデータを $k = 2$ として生成する. ただし, 第 1 の区間 $\alpha = 1, \cdots, 50$ では標準正規分布 $N(0,1)$, また第 2 の区間 $\alpha = 51, \cdots, 100$ では, 平均 c, 分散 1 の 正規分布 $N(c,1)$ によって生成されているものとする. 表 5.6 に $k = 1, 2, 3$ のモデルを当てはめたときの最大対数尤度, AIC の補正項 b_{AIC} およびブートストラップ補正量 $b_B(\hat{G})$ を示す. $\ell(\hat{\boldsymbol{\theta}}_k)$ は $c = 1$ の場合だけを示すが, バイアス補正量 $b_B(\hat{G})$ は $c = 0, 0.5, 1, 2, 4, 8$ の 6 つの場合を示す. $c = 1$ の場合には AIC では $k = 3$ が選択されるが, EIC では $k = 2$ が選択される.

興味深いことは, c が 0 に近いほどバイアス補正項 $b_B(\hat{G})$ が大きくなることである. これは真の区関数 $k = 2$ の場合を考えると容易に理解できる. $c = \infty$ の場合には, 確率 1 で区分点 n_1 が検出できる. したがって, この場合には 2 つの正規分布モデルを独立に推定していることに相当し, 平均と分散 2 個ずつを推定するので $b_B(\hat{G}) = 4$ となる. 一方, $c \to 0$ のときには n_1 は 1 と n の間でランダムに変動し, したがって, 見かけ上の当てはまりのよさに反して真の分布からの乖離が大きく, バイアスが大きくなる. $k = 3$ のモデルのバイアスは非常に大きく, バイアスを補正しない対数尤度では著しく過大評価されることを示している.

表 5.6 変化点問題におけるバイアス補正量
k は変化点の数, c は変化量.

			変化量 c					
k	$\ell(\hat{\boldsymbol{\theta}}_k)$	b_{AIC}	0	0.5	1	2	4	8
1	-157.16	2	1.9	1.8	1.8	1.7	1.5	1.3
2	-142.55	4	9.8	8.8	7.1	5.9	4.6	4.2
3	-138.62	6	22.4	19.3	17.2	15.3	13.9	13.6

5.4.2 部分回帰モデル

目的変数 Y と k 個の説明変数 $x_1,\cdots,x_k$ に関して観測された n 個のデータ $\{(y_\alpha, x_{\alpha 1},\cdots,x_{\alpha k}); \alpha=1,2,\cdots,n\}$ に対して回帰モデル

$$y_\alpha = \sum_{j=1}^{k} \beta_j x_{\alpha j} + \varepsilon_\alpha, \quad \varepsilon_\alpha \sim N(0,\sigma^2) \tag{5.42}$$

を当てはめる．ここで，自己回帰モデルや多項式回帰モデルのように説明変数を取り込む順番が自然に定まる場合を除き，一般には，k 個の説明変数を選択する優先順位はあらかじめ定められていない．したがって，説明変数の個数が m 個のモデルとして $_kC_m$ 個の候補を考える必要がある．とくに，全ての係数が $\beta_j = 0$ となる極端な場合には，対数尤度最大化によって得られる見かけ上最もよいモデルは，実は誤差が最も大きなモデルとなる．このことが示唆するように，部分回帰モデルの変数選択の場合には，AIC によるバイアス補正すなわちモデルの自由パラメータ数では不十分である．

表 5.7 は $k=20$ とし，係数を全て 0 と仮定した極端なモデルによってデータを発生し，k 次 $(k=0,1,\cdots,20)$ の回帰モデルを当てはめた場合のバイアスの推定結果を示す．簡単のために，説明変数 x_j は直交変数としている．表中の EIC_1 は，説明変数を $x_1, x_2, \cdots, x_k$ の順にモデルに取り込むとあらかじめ決めた場合の回帰モデルのブートストラップ情報量規準のバイアス補正量である．これに対して，EIC_2 は各説明変数の個数 k に対して，尤度最大の基準で部分回帰モデ

表 5.7 部分回帰モデルにおけるバイアス補正量の比較

k	AIC	EIC_1	EIC_2	k	AIC	EIC_1	EIC_2
0	1	0.96	0.80	11	12	12.29	20.10
1	2	1.79	3.36	12	13	13.49	21.17
2	3	2.65	5.60	13	14	14.85	22.13
3	4	3.55	7.71	14	15	16.29	23.02
4	5	4.48	9.63	15	16	17.78	23.80
5	6	5.44	11.44	16	17	19.35	24.51
6	7	6.46	13.15	17	18	21.02	25.12
7	8	7.51	14.77	18	19	22.76	25.71
8	9	8.60	16.25	19	20	24.58	27.29
9	10	9.74	17.65	20	21	26.51	26.67
10	11	10.93	18.94				

ルを求めた場合のブートストラップ情報量規準のバイアス推定値の値である.いずれも,$n=100$ の場合について,ブートストラップ反復回数を $B=100$ とし,さらに 1000 回の繰り返し計算を行った結果である.$k=0$ および $k=20$ の場合は EIC_1 と EIC_2 は一致すべきであるので,これらの差はブートストラップ近似の誤差と考えられる.

　通常の回帰モデルに対応する EIC_1 は,次数が 14 以下のときは,AIC の補正量とほぼ同じであるが,それ以上では急速に増加する.これは,データ数に対してパラメータ数が大きくなることによる影響と考えられる.これに対して,部分回帰モデルの EIC_2 は,k が大きくなるとき最初急激に増加するが,最終的には最大次数の $k=20$ では,回帰モデルの場合とほとんど同じになる.これは部分回帰モデルでは見かけ上,当てはまりのよいモデルから採用されやすく,したがってバイアスは一様ではなく,k が小さい方に偏ることを示している.部分回帰モデルの推定においては,EIC の利用によって見かけ上の当てはまりがよい変数をとりすぎる現象を回避できる.

6

ベイズ型情報量規準

本章では，ベイズアプローチに基づく情報量規準を取り上げる．6.1 節で紹介する BIC はモデルの事後確率の対数として求められるもので，K-L 情報量の不偏推定を目指した情報量規準とは異なる．6.2 節の ABIC は，超パラメータによって規定される事前分布をもつベイズモデルの評価のために考案されたもので，ベイズモデルの AIC とでも言うべきものである．本章の後半では，ベイズモデルの予測分布の評価のための情報量規準を考える．特に，6.3 節では線形ガウス型ベイズモデルの場合について，バイアス補正量を解析的に評価する例を，また 6.4 節では，一般のベイズモデルに対して，ラプラス法によって漸近バイアスの推定と 2 次補正を行う方法を示す．

6.1 ベイズ型モデル評価基準 BIC

6.1.1 BIC の定義

Akaike(1977) および Schwarz(1978) の提唱した BIC(Bayesian information criterion) または SIC(Schwarz's information criterion) は，モデルの事後確率に基づくモデル評価基準で，次のような考え方に基づいて導かれた．

いま，r 個のモデルの候補を $M_1, M_2, \cdots, M_r$ とし，各モデル M_i はパラメトリックモデル $f_i(x|\boldsymbol{\theta}_i)(\boldsymbol{\theta}_i \in \Theta_i \subset \mathbb{R}^{p_i})$ とパラメータ $\boldsymbol{\theta}_i$ の事前分布 $\pi_i(\boldsymbol{\theta}_i)$ によって特徴づけられているとする．n 個のデータ $\boldsymbol{x}_n = \{x_1, x_2, \cdots, x_n\}$ が観測されたとき，データ $\boldsymbol{x}_n$ に関するモデル M_i の周辺分布あるいは周辺尤度

$$p_i(\boldsymbol{x}_n) = \int f_i(\boldsymbol{x}_n|\boldsymbol{\theta}_i)\pi_i(\boldsymbol{\theta}_i)d\boldsymbol{\theta}_i \tag{6.1}$$

は，i 番目のモデルからデータが得られる確からしさと考えられる．

次に，i 番目のモデルが生起する事前確率を $P(M_i)$ とすると，i 番目のモデルの事後確率は，ベイズの定理より

$$P(M_i|\boldsymbol{x}_n) = \frac{p_i(\boldsymbol{x}_n)P(M_i)}{\displaystyle\sum_{j=1}^{r} p_j(\boldsymbol{x}_n)P(M_j)}, \quad i=1,2,\cdots,r \quad (6.2)$$

で与えられる．この事後確率は，データ $\boldsymbol{x}_n$ が観測されたとき，そのデータが i 番目のモデルから生起する確率を示している．したがって，r 個のモデルの中から1つのモデルを選択するとすれば，事後確率最大のモデルを採用するのが最も自然である．これは，(6.2) 式の分母が全てのモデルに共通であることから，分子の $p_i(\boldsymbol{x}_n)P(M_i)$ を最大にするモデルの選択を意味する．

ここでさらに，事前確率 $P(M_i)$ は全てのモデルに対して等しいとした場合には，データの周辺尤度 $p_i(\boldsymbol{x}_n)$ を最大にするモデルを選択することになる．そこで，(6.1) 式の積分で表された周辺尤度の近似を使いやすい形で表現することができれば，個々の問題に対して積分を求める必要がなくなり，AIC と同様に一般的なモデル評価基準として用いることができる．

Akaike(1977) および Schwarz(1978) の提唱した BIC は，この積分を次の項で述べる方法で近似した結果得られたもので，通常，自然対数をとって -2 を乗じた次の形で用いられている．

$$\begin{aligned}-2\log p_i(\boldsymbol{x}_n) &= -2\log\left\{\int f_i(\boldsymbol{x}_n|\boldsymbol{\theta}_i)\pi_i(\boldsymbol{\theta}_i)d\boldsymbol{\theta}_i\right\}\\ &\approx -2\log f_i(\boldsymbol{x}_n|\hat{\boldsymbol{\theta}}_i)+p_i\log n \end{aligned} \quad (6.3)$$

ただし，$\hat{\boldsymbol{\theta}}_i$ はモデル $f_i(x|\boldsymbol{\theta}_i)$ の p_i 次元パラメータ $\boldsymbol{\theta}_i$ の最尤推定量である．したがって，最尤法によって推定された r 個のモデルの中で BIC の値を最小とするモデルを最適なモデルとして選択することになる．

このようにモデルの事前確率は全て等しいと仮定しても，データから得られる情報を用いて構成した事後確率はモデルの対比を明確にし，データを生成したモデルを浮かび上がらせてくれる．

6.1.2 積分のラプラス近似

ここでは，(6.3) 式に表れるような積分を近似する方法として知られるラ

プラス近似(Tierney and Kadane(1986), Davison(1986), Barndorff-Nielsen and Cox(1989; p.169))の方法を説明するために，以下のような簡単な積分

$$\int \exp\{nq(\boldsymbol{\theta})\}d\boldsymbol{\theta} \tag{6.4}$$

の近似を考えることにする．ただし，実際の尤度関数のラプラス近似においては，データ数 n の増加とともに，$q(\boldsymbol{\theta})$ の形も変化することに注意する必要がある．

積分のラプラス近似の基本的な考え方は，標本数 n が十分大きいとき，この積分の被積分関数は $q(\boldsymbol{\theta})$ のモード $\hat{\boldsymbol{\theta}}$ の近傍に集中し，したがって積分の値は $\hat{\boldsymbol{\theta}}$ の近傍のふるまいだけに依存することを利用している．

いま，$q(\boldsymbol{\theta})$ を $\hat{\boldsymbol{\theta}}$ のまわりでテイラー展開すると，$\partial q(\boldsymbol{\theta})/\partial \boldsymbol{\theta}|_{\hat{\boldsymbol{\theta}}}=0$ となることから，次の展開式を得る．

$$q(\boldsymbol{\theta}) = q(\hat{\boldsymbol{\theta}}) - \frac{1}{2}(\boldsymbol{\theta}-\hat{\boldsymbol{\theta}})' J_q(\hat{\boldsymbol{\theta}})(\boldsymbol{\theta}-\hat{\boldsymbol{\theta}}) + \cdots \tag{6.5}$$

ただし，

$$J_q(\hat{\boldsymbol{\theta}}) = -\left.\frac{\partial^2 q(\boldsymbol{\theta})}{\partial \boldsymbol{\theta}\partial \boldsymbol{\theta}'}\right|_{\hat{\boldsymbol{\theta}}} \tag{6.6}$$

とする．この $q(\boldsymbol{\theta})$ のテイラー展開式を (6.4) 式へ代入すると

$$\int \exp\left[n\left\{q(\hat{\boldsymbol{\theta}}) - \frac{1}{2}(\boldsymbol{\theta}-\hat{\boldsymbol{\theta}})' J_q(\hat{\boldsymbol{\theta}})(\boldsymbol{\theta}-\hat{\boldsymbol{\theta}}) + \cdots\right\}\right] d\boldsymbol{\theta}$$

$$\approx \exp\{nq(\hat{\boldsymbol{\theta}})\} \int \exp\left\{-\frac{n}{2}(\boldsymbol{\theta}-\hat{\boldsymbol{\theta}})' J_q(\hat{\boldsymbol{\theta}})(\boldsymbol{\theta}-\hat{\boldsymbol{\theta}})\right\} d\boldsymbol{\theta} \tag{6.7}$$

となる．

(6.7) 式右辺の積分の計算は，p 次元確率ベクトル $\boldsymbol{\theta}$ が平均ベクトル $\hat{\boldsymbol{\theta}}$, 分散共分散行列 $n^{-1}J_q(\hat{\boldsymbol{\theta}})^{-1}$ の p 変量正規分布に従うと考えると

$$\int \exp\left\{-\frac{n}{2}(\boldsymbol{\theta}-\hat{\boldsymbol{\theta}})' J_q(\hat{\boldsymbol{\theta}})(\boldsymbol{\theta}-\hat{\boldsymbol{\theta}})\right\} d\boldsymbol{\theta} = \frac{(2\pi)^{p/2}}{n^{p/2}|J_q(\hat{\boldsymbol{\theta}})|^{1/2}} \tag{6.8}$$

となる．したがって，(6.4) 式に対して次のラプラス近似を得る．

[積分のラプラス近似]

$$\int \exp\{nq(\boldsymbol{\theta})\}d\boldsymbol{\theta} \approx \frac{(2\pi)^{p/2}}{n^{p/2}|J_q(\hat{\boldsymbol{\theta}})|^{1/2}} \exp\{nq(\hat{\boldsymbol{\theta}})\} \tag{6.9}$$

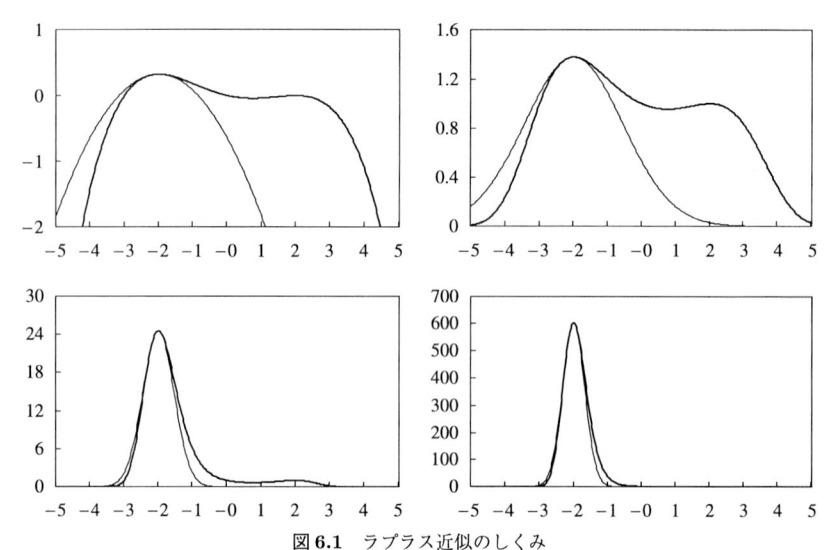

図 6.1 ラプラス近似のしくみ
左上：$q(\theta)$とその2次関数近似．右上，左下，右下の順に$n=1,10,20$としたときの$\exp\{nq(\theta)\}$とそのラプラス近似．

表 6.1 図 6.1 の関数の積分とラプラス近似

n	1	10	20	50
積分値	398.05	1678.76	26378.39	240282578
ラプラス近似	244.51	1403.40	24344.96	240282578
相対誤差	0.386	0.164	0.077	0.000

ラプラス近似の数値例 図 6.1 は，ラプラス近似の様子を示したものである．左上の図は，適当に定義された関数 $q(\theta)$ とそのテイラー展開による近似を示す．太線で示す2峰の曲線が $q(\theta)$，細線は (6.5) のテイラー展開の第2項までの近似である．この図では2峰のうち左側だけを近似しており，よい近似とはいえない．一方，その他の3つの図は被積分関数 $\exp\{nq(\theta)\}$ とその近似を示す．右上，左下，右下の順に $n=1,10,20$ の場合を示す．$n=1$ の場合には右側の峰が表現できていない．しかし，$n=10,20$ と増加するに従って，右側の峰は急速に消失し，テイラー展開を用いた近似がよい近似を与えるようになることを示している．したがって，n が大きいとき $\int \exp\{nq(\theta)\}d\theta$ は (6.9) 式によってよい近似が得られることがわかる．

表 6.1 は，図 6.1 に示した関数 $\exp\{nq(\theta)\}$ の積分値とそのラプラス近似およ

び相対誤差 (= | 真値−近似値 |/| 真値 |) を示す．この場合，$n = 1$ では相対誤差は 0.386 と大きいが，n が大きくなるにつれて減少し，$n = 50$ では相対誤差は 0 となることがわかる．

6.1.3 BIC の 導 出

データ $\boldsymbol{x}_n$ の周辺尤度あるいは周辺分布は，ラプラス近似を適用すると以下のように近似することができる．本項では，添え字 i を省略して (6.1) 式の周辺尤度を

$$p(\boldsymbol{x}_n) = \int f(\boldsymbol{x}_n|\boldsymbol{\theta})\pi(\boldsymbol{\theta})d\boldsymbol{\theta} \tag{6.10}$$

と表す．ここで，$\boldsymbol{\theta}$ は p 次元パラメータとする．この式は，次のように書き直すことができる．

$$p(\boldsymbol{x}_n) = \int \exp\{\log f(\boldsymbol{x}_n|\boldsymbol{\theta})\}\pi(\boldsymbol{\theta})d\boldsymbol{\theta}$$
$$= \int \exp\{\ell(\boldsymbol{\theta})\}\pi(\boldsymbol{\theta})d\boldsymbol{\theta} \tag{6.11}$$

ただし，$\ell(\boldsymbol{\theta})$ は対数尤度関数 $\ell(\boldsymbol{\theta}) = \log f(\boldsymbol{x}_n|\boldsymbol{\theta})$ とする．

積分のラプラス近似では，データ数 n が十分大きいとき，被積分関数は $\ell(\boldsymbol{\theta})$ のモード，すなわちここでは最尤推定値 $\hat{\boldsymbol{\theta}}$ の近傍に集中し，したがって積分の値は最尤推定値の近傍のふるまいに依存することを利用している．

いま，パラメータ $\boldsymbol{\theta}$ の最尤推定値 $\hat{\boldsymbol{\theta}}$ に対して，対数尤度関数 $\ell(\boldsymbol{\theta})$ の $\hat{\boldsymbol{\theta}}$ のまわりでのテイラー展開は，$\partial \ell(\boldsymbol{\theta})/\partial \boldsymbol{\theta}|_{\hat{\boldsymbol{\theta}}} = 0$ となることから

$$\ell(\boldsymbol{\theta}) = \ell(\hat{\boldsymbol{\theta}}) - \frac{n}{2}(\boldsymbol{\theta} - \hat{\boldsymbol{\theta}})' J(\hat{\boldsymbol{\theta}})(\boldsymbol{\theta} - \hat{\boldsymbol{\theta}}) + \cdots \tag{6.12}$$

となる．ただし

$$J(\hat{\boldsymbol{\theta}}) = -\frac{1}{n}\frac{\partial^2 \ell(\boldsymbol{\theta})}{\partial \boldsymbol{\theta}\partial \boldsymbol{\theta}'}\bigg|_{\hat{\boldsymbol{\theta}}} = -\frac{1}{n}\frac{\partial^2 \log f(\boldsymbol{x}_n|\boldsymbol{\theta})}{\partial \boldsymbol{\theta}\partial \boldsymbol{\theta}'}\bigg|_{\hat{\boldsymbol{\theta}}} \tag{6.13}$$

とする．同様に事前分布 $\pi(\boldsymbol{\theta})$ を最尤推定値 $\hat{\boldsymbol{\theta}}$ のまわりで，以下のようにテイラー展開する．

$$\pi(\boldsymbol{\theta}) = \pi(\hat{\boldsymbol{\theta}}) + (\boldsymbol{\theta} - \hat{\boldsymbol{\theta}})' \frac{\partial \pi(\boldsymbol{\theta})}{\partial \boldsymbol{\theta}}\bigg|_{\hat{\boldsymbol{\theta}}} + \cdots \tag{6.14}$$

(6.12) 式と (6.14) 式を (6.11) 式へ代入して整理すると，周辺尤度は次のように

近似される．

$$p(\boldsymbol{x}_n) = \int \exp\left\{\ell(\hat{\boldsymbol{\theta}}) - \frac{n}{2}(\boldsymbol{\theta}-\hat{\boldsymbol{\theta}})'J(\hat{\boldsymbol{\theta}})(\boldsymbol{\theta}-\hat{\boldsymbol{\theta}})+\cdots\right\}$$
$$\times \left\{\pi(\hat{\boldsymbol{\theta}}) + (\boldsymbol{\theta}-\hat{\boldsymbol{\theta}})'\left.\frac{\partial \pi(\boldsymbol{\theta})}{\partial \boldsymbol{\theta}}\right|_{\hat{\boldsymbol{\theta}}}+\cdots\right\}d\boldsymbol{\theta}$$
$$\approx \exp\left\{\ell(\hat{\boldsymbol{\theta}})\right\}\pi(\hat{\boldsymbol{\theta}})\int \exp\left\{-\frac{n}{2}(\boldsymbol{\theta}-\hat{\boldsymbol{\theta}})'J(\hat{\boldsymbol{\theta}})(\boldsymbol{\theta}-\hat{\boldsymbol{\theta}})\right\}d\boldsymbol{\theta} \quad (6.15)$$

ここで，n が無限に大きくなるとき，$\hat{\boldsymbol{\theta}}$ は $\boldsymbol{\theta}$ に確率収束し，収束のオーダーは $\hat{\boldsymbol{\theta}}-\boldsymbol{\theta} = O_p(n^{-1/2})$ であること，および

$$\int (\boldsymbol{\theta}-\hat{\boldsymbol{\theta}})\exp\left\{-\frac{n}{2}(\boldsymbol{\theta}-\hat{\boldsymbol{\theta}})'J(\hat{\boldsymbol{\theta}})(\boldsymbol{\theta}-\hat{\boldsymbol{\theta}})\right\}d\boldsymbol{\theta} = \boldsymbol{0} \quad (6.16)$$

となることを用いた．

(6.15) 式の最右辺のパラメータ $\boldsymbol{\theta}$ に関する積分は，被積分関数が平均ベクトル $\hat{\boldsymbol{\theta}}$，分散共分散行列 $J^{-1}(\hat{\boldsymbol{\theta}})/n$ の p 次元正規分布の密度関数であることから

$$\int \exp\left\{-\frac{n}{2}(\boldsymbol{\theta}-\hat{\boldsymbol{\theta}})'J(\hat{\boldsymbol{\theta}})(\boldsymbol{\theta}-\hat{\boldsymbol{\theta}})\right\}d\boldsymbol{\theta} = (2\pi)^{p/2}n^{-p/2}|J(\hat{\boldsymbol{\theta}})|^{-1/2} \quad (6.17)$$

となる．したがって，周辺尤度はデータ数 n を大きくしたとき

$$p(\boldsymbol{x}_n) \approx \exp\left\{\ell(\hat{\boldsymbol{\theta}})\right\}\pi(\hat{\boldsymbol{\theta}})(2\pi)^{p/2}n^{-p/2}|J(\hat{\boldsymbol{\theta}})|^{-1/2} \quad (6.18)$$

と近似されることがわかる．この式の対数をとり -2 を乗じると

$$-2\log p(\boldsymbol{x}_n) = -2\log\left\{\int f(\boldsymbol{x}_n|\boldsymbol{\theta})\pi(\boldsymbol{\theta})d\boldsymbol{\theta}\right\}$$
$$\approx -2\ell(\hat{\boldsymbol{\theta}}) + p\log n + \log|J(\hat{\boldsymbol{\theta}})| - p\log(2\pi) - 2\log\pi(\hat{\boldsymbol{\theta}}) \quad (6.19)$$

となる．ここで，データ数 n に関するオーダー $O(1)$ 以下の項を無視すると，次のモデル評価基準 BIC が求まる．

[ベイズ型モデル評価基準 BIC]

$$\text{BIC} = -2\log f(\boldsymbol{x}_n|\hat{\boldsymbol{\theta}}) + p\log n \quad (6.20)$$

以上から BIC は，最尤法によって推定されたモデルの評価基準であり，この基準はデータ数 n を十分大きくしたもとで，モデルの事後確率に対応する周辺尤度を積分のラプラス法によって近似することによって得られたものであることがわかる．では，BIC を 4.3 節で述べた正則化法によって推定したモデルの評価を可能とする評価基準へと拡張するにはどうすればよいであろうか．次項

では，ラプラス近似を適用して BIC を拡張したモデル評価基準を導出する．

Rissanen(1989) は，与えられた確率モデルの族 $\{f(x|\boldsymbol{\theta}); \boldsymbol{\theta} \in \Theta \subset \mathbb{R}^p\}$ を用いてデータを符号化して送信するときの最小符号長の概念から **MDL**(minimum description length) **基準**と呼ばれるモデルを提唱した．

いま，データ $\boldsymbol{x}_n = \{x_1, x_2, \cdots, x_n\}$ は $f(x|\boldsymbol{\theta})$ に従って観測されたとする．モデルのパラメータ $\boldsymbol{\theta}$ は未知であるからまず $\boldsymbol{\theta}$ を符号化して送信し，次に $\boldsymbol{\theta}$ で定まる確率分布 $f(x|\boldsymbol{\theta})$ を用いてデータ $\boldsymbol{x}_n$ を符号化して送信するものとする．このとき，$\boldsymbol{\theta}$ が与えられたとき，データの符号化に要する符号語長は $-\log f(\boldsymbol{x}_n|\boldsymbol{\theta})$ であり，これに確率分布モデル自身の記述長を加えたのが全符号長である．この全符号長を最小とする確率分布モデルが，データ $\boldsymbol{x}_n$ を最短で符号化できる確率分布である．

ここで，パラメータが実数の場合には，$\boldsymbol{\theta}$ を厳密に符号化するには無限桁の符号語長が必要となる．そこで，パラメータ空間 $\Theta \in \mathbb{R}^p$ を 1 辺 δ の微小な直方体に分割して離散化し，符号化するものとする．このとき，全体の符号長は δ の大きさに依存して変化するが，この分割幅 δ に関する最小値は

$$\ell(\boldsymbol{x}_n) = -\log f(\boldsymbol{x}_n|\hat{\boldsymbol{\theta}}) + \frac{p}{2}\log n - \frac{p}{2}\log 2\pi + \log \int \sqrt{|J(\boldsymbol{\theta})|}d\boldsymbol{\theta} + O(n^{-1/2})$$

で近似される．ここで，$O(\log n)$ までの項を残すと，最小符号語長として

$$\mathrm{MDL} = -\log f(\boldsymbol{x}_n|\boldsymbol{\theta}) + \frac{p}{2}\log n$$

が得られる．ただし，右辺第1項は，最尤推定値 $\hat{\boldsymbol{\theta}}$ で定められる確率分布 $f(x|\hat{\boldsymbol{\theta}})$ を符号化関数として用いてデータ $\boldsymbol{x}_n$ を送信する際の符号語長，第 2 項は最尤推定値 $\hat{\boldsymbol{\theta}}$ を $\delta = O(n^{-1/2})$ の精度で符号化して送るための符号語長である．詳しくは，韓・小林 (1999) 等を参照されたい．最小符号語長がモデルの事後確率から導かれた BIC と同じ結果となることは大変興味深い．

6.1.4 BIC の 拡 張

パラメトリックモデル $f(x|\boldsymbol{\theta})(\boldsymbol{\theta} \in \Theta \subset \mathbb{R}^p)$ に対して，正則化法によって推定した統計モデルを $f(x|\hat{\boldsymbol{\theta}}_P)$ とする．ここで，$\hat{\boldsymbol{\theta}}_P$ は正則化対数尤度関数

$$\ell_\lambda(\boldsymbol{\theta}) = \log f(\boldsymbol{x}_n|\boldsymbol{\theta}) - \frac{n\lambda}{2}\boldsymbol{\theta}'K\boldsymbol{\theta} \tag{6.21}$$

の最大化によって得られる推定値である.ただし,K は $p \times p$ 定数行列で,その階数は $p-k$ とする.目的は,統計モデル $f(x|\hat{\boldsymbol{\theta}}_P)$ の評価基準をベイズアプローチによって求めることにある.

(6.21) 式の正則化対数尤度関数は,

$$\ell_\lambda(\boldsymbol{\theta}) = \log f(\boldsymbol{x}_n|\boldsymbol{\theta}) + \log\left\{\exp\left(-\frac{n\lambda}{2}\boldsymbol{\theta}'K\boldsymbol{\theta}\right)\right\}$$

$$= \log\left\{f(\boldsymbol{x}_n|\boldsymbol{\theta})\exp\left(-\frac{n\lambda}{2}\boldsymbol{\theta}'K\boldsymbol{\theta}\right)\right\} \qquad (6.22)$$

と書き直すことができる.ここで,右辺の指数関数の項を平均ベクトル $\boldsymbol{0}$ の退化した p 次元正規分布と見なして,密度関数となるように定数項を付与すると

$$\pi(\boldsymbol{\theta}|\lambda) = (2\pi)^{-(p-k)/2}(n\lambda)^{(p-k)/2}|K|_+^{1/2}\exp\left(-\frac{n\lambda}{2}\boldsymbol{\theta}'K\boldsymbol{\theta}\right) \qquad (6.23)$$

となる.ただし,$|K|_+$ は,階数 $p-k$ の定数行列 K の 0 でない固有値の積とする.この分布は,平滑化パラメータ λ を超パラメータとする事前分布と考えることができる.

(6.23) 式の p 次元正規分布を $\boldsymbol{\theta}$ の事前分布とするモデルの周辺尤度は

$$p(\boldsymbol{x}_n|\lambda) = \int f(\boldsymbol{x}_n|\boldsymbol{\theta})\pi(\boldsymbol{\theta}|\lambda)d\boldsymbol{\theta} \qquad (6.24)$$

である.この周辺尤度は,次のように書き直すことができる.

$$p(\boldsymbol{x}_n|\lambda) = \int f(\boldsymbol{x}_n|\boldsymbol{\theta})\pi(\boldsymbol{\theta}|\lambda)d\boldsymbol{\theta}$$

$$= \int \exp\left[n \times \frac{1}{n}\log\{f(\boldsymbol{x}_n|\boldsymbol{\theta})\pi(\boldsymbol{\theta}|\lambda)\}\right]d\boldsymbol{\theta}$$

$$= \int \exp\{nq(\boldsymbol{\theta}|\lambda)\}d\boldsymbol{\theta} \qquad (6.25)$$

ここで,

$$q(\boldsymbol{\theta}|\lambda) = \frac{1}{n}\log\{f(\boldsymbol{x}_n|\boldsymbol{\theta})\pi(\boldsymbol{\theta}|\lambda)\}$$

$$= \frac{1}{n}\{\log f(\boldsymbol{x}_n|\boldsymbol{\theta}) + \log\pi(\boldsymbol{\theta}|\lambda)\} \qquad (6.26)$$

のモードは,(6.21) 式の最大化によって得られる解,すなわち正則化推定値に等しいことに注意して,(6.9) 式の積分のラプラス法によって近似すると,次のモデル評価基準を得る (Konishi, Ando and Imoto(2004)).

[正則化法に基づく統計モデルの評価基準 GBIC]

$$\begin{aligned}\text{GBIC} &= -2\log\left\{\int f(\boldsymbol{x}_n|\boldsymbol{\theta})\pi(\boldsymbol{\theta}|\lambda)d\boldsymbol{\theta}\right\}\\ &\approx -2\log f(\boldsymbol{x}_n|\hat{\boldsymbol{\theta}}_P)+n\lambda\hat{\boldsymbol{\theta}}'_P K\hat{\boldsymbol{\theta}}_P+k\log n\\ &\quad +\log|J_\lambda(\hat{\boldsymbol{\theta}}_P)|-(p-k)\log\lambda-\log|K|_+-k\log(2\pi)\end{aligned} \qquad (6.27)$$

ただし,

$$J_\lambda(\hat{\boldsymbol{\theta}}_P) = -\frac{1}{n}\left.\frac{\partial^2\log f(\boldsymbol{x}_n|\boldsymbol{\theta})}{\partial\boldsymbol{\theta}\partial\boldsymbol{\theta}'}\right|_{\hat{\boldsymbol{\theta}}_P}+\lambda K \qquad (6.28)$$

とする.

モデル評価基準 GBIC は平滑化パラメータ λ の選択に用いることができ,GBIC を最小とする λ を最適な平滑化パラメータの値として選択する.これは,平滑化パラメータによって特徴づけられたモデルの族の中から最適なモデルを選択することを意味する.

以上の議論より正則化法をベイズの観点から解釈すると,正則化推定量は,モデル $f(\boldsymbol{x}_n|\boldsymbol{\theta})$ に対して p 次元パラメータ $\boldsymbol{\theta}$ の事前分布として (6.23) 式で与えられる密度関数を考えたとき,各平滑化パラメータの値に対して,事後確率

$$\pi(\boldsymbol{\theta}|\boldsymbol{x}_n;\lambda) = \frac{f(\boldsymbol{x}_n|\boldsymbol{\theta})\pi(\boldsymbol{\theta}|\lambda)}{\int f(\boldsymbol{x}_n|\boldsymbol{\theta})\pi(\boldsymbol{\theta}|\lambda)d\boldsymbol{\theta}} \qquad (6.29)$$

の最大化 (モード) によって得られる推定値と一致することがわかる.

[例 1] p 次元説明変数ベクトル $\boldsymbol{x}$ と目的変数 Y に対して,n 個のデータ $\{(\boldsymbol{x}_\alpha, y_\alpha); \alpha = 1, 2, \cdots, n\}$ が観測されたとする.いま,4.3.4 項で述べた基底関数の展開式に基づく回帰モデル

$$\begin{aligned}y_\alpha &= \sum_{i=1}^m w_i b_i(\boldsymbol{x}_\alpha)+\varepsilon_\alpha\\ &= \boldsymbol{w}'\boldsymbol{b}(\boldsymbol{x}_\alpha)+\varepsilon_\alpha, \qquad \alpha = 1, 2, \cdots, n\end{aligned} \qquad (6.30)$$

を仮定する.ただし,$\varepsilon_\alpha(\alpha = 1, 2, \cdots, n)$ は,互いに独立に平均 0, 分散 σ^2 の正規分布に従うとする.このとき,基底展開に基づく回帰モデルは,確率密度関数

$$f(y_\alpha|\boldsymbol{x}_\alpha;\boldsymbol{\theta}) = \frac{1}{\sqrt{2\pi\sigma^2}}\exp\left[-\frac{\{y_\alpha-\boldsymbol{w}'\boldsymbol{b}(\boldsymbol{x}_\alpha)\}^2}{2\sigma^2}\right] \qquad (6.31)$$

で表現される．ここで，$\boldsymbol{\theta} = (\boldsymbol{w}', \sigma^2)'$ とする．

モデルのパラメータ $\boldsymbol{\theta}$ は，(6.21)式の正則化対数尤度関数の最大化によって推定すると，$\boldsymbol{w}$ と σ^2 の推定量は，それぞれ次の式で与えられる．

$$\hat{\boldsymbol{w}} = (B'B + n\lambda \hat{\sigma}^2 K)^{-1} B' \boldsymbol{y}, \qquad \hat{\sigma}^2 = \frac{1}{n}(\boldsymbol{y} - B\hat{\boldsymbol{w}})'(\boldsymbol{y} - B\hat{\boldsymbol{w}}) \qquad (6.32)$$

ただし，行列 B は基底関数からなる $n \times m$ 行列で，$B = (\boldsymbol{b}(\boldsymbol{x}_1), \boldsymbol{b}(\boldsymbol{x}_2), \cdots, \boldsymbol{b}(\boldsymbol{x}_n))'$ とする (4.3.4項を参照)．したがって，(6.31)式のパラメータ $\boldsymbol{\theta} = (\boldsymbol{w}', \sigma^2)'$ を推定量 $\hat{\boldsymbol{\theta}}_P = (\hat{\boldsymbol{w}}', \hat{\sigma}^2)'$ で置き換えた確率密度関数 $f(y_\alpha | \boldsymbol{x}_\alpha; \hat{\boldsymbol{\theta}}_P)$ が統計モデルである．

正則化法で推定した統計モデル $f(y_\alpha | \boldsymbol{x}_\alpha; \hat{\boldsymbol{\theta}}_P)$ の評価基準は，(6.27)式のGBICを適用すると

$$\begin{aligned}
\text{GBIC} = {} & n \log \hat{\sigma}^2 + n\lambda \hat{\boldsymbol{w}}' K \hat{\boldsymbol{w}} + n + n \log(2\pi) \\
& + (k+1)\log n + \log |J_\lambda(\hat{\boldsymbol{\theta}}_P)| - \log |K|_+ \\
& - (m-k)\log \lambda - (k+1)\log(2\pi)
\end{aligned} \qquad (6.33)$$

で与えられる．ただし，$(m+1) \times (m+1)$ 行列 $J_\lambda(\hat{\boldsymbol{\theta}}_P)$ は，n 次元残差ベクトル $\boldsymbol{e} = (y_1 - \hat{\boldsymbol{w}}'\boldsymbol{b}(\boldsymbol{x}_1), y_2 - \hat{\boldsymbol{w}}'\boldsymbol{b}(\boldsymbol{x}_2), \cdots, y_n - \hat{\boldsymbol{w}}'\boldsymbol{b}(\boldsymbol{x}_n))'$ に対して

$$J_\lambda(\hat{\boldsymbol{\theta}}_P) = \frac{1}{n\hat{\sigma}^2} \begin{bmatrix} B'B + n\lambda\hat{\sigma}^2 K & \dfrac{1}{\hat{\sigma}^2} B'\boldsymbol{e} \\ \dfrac{1}{\hat{\sigma}^2} \boldsymbol{e}'B & \dfrac{n}{2\hat{\sigma}^2} \end{bmatrix} \qquad (6.34)$$

である．

6.2 赤池のベイズ型情報量規準 ABIC

パラメトリックモデル $\{f(x|\boldsymbol{\theta}); \boldsymbol{\theta} \in \Theta \subset \mathbb{R}^p\}$ に対してデータ $\boldsymbol{x}_n$ の分布を $f(\boldsymbol{x}_n|\boldsymbol{\theta})$ とし，p 次元パラメータ $\boldsymbol{\theta}$ の事前分布 $\pi(\boldsymbol{\theta}|\boldsymbol{\lambda})$ は，**超パラメータ**あるいは**ハイパーパラメータ**と呼ばれる q 次元パラメータ $\boldsymbol{\lambda} (\in \Lambda \subset \mathbb{R}^q)$ により規定されるものとする．このとき，データ $\boldsymbol{x}_n$ の周辺分布あるいは周辺尤度は

$$p(\boldsymbol{x}_n|\boldsymbol{\lambda}) = \int f(\boldsymbol{x}_n|\boldsymbol{\theta})\pi(\boldsymbol{\theta}|\boldsymbol{\lambda}) d\boldsymbol{\theta} \qquad (6.35)$$

で与えられる．このベイズモデルの周辺分布 $p(\boldsymbol{x}_n|\boldsymbol{\lambda})$ を，超パラメータ $\boldsymbol{\lambda}$ をもつパラメトリックモデルと考えると，モデルの評価は AIC の枠組みで捉えることができ，その評価基準は

6.2 赤池のベイズ型情報量規準 ABIC

$$\text{ABIC} = -2\log\left\{\max_{\boldsymbol{\lambda}} p(\boldsymbol{x}_n|\boldsymbol{\lambda})\right\} + 2q$$

$$= -2\max_{\boldsymbol{\lambda}}\log\left\{\int f(\boldsymbol{x}_n|\boldsymbol{\theta})\pi(\boldsymbol{\theta}|\boldsymbol{\lambda})d\boldsymbol{\theta}\right\} + 2q \tag{6.36}$$

で与えられる．この評価基準は，Akaike(1980) によって提唱され，**ベイズ型情報量規準 ABIC**(Akaike's Bayesian information criterion) と呼ばれている．

この方法によると，ベイズモデルの超パラメータ $\boldsymbol{\lambda}$ の値は，周辺尤度 $p(\boldsymbol{x}_n|\boldsymbol{\lambda})$ あるいは対数周辺尤度 $\log p(\boldsymbol{x}|\boldsymbol{\lambda})$ の最大化によって推定される．すなわち，超パラメータ $\boldsymbol{\lambda}$ を $p(\boldsymbol{x}_n|\boldsymbol{\lambda})$ に関する最尤法によって推定しているものと見なすことができる．また，超パラメータによって特徴付けられたベイズモデルが複数あり，そのよさを相対的に比較する必要がある場合には，ABIC を最小とするモデルを選択すればよい．

このようにして推定した超パラメータを $\hat{\boldsymbol{\lambda}}$ とすると，パラメータ $\boldsymbol{\theta}$ の事前分布 $\pi(\boldsymbol{\theta}|\hat{\boldsymbol{\lambda}})$ に対して，$\boldsymbol{\theta}$ の事後分布

$$\pi(\boldsymbol{\theta}|\boldsymbol{x}_n; \hat{\boldsymbol{\lambda}}) = \frac{f(\boldsymbol{x}_n|\boldsymbol{\theta})\pi(\boldsymbol{\theta}|\hat{\boldsymbol{\lambda}})}{\int f(\boldsymbol{x}_n|\boldsymbol{\theta})\pi(\boldsymbol{\theta}|\hat{\boldsymbol{\lambda}})d\boldsymbol{\theta}} \tag{6.37}$$

が求まる．これから，パラメータ $\boldsymbol{\theta}$ の推定値としては通常，事後分布のモード，すなわち $\pi(\boldsymbol{\theta}|\boldsymbol{x}_n; \hat{\boldsymbol{\lambda}}) \propto f(\boldsymbol{x}_n|\boldsymbol{\theta})\pi(\boldsymbol{\theta}|\hat{\boldsymbol{\lambda}})$ を最大とする $\hat{\boldsymbol{\theta}}$ が用いられる．

情報量規準 ABIC を用いるモデリングの目的は，超パラメータ $\boldsymbol{\lambda}$ の推定ではなく，パラメータ $\boldsymbol{\theta}$ あるいはそれによって定まるデータ $\boldsymbol{x}_n$ の分布の推定にある．ABIC 最小化法による推論は，周辺分布として与えられるデータ分布 $p(\boldsymbol{x}_n|\boldsymbol{\lambda})$ に関して最尤法による超パラメータ推定とモデル選択を行った後，パラメータ $\boldsymbol{\theta}$ の事後分布 $\pi(\boldsymbol{\theta}|\boldsymbol{x}_n; \hat{\boldsymbol{\lambda}})$ の最大化によって $\boldsymbol{\theta}$ の推定値を求めるという 2 段階推定を行ったものと見なすことができる．

この ABIC 最小化法は，最初は経済データの季節調整法の開発 (Akaike(1980b; 1980c), Akaike and Ishiguro(1980)) に用いられたが，その後，コホート分析 (中村 (1982))，2 値回帰モデル (Sakamoto and Ishiguro(1988))，地球潮汐分析 (石黒ほか (1984)) など様々な新しいモデルの開発に利用された．

6.3 ベイズ型予測分布モデルの評価

ベイズモデルに基づく予測分布は，データの分布を規定するパラメトリックモデル $\{f(x|\boldsymbol{\theta}); \boldsymbol{\theta} \in \Theta \subset \mathbb{R}^p\}$ とパラメータ $\boldsymbol{\theta}$ に対する事前分布 $\pi(\boldsymbol{\theta})$ に基づいて構成される．事前分布がさらに超パラメータ $\boldsymbol{\lambda}$ をもつ場合，その分布を $\pi(\boldsymbol{\theta}|\boldsymbol{\lambda})(\boldsymbol{\lambda} \in \Theta_\lambda \subset \mathbb{R}^q; q < p)$ と表す．

6.3.1 予測分布と予測尤度

未知の確率分布 $G(x)$ あるいは密度関数 $g(x)$ から生成される n 個のデータを $\boldsymbol{x}_n = \{x_1, x_2, \cdots, x_n\}$ とする．p 次元パラメータ $\boldsymbol{\theta}$ をもつパラメトリックモデルを $f(x|\boldsymbol{\theta})$ とし，パラメータ $\boldsymbol{\theta}$ の事前分布を $\pi(\boldsymbol{\theta})$ とするベイズモデルを考える．データ $\boldsymbol{x}_n$ が与えられたとき，ベイズの定理よりデータの分布 $f(\boldsymbol{x}_n|\boldsymbol{\theta}) = \prod_{\alpha=1}^{n} f(x_\alpha|\boldsymbol{\theta})$ を用いて $\boldsymbol{\theta}$ の**事後分布**は，

$$\pi(\boldsymbol{\theta}|\boldsymbol{x}_n) = \frac{f(\boldsymbol{x}_n|\boldsymbol{\theta})\pi(\boldsymbol{\theta})}{\int f(\boldsymbol{x}_n|\boldsymbol{\theta})\pi(\boldsymbol{\theta})d\boldsymbol{\theta}} \tag{6.38}$$

で与えられる．

このとき，データ $\boldsymbol{x}_n$ とは独立に観測される将来のデータ $\boldsymbol{z}_n = \{z_1, z_2, \cdots, z_n\}$ の従う分布 $g(\boldsymbol{z})$ を

$$h(\boldsymbol{z}|\boldsymbol{x}_n) = \int f(\boldsymbol{z}|\boldsymbol{\theta})\pi(\boldsymbol{\theta}|\boldsymbol{x}_n)d\boldsymbol{\theta} = \frac{\int f(\boldsymbol{z}|\boldsymbol{\theta})f(\boldsymbol{x}_n|\boldsymbol{\theta})\pi(\boldsymbol{\theta})d\boldsymbol{\theta}}{\int f(\boldsymbol{x}_n|\boldsymbol{\theta})\pi(\boldsymbol{\theta})d\boldsymbol{\theta}} \tag{6.39}$$

で近似する．この $h(\boldsymbol{z}|\boldsymbol{x}_n)$ は**予測分布**と呼ばれる．

以下では，データを生成する分布 $g(\boldsymbol{z})$ の近似としての予測分布のよさを平均対数尤度

$$E_{G(\boldsymbol{z})}[\log h(\boldsymbol{Z}|\boldsymbol{x}_n)] = \int g(\boldsymbol{z}) \log h(\boldsymbol{z}|\boldsymbol{x}_n) d\boldsymbol{z} \tag{6.40}$$

で評価するものとする．実際のモデリングにおいては，事前分布 $\pi(\boldsymbol{\theta})$ があらかじめ完全に規定されることは少ない．本節では，パラメータの事前分布が超パラメータと呼ばれる少数のパラメータ $\boldsymbol{\lambda} \in \Theta_\lambda \subset \mathbb{R}^q$ によって規定され，$\pi(\boldsymbol{\theta}|\boldsymbol{\lambda})$

と表されるものとする．このとき $\boldsymbol{\theta}$ の事後分布，$\boldsymbol{z}$ の予測分布およびデータ $\boldsymbol{x}_n$ の周辺分布をそれぞれ $\pi(\boldsymbol{\theta}|\boldsymbol{x}_n;\boldsymbol{\lambda})$, $h(\boldsymbol{z}|\boldsymbol{x}_n;\boldsymbol{\lambda})$, $p(\boldsymbol{x}_n|\boldsymbol{\lambda})$ と表すことにする．

通常のパラメトリックモデル $f(x|\boldsymbol{\theta})$ に対しては，

$$E_{G(\boldsymbol{x})}\left[\log f(\boldsymbol{X}_n|\boldsymbol{\theta}) - E_{G(\boldsymbol{z})}\left[\log f(\boldsymbol{Z}|\boldsymbol{\theta})\right]\right] = 0 \tag{6.41}$$

が成り立つ．ただし $E_{G(\boldsymbol{x})}$ と $E_{G(\boldsymbol{z})}$ は，それぞれ分布 G から得られたデータ $\boldsymbol{x}_n$ および $\boldsymbol{z}_n$ に関する期待値を表す．したがってこの場合，対数尤度 $\log f(\boldsymbol{x}_n|\boldsymbol{\theta})$ は平均対数尤度の不偏推定量であり，その自然な推定値となる．ベイズモデルの場合でも，周辺分布 $p(\boldsymbol{z}) = \int f(\boldsymbol{z}|\boldsymbol{\theta})\pi(\boldsymbol{\theta})d\boldsymbol{\theta}$ については同様の結果が導かれる．したがって，対数尤度がパラメータの推定のための自然な基準となる．

これに対して，超パラメータをもつ事前分布から構成されたベイズモデルの予測分布 $h(\boldsymbol{z}|\boldsymbol{x}_n;\boldsymbol{\lambda})$ の場合には，一般には

$$b_p(G,\boldsymbol{\lambda}) \equiv E_{G(\boldsymbol{x})}\left[\log h(\boldsymbol{X}_n|\boldsymbol{X}_n;\boldsymbol{\lambda}) - E_{G(\boldsymbol{z})}\left[\log h(\boldsymbol{Z}|\boldsymbol{X}_n;\boldsymbol{\lambda})\right]\right] \neq 0 \tag{6.42}$$

となるので，対数尤度は平均対数尤度の不偏推定量ではない．したがって，超パラメータ $\boldsymbol{\lambda}$ の推定に対しては，$\log h(\boldsymbol{x}_n|\boldsymbol{x}_n;\boldsymbol{\lambda})$ を最大化しても，近似的な平均対数尤度の最大化を行っていることにはならない．

この原因は，これまでの情報量規準の場合と同様，$\log h(\boldsymbol{x}_n|\boldsymbol{x}_n;\boldsymbol{\lambda})$ において同じデータ $\boldsymbol{x}_n$ が2回用いられていることにある．したがって，ベイズモデルの超パラメータの推定のために予測分布の評価を行うときには，このバイアスを補正した

$$\log h(\boldsymbol{x}_n|\boldsymbol{x}_n,\boldsymbol{\lambda}) - b_p(G,\boldsymbol{\lambda}) \tag{6.43}$$

を平均対数尤度の推定値として用いるのが自然である (Akaike(1980a), Kitagawa(1984))．

ここでは，これまでの情報量規準にならって，ベイズモデルの**予測情報量規準 PIC**(predictive information criterion) を

$$\text{PIC} = -2\log h(\boldsymbol{x}_n|\boldsymbol{x}_n;\boldsymbol{\lambda}) + 2b_p(G,\boldsymbol{\lambda}) \tag{6.44}$$

と定義する．超パラメータ $\boldsymbol{\lambda}$ が未知の場合には，この PIC を最小化することによって $\boldsymbol{\lambda}$ の値を推定することができる．ただし，一般のベイズモデルの予測分布に対して，このバイアスを解析的に求めることは困難である．そこで，次項

で線形ガウス型ベイズモデルの場合には，直接バイアスを求めることができることを示し，より一般のモデルに対しては，6.4節で積分のラプラス近似を用いる方法について述べる．

6.3.2 線形ガウス型ベイズモデルの情報量規準

この項では，線形ガウス型のベイズモデルを想定し，バイアス項 $b_p(G, \boldsymbol{\lambda})$ の具体的な値を求める．すなわち，n 次元観測値ベクトル $\boldsymbol{x}$ と p 次元パラメータ $\boldsymbol{\theta}$ の分布が，次のようにともに多変量正規分布である場合を考える．

$$\boldsymbol{X} \sim f(\boldsymbol{x}|\boldsymbol{\theta}) = N_n(A\boldsymbol{\theta}, R), \quad \boldsymbol{\theta} \sim \pi(\boldsymbol{\theta}|\boldsymbol{\lambda}) = N_p(\boldsymbol{\theta}_0, Q) \quad (6.45)$$

ここで，A は $n \times p$ 行列，R と Q は $n \times n$ および $p \times p$ 正則行列である．また，本項では，超パラメータ $\boldsymbol{\lambda} = (\boldsymbol{\theta}_0, Q)$ は既知とする．

(6.42)式で与えられるベイズモデルのバイアス項 $b_p(G, \boldsymbol{\lambda})$ は，真の分布に関する仮定に依存して変化する．簡単のために，以下では真の分布は $g(x) = f(x|\boldsymbol{\theta})$ と表されるものとする．さらに，モデル評価の目的として，超パラメータ $\boldsymbol{\lambda}$ のよさではなく，パラメータ $\boldsymbol{\theta}$ のよさを評価する場合を想定し，現在のデータ $\boldsymbol{x}$ と将来のデータ $\boldsymbol{z}$ が同じパラメータ $\boldsymbol{\theta}$ をもつ分布に従うものと仮定する．この場合には，バイアスは

$$\begin{aligned} b_p(G, \boldsymbol{\lambda}) &= E_{\Pi(\boldsymbol{\theta})} E_{G(\boldsymbol{x}|\boldsymbol{\theta})}[\log h(\boldsymbol{X}_n|\boldsymbol{X}_n;\boldsymbol{\lambda}) - E_{G(\boldsymbol{z}|\boldsymbol{\theta})} \log h(\boldsymbol{Z}|\boldsymbol{X}_n;\boldsymbol{\lambda})] \\ &= \int \left[\int \left\{ \log h(\boldsymbol{x}|\boldsymbol{x},\boldsymbol{\lambda}) - \int f(\boldsymbol{z}|\boldsymbol{\theta}) \log h(\boldsymbol{z}|\boldsymbol{x};\boldsymbol{\lambda}) d\boldsymbol{z} \right\} \right. \\ &\quad \left. \times f(\boldsymbol{x}|\boldsymbol{\theta}) d\boldsymbol{x} \right] \pi(\boldsymbol{\theta}|\boldsymbol{\lambda}) d\boldsymbol{\theta} \end{aligned} \quad (6.46)$$

を計算することによって求められる．

上記の線形ガウス型ベイズモデルの場合には，6.3.3項で示すように，このバイアスを計算すると $b_p(G, \boldsymbol{\lambda}) = \mathrm{tr}\{(2W+R)^{-1}W\}$ となる．ただし，$W = AQA'$ である．したがって，予測情報量規準 PIC は以下の式で与えられる．

$$\mathrm{PIC} = -2\log f(\boldsymbol{x}|\boldsymbol{x},\boldsymbol{\lambda}) + 2\mathrm{tr}\{(2W+R)^{-1}W\} \quad (6.47)$$

同様のバイアス補正量は，モデル $f(\boldsymbol{x}|\boldsymbol{\theta})$ のパラメータが

$$\tilde{\boldsymbol{\theta}} = \arg\max_{\boldsymbol{\theta}} \pi(\boldsymbol{\theta}|\boldsymbol{x}) \quad (6.48)$$

で定義される最大事後確率 (MAP; maximum a posteriori estimate) 推定値によ

る場合にも求められ，以下のようになる．
$$\tilde{b}_p(G, \boldsymbol{\lambda}) = \mathrm{tr}\{(W+R)^{-1}W\} \tag{6.49}$$

6.3.3 予測情報量規準 PIC の導出

線形ガウス型ベイズモデルに対する予測情報量規準 PIC を導出するために，以下の補題を利用する．

[補題] n 次元確率ベクトル $\boldsymbol{x}$ の分布 $f(\boldsymbol{x}|\boldsymbol{\theta})$ は，n 次元正規分布 $N_n(A\boldsymbol{\theta}, R)$ とし，p 次元パラメータ $\boldsymbol{\theta}$ の分布 $\pi(\boldsymbol{\theta})$ は，p 次元正規分布 $N_p(\boldsymbol{\theta}_0, Q)$ とする．このとき，次の結果を得る．

(i) $\boldsymbol{x}$ の周辺分布
$$p(\boldsymbol{x}) = \int f(\boldsymbol{x}|\boldsymbol{\theta})\pi(\boldsymbol{\theta})d\boldsymbol{\theta} \tag{6.50}$$
は，$N_n(A\boldsymbol{\theta}_0, W+R)$ で与えられる．ただし，$W = AQA'$ とする．

(ii) $\boldsymbol{\theta}$ の事後分布
$$\pi(\boldsymbol{\theta}|\boldsymbol{x}) = \frac{f(\boldsymbol{x}|\boldsymbol{\theta})\pi(\boldsymbol{\theta})}{\int f(\boldsymbol{x}|\boldsymbol{\theta})\pi(\boldsymbol{\theta})d\boldsymbol{\theta}} \tag{6.51}$$
は，$N_p(\boldsymbol{\xi}, V)$ である．ただし，平均ベクトル $\boldsymbol{\xi}$ と分散共分散行列 V は，次で与えられる．
$$\begin{aligned}
\boldsymbol{\xi} &= \boldsymbol{\theta}_0 + QA'(W+R)^{-1}(\boldsymbol{x} - A\boldsymbol{\theta}_0), \\
V &= Q - QA'(W+R)^{-1}AQ \\
&= (W + Q^{-1})^{-1}
\end{aligned} \tag{6.52}$$

以下では，この補題を用いて周辺分布や事後分布の具体的な形を求める．(6.52) 式からわかるように，ξ, V, W は $\boldsymbol{\lambda}$ に依存するので $\xi(\boldsymbol{\lambda}), V(\boldsymbol{\lambda}), W(\boldsymbol{\lambda})$ と書くべきであるが，以下では簡単のために単に ξ, V, W と表すことにする．

(6.45) 式の線形ガウス型のベイズモデルに対して補題 (i)(ii) を適用すると，周辺分布 $p(\boldsymbol{x}|\boldsymbol{\lambda})$ と事後分布 $\pi(\boldsymbol{\theta}|\boldsymbol{x}; \boldsymbol{\lambda})$ はそれぞれ
$$p(\boldsymbol{x}|\boldsymbol{\lambda}) \sim N_n(A\boldsymbol{\theta}_0, W+R), \quad \pi(\boldsymbol{\theta}|\boldsymbol{x}; \boldsymbol{\lambda}) \sim N_p(\boldsymbol{\xi}, V), \tag{6.53}$$
となる．ただし，$\boldsymbol{\xi}$ と V は，(6.52) 式で与えられる事後分布の平均ベクトルと分散共分散行列である．このとき，事後分布 $\pi(\boldsymbol{\theta}|\boldsymbol{x}, \boldsymbol{\lambda})$ に対して，(6.39) 式で定

義される予測分布は

$$h(z|x) = \int f(z|\theta)\pi(\theta|x;\lambda)d\theta \sim N_n(\mu, \Sigma) \tag{6.54}$$

となる．ただし，

$$\mu = A\xi = W(W+R)^{-1}x + R(W+R)^{-1}A\theta_0,$$
$$\Sigma = AVA' + R$$
$$= W(W+R)^{-1}R + R = (2W+R)(W+R)^{-1}R \tag{6.55}$$

である．

したがって

$$\log h(z|x;\lambda) = -\frac{n}{2}\log(2\pi) - \frac{1}{2}\log|\Sigma| - \frac{1}{2}(z-\mu)'\Sigma^{-1}(z-\mu) \tag{6.56}$$

より，対数尤度と平均対数尤度の差の期待値は

$$E_{G(x)}\left[\log h(X|X;\lambda) - E_{G(z)}[\log h(Z|X;\lambda)]\right]$$
$$= -\frac{1}{2}E_{G(x)}[(X-\mu)'\Sigma^{-1}(X-\mu) - E_{G(z)}(Z-\mu)'\Sigma^{-1}(Z-\mu)]$$
$$= -\frac{1}{2}\text{tr}\{\Sigma^{-1}E_{G(x)}[(X-\mu)(X-\mu)' - E_{G(z)}[(Z-\mu)(Z-\mu)']]\} \tag{6.57}$$

となる．ここで μ は X に依存することに注意する．

特に，真の分布 $g(z)$ が $f(z|\theta_0) \sim N_n(A\theta_0, R)$ で与えられる場合には

$$E_{G(z|\theta)}[(Z-\mu)(Z-\mu)']$$
$$= E_{G(z|\theta)}[(Z-A\theta_0)(Z-A\theta_0)'] + (A\theta_0-\mu)(A\theta_0-\mu)' \tag{6.58}$$

となる．ここで $\Delta\theta \equiv \theta - \theta_0$ とおくと

$$A\theta_0 - \mu = W(W+R)^{-1}(A\theta_0 - x) + R(W+R)^{-1}A\Delta\theta,$$
$$x - \mu = R(W+R)^{-1}\{(x - A\theta_0) + A\Delta\theta\} \tag{6.59}$$

となる．したがって，$R = R(W+R)^{-1}W + R(W+R)^{-1}R$ と $\Sigma = R(W+R)^{-1}(2W+R)$ を用いると，(6.58)，(6.59) 式より

$$E_{G(x|\theta)}\left[E_{G(z|\theta)}[(Z-\mu)(Z-\mu)'] - (X-\mu)(X-\mu)'\right]$$
$$= R + W(W+R)^{-1}R(W+R)^{-1}W - R(W+R)^{-1}R(W+R)^{-1}R$$
$$= W(W+R)^{-1}R + R(W+R)^{-1}W$$
$$= \Sigma - R(W+R)^{-1}R \tag{6.60}$$

となる．この場合，(6.57) 式よりバイアス項は

6.3 ベイズ型予測分布モデルの評価

$$\begin{aligned}b_p(G,\boldsymbol{\lambda}) &= E_{\Pi(\boldsymbol{\theta})}E_{G(\boldsymbol{x}|\boldsymbol{\theta})}\left[\log h(\boldsymbol{X}|\boldsymbol{X};\boldsymbol{\lambda})-E_{G(\boldsymbol{z}|\boldsymbol{\theta})}[\log h(\boldsymbol{Z}|\boldsymbol{X};\boldsymbol{\lambda})]\right]\\ &= \frac{1}{2}\mathrm{tr}\left[\Sigma^{-1}\{\Sigma-R(W+R)^{-1}R\}\right]\\ &= \frac{1}{2}\mathrm{tr}\left\{I-(2W+R)^{-1}R\right\}\\ &= \mathrm{tr}\left\{(2W+R)^{-1}W\right\}\end{aligned}\quad (6.61)$$

と評価される.ここで,$G(\boldsymbol{x}|\boldsymbol{\theta})$ に関する期待値は $\boldsymbol{\theta}$ の値によらず一定となるので,実際には $\boldsymbol{\theta}$ に関する積分は不要であることに注意しておく.さらに,バイアス項は個々のデータ $\boldsymbol{x}$ に依存せず,真の分散共分散行列 R と Q だけで定まることにも注意する.

以上から線形ガウス型ベイズモデルの場合,予測情報量規準 PIC は次の式で与えられる.

$$\mathrm{PIC} = n\log(2\pi)+\log|\Sigma|+(\boldsymbol{x}-\boldsymbol{\mu})'\Sigma^{-1}(\boldsymbol{x}-\boldsymbol{\mu})+2\mathrm{tr}\{(2W+R)^{-1}W\} \quad (6.62)$$

ただし,μ と Σ は,(6.55) 式で定義されたものとする.

6.3.4 数　値　例

データ $x_\alpha(\alpha=1,2,\cdots,n)$ は,平均 μ_α,分散 σ^2 の正規分布モデル

$$x_\alpha = \mu_\alpha+w_\alpha,\quad w_\alpha \sim N(0,\sigma^2) \quad (6.63)$$

に従って観測されたとする.ただし,μ_α は真の平均値とし,観測ノイズ w_α の分散 σ^2 は既知とする.ここで,平均値関数 μ_α の推定のためにトレンドモデル

$$x_\alpha = t_\alpha+w_\alpha,\quad w_\alpha \sim N(0,\sigma^2) \quad (6.64)$$

を考えることにする.トレンド成分 t_α に対しては

$$t_\alpha = t_{\alpha-1}+v_\alpha,\quad v_\alpha \sim N(0,\tau^2) \quad (6.65)$$

という制約モデルを想定する

このとき,(6.64) 式と (6.65) 式は,次のようなベイズモデルとして定式化される.

$$\boldsymbol{x} = \boldsymbol{\theta}+\boldsymbol{w},\quad B\boldsymbol{\theta} = \boldsymbol{\theta}_*+\boldsymbol{v} \quad (6.66)$$

ただし,$\boldsymbol{x}=(x_1,x_2,\cdots,x_n)'$,$\boldsymbol{\theta}=(t_1,t_2,\cdots,t_n)'$,$\boldsymbol{w}=(w_1,w_2,\cdots,w_n)'$,$\boldsymbol{v}=(v_1,v_2,\cdots,v_n)'$ とし,$\boldsymbol{\theta}$ と $\boldsymbol{w}$ および $\boldsymbol{\theta}_*$ と $\boldsymbol{v}$ は独立とする.また,B と $\boldsymbol{\theta}_*$ は以下のように定義される $n\times n$ 行列および n 次元ベクトルとする.

$$B = \begin{bmatrix} 1 & & & \\ -1 & 1 & & \\ & \ddots & \ddots & \\ & & -1 & 1 \end{bmatrix}, \quad \boldsymbol{\theta}_* = \begin{bmatrix} t_0 \\ 0 \\ \vdots \\ 0 \end{bmatrix} \quad (6.67)$$

さらに，簡単のために $t_0 = \varepsilon_0$, $\varepsilon_0 \sim N(0,1)$ と仮定する

このとき，$Q_0 = \text{diag}\{\tau^2+\alpha, \tau^2, \cdots, \tau^2\}$ とおくと，$Q = B^{-1}Q_0(B^{-1})'$ となる．ここで，$\boldsymbol{\theta}_0 = B^{-1}\boldsymbol{\theta}_*$ とすると

$$\boldsymbol{\theta} \sim N_n(\boldsymbol{\theta}_0, B^{-1}Q_0(B^{-1})') \quad (6.68)$$

となる．したがって，n 次元単位行列 I_n に対して $A = [I_n|I_n], Q = B^{-1}Q_0(B^{-1})'$, $R = \sigma^2 I_n$ とおくことにより，このモデルは (6.45) 式の線形ガウス型ベイズモデルとなる．

図 6.2 は，$n = 20$ と 100 の場合について，$\lambda = \tau^2/\sigma^2 = 2^{-\ell}$ を $\ell = 0, 1, \cdots, 15$ と変化させた場合のバイアス $2b_p(G, \lambda)$ および $2\tilde{b}_p(G, \lambda)$ の変化を示す．$b_p(G, \lambda)$ および $\tilde{b}_p(G, \lambda)$ はそれぞれ，(6.46) 式，(6.49) 式により求めたものである．バイアスの値は分散比 λ だけに依存することに注意する．λ の増加とともに，バイアスも著しく増加する．また，データ数 n とともにバイアスも増大し，$O(n)$ であることが示唆される．この結果より，バイアス補正を行わない通常の予測尤度は，特に λ の値が大きな場合，真の予測分布と比較してそのよさを過大評価していることがわかる．バイアス補正を行った予測尤度を最大とする小さな λ を用いることによって，より滑らかな推定値が得られる．

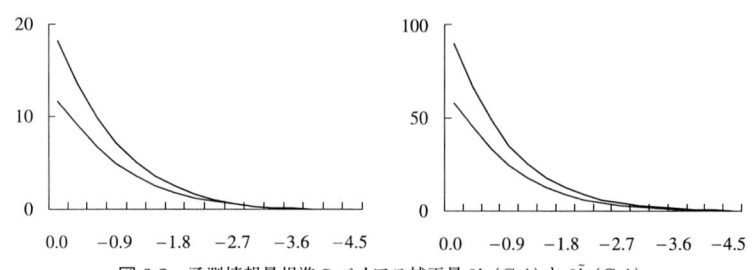

図 6.2 予測情報量規準のバイアス補正量 $2b_p(G, \lambda)$ と $2\tilde{b}_p(G, \lambda)$．
横軸は λ，縦軸はバイアス補正量を表す．左：$n = 20$ の場合，右：$n = 100$ の場合．

6.4 ラプラス近似によるベイズ型予測分布モデルの評価

本節では,密度関数 $g(x)$ をもつ未知の確率分布 $G(x)$ から生成された n 個のデータ $\boldsymbol{x}_n = \{x_1, x_2, \cdots, x_n\}$ に対して,パラメトリックモデル $f(x|\boldsymbol{\theta})(\boldsymbol{\theta} \in \Theta \subset \mathbb{R}^p)$ および事前分布 $\pi(\boldsymbol{\theta})$ からなるベイズモデルを考えることにする.

データ $\boldsymbol{x}_n$ とは独立にランダムに抽出された将来のデータ z の従う分布 $g(z)$ を,ベイズモデルの予測分布

$$h(z|\boldsymbol{x}_n) = \int f(z|\boldsymbol{\theta}) \pi(\boldsymbol{\theta}|\boldsymbol{x}_n) d\boldsymbol{\theta} \tag{6.69}$$

で近似するものとする.ここで,$\pi(\boldsymbol{\theta}|\boldsymbol{x}_n)$ は $\boldsymbol{\theta}$ の事後分布

$$\pi(\boldsymbol{\theta}|\boldsymbol{x}_n) = \frac{f(\boldsymbol{x}_n|\boldsymbol{\theta})\pi(\boldsymbol{\theta})}{\int f(\boldsymbol{x}_n|\boldsymbol{\theta})\pi(\boldsymbol{\theta}) d\boldsymbol{\theta}} \tag{6.70}$$

である.これを (6.69) 式に代入すると,予測分布は次のように書き表すことができる.

$$\begin{aligned}
h(z|\boldsymbol{x}_n) &= \frac{\int f(z|\boldsymbol{\theta}) f(\boldsymbol{x}_n|\boldsymbol{\theta}) \pi(\boldsymbol{\theta}) d\boldsymbol{\theta}}{\int f(\boldsymbol{x}_n|\boldsymbol{\theta}) \pi(\boldsymbol{\theta}) d\boldsymbol{\theta}} \\
&= \frac{\int \exp\left[n\left\{n^{-1}\log f(\boldsymbol{x}_n|\boldsymbol{\theta}) + n^{-1}\log \pi(\boldsymbol{\theta}) + n^{-1}\log f(z|\boldsymbol{\theta})\right\}\right] d\boldsymbol{\theta}}{\int \exp\left[n\left\{n^{-1}\log f(\boldsymbol{x}_n|\boldsymbol{\theta}) + n^{-1}\log \pi(\boldsymbol{\theta})\right\}\right] d\boldsymbol{\theta}} \\
&= \frac{\int \exp\left[n\left\{q(\boldsymbol{\theta}|\boldsymbol{x}_n) + n^{-1}\log f(z|\boldsymbol{\theta})\right\}\right] d\boldsymbol{\theta}}{\int \exp\left\{nq(\boldsymbol{\theta}|\boldsymbol{x}_n)\right\} d\boldsymbol{\theta}}
\end{aligned} \tag{6.71}$$

ただし,

$$q(\boldsymbol{\theta}|\boldsymbol{x}_n) = \frac{1}{n}\log f(\boldsymbol{x}_n|\boldsymbol{\theta}) + \frac{1}{n}\log \pi(\boldsymbol{\theta}) \tag{6.72}$$

とおく.

このベイズ型予測分布モデルの密度関数に対して,積分のラプラス近似を用いて標本数 n に関する漸近展開式を導くことによって,4 章の GIC をベイズ型

予測分布モデルの評価に適用できるようになる．以下では，6.1.2 項の積分のラプラス近似を用いて，(6.71) 式の予測分布の近似を行う．

いま，$\hat{\boldsymbol{\theta}}_q$ を $q(\boldsymbol{\theta}|\boldsymbol{x}_n)$ のモードとする．(6.71) 式の分母に積分のラプラス近似 (6.9) 式を適用すると

$$\int \exp\{nq(\boldsymbol{\theta}|\boldsymbol{x}_n)\}\,d\boldsymbol{\theta}$$
$$= \frac{(2\pi)^{p/2}}{n^{p/2}\left|J_q(\hat{\boldsymbol{\theta}}_q)\right|^{1/2}} \exp\{nq(\hat{\boldsymbol{\theta}}_q|\boldsymbol{x}_n)\}\{1+O_p(n^{-1})\} \qquad (6.73)$$

を得る．ここで，$J_q(\hat{\boldsymbol{\theta}}_q) = -\partial^2\{q(\hat{\boldsymbol{\theta}}_q|\boldsymbol{x}_n)\}/\partial\boldsymbol{\theta}\partial\boldsymbol{\theta}'$ とする．同様に $\hat{\boldsymbol{\theta}}_q(z)$ を $q(\boldsymbol{\theta}|\boldsymbol{x}_n) + n^{-1}\log f(z|\boldsymbol{\theta})$ のモードとすると，分子の積分に対する以下のラプラス近似が得られる．

$$\int \exp\left[n\Big\{q(\boldsymbol{\theta}|\boldsymbol{x}_n)+\frac{1}{n}\log f(z|\boldsymbol{\theta})\Big\}\right]d\boldsymbol{\theta}$$
$$= \frac{(2\pi)^{p/2}}{n^{p/2}|J_{q(z)}(\hat{\boldsymbol{\theta}}_q(z))|^{1/2}} \exp\left[n\Big\{q(\hat{\boldsymbol{\theta}}_q(z)|\boldsymbol{x}_n)+\frac{1}{n}\log f(z|\hat{\boldsymbol{\theta}}_q(z))\Big\}\right]$$
$$\times\{1+O_p(n^{-1})\} \qquad (6.74)$$

ただし $J_{q(z)}(\hat{\boldsymbol{\theta}}_q(z)) = -\partial^2\{q(\hat{\boldsymbol{\theta}}_q(z)|\boldsymbol{x}_n) + n^{-1}\log f(z|\hat{\boldsymbol{\theta}}_q(z))\}/\partial\boldsymbol{\theta}\partial\boldsymbol{\theta}'$ である．

以上から，密度関数 $h(z|\boldsymbol{x}_n)$ は，次のように近似される．

$$h(z|\boldsymbol{x}_n) = \left(\frac{|J_q(\hat{\boldsymbol{\theta}}_q)|}{|J_{q(z)}(\hat{\boldsymbol{\theta}}_q(z))|}\right)^{\frac{1}{2}} \exp\left[n\Big\{q(\hat{\boldsymbol{\theta}}_q(z)|\boldsymbol{x}_n)-q(\hat{\boldsymbol{\theta}}_q|\boldsymbol{x}_n)\right.$$
$$\left.+\frac{1}{n}\log f(z|\hat{\boldsymbol{\theta}}_q(z))\Big\}\right]\times\{1+O_p(n^{-2})\} \qquad (6.75)$$

ここで，モード $\hat{\boldsymbol{\theta}}_q, \hat{\boldsymbol{\theta}}_q(z)$ の汎関数に基づく確率展開式 (4.4.2 項) を代入して，このラプラス近似を整理すると，ベイズ型予測分布モデルは $h(z|\boldsymbol{x}_n) = f(z|\hat{\boldsymbol{\theta}})\{1+O_p(n^{-1})\}$ と展開される．

推定量 $\hat{\boldsymbol{\theta}}$ を定義する汎関数は，事前分布 $\pi(\boldsymbol{\theta})$ が標本数 n に依存するか否かによって異なる．いま，事前分布に対して，(i)$\log\pi(\boldsymbol{\theta}) = O(1)$, (ii)$\log\pi(\boldsymbol{\theta}) = O(n)$ となる 2 つの場合を考えることにする．(6.72) 式からわかるように，(i) の場合，$\hat{\boldsymbol{\theta}}$ は最尤推定量 $\hat{\boldsymbol{\theta}}_{ML}$，(ii) の場合は事後分布のモード $\hat{\boldsymbol{\theta}}_B$ となり，これらの推定量を定義する汎関数はそれぞれ

6.4 ラプラス近似によるベイズ型予測分布モデルの評価

$$\int \left.\frac{\partial \log f(\boldsymbol{x}|\boldsymbol{\theta})}{\partial \boldsymbol{\theta}}\right|_{\boldsymbol{\theta}=\boldsymbol{T}_{ML}(G)} dG(\boldsymbol{x}) = \boldsymbol{0},$$

$$\int \left.\frac{\partial \log\{f(\boldsymbol{x}|\boldsymbol{\theta})\pi(\boldsymbol{\theta})\}}{\partial \boldsymbol{\theta}}\right|_{\boldsymbol{\theta}=\boldsymbol{T}_{B}(G)} dG(\boldsymbol{x}) = \boldsymbol{0} \tag{6.76}$$

の解として与えられる．

(4.59) 式の情報量規準 GIC において，$\psi(x,\hat{\boldsymbol{\theta}}) = \partial \log f(\boldsymbol{x}|\boldsymbol{\theta})/\partial \boldsymbol{\theta}|_{\boldsymbol{\theta}=\boldsymbol{T}_{ML}(G)}$ および $\psi(x,\hat{\boldsymbol{\theta}}) = \partial \{\log f(\boldsymbol{x}|\boldsymbol{\theta})+\log \pi(\boldsymbol{\theta})\}/\partial \boldsymbol{\theta}|_{\boldsymbol{\theta}=\boldsymbol{T}_{B}(G)}$ とおくと，ベイズ型予測分布モデル $h(z|\boldsymbol{x}_n)$ の情報量規準が GIC の特別な場合として求まり，一般に

$$\mathrm{PIC_B} = -2\sum_{\alpha=1}^{n}\log h(x_\alpha|\boldsymbol{x}_n)+2\mathrm{tr}\left\{R(\boldsymbol{\psi},\hat{G})^{-1}Q(\boldsymbol{\psi},\hat{G})\right\} \tag{6.77}$$

で与えられる．

(ii) の場合は，この漸近バイアスの項に事前分布の情報をその 1 次偏微分として含むが，(i) の場合は (3.74) 式の最尤法に基づくモデルの評価規準である TIC の漸近バイアスと同じになり，事前分布に関する項は現れない．事前分布 $\pi(\boldsymbol{\theta})$ の及ぼす影響の強さは，主としてその 1 次，2 次微分によって捉えられ，事前分布が $\log \pi(\boldsymbol{\theta}) = O(1)$ のとき，1 次のバイアス補正項だけでは有効に働かない．このような場合には，さらに対数尤度に対してバイアスの 2 次補正を行う必要がある．2 次の (漸近) バイアス補正項 $b_{(2)}(\hat{G})$ は一般に

$$E_{G(\boldsymbol{x})}\left[\sum_{\alpha=1}^{n}\log h(X_\alpha|\boldsymbol{X}_n)-\mathrm{tr}\left\{R(\boldsymbol{\psi},\hat{G})^{-1}Q(\boldsymbol{\psi},\hat{G})\right\}-nE_G[h(\boldsymbol{Z}|\boldsymbol{X}_n)]\right]$$
$$= \frac{1}{n}b_{(2)}(G)+O(n^{-2}) \tag{6.78}$$

で与えられる $b_{(2)}(G)$ の推定量として定義される．このとき，2 次のバイアス補正を施したベイズ型予測分布モデルの評価規準は，(4.193) 式の 2 次のバイアス補正を施した一般化情報量規準 SGIC より，次式で与えられる．

$$\mathrm{PIC_{BS}} = -2\sum_{\alpha=1}^{n}\log h(X_\alpha|\boldsymbol{X}_n)+2\mathrm{tr}\left\{R(\boldsymbol{\psi},\hat{G})^{-1}Q(\boldsymbol{\psi},\hat{G})\right\}+\frac{2}{n}b_{(2)}(\hat{G}) \tag{6.79}$$

実際，$b_{(2)}(G)$ は，モデルの対数尤度の 2 次の漸近バイアス項から，1 次補正項 $\mathrm{tr}\left\{R(\boldsymbol{\psi},\hat{G})^{-1}Q(\boldsymbol{\psi},\hat{G})\right\}$ の漸近バイアスを差し引いた形で与えられる (Konishi and Kitagawa(2003))．2 次のバイアス補正項の導出には対数尤度，事前分布の

高次微分，推定量の高次コンパクト微分が含まれ，解析的にはきわめて複雑となる．このような問題に対しては，5.2節のブートストラップ法の適用が有効で，数値的にバイアスの2次補正を実行することが可能となる (北川・小西 (1999))．

[例2] データ x は混合正規分布

$$g(x) = (1-\varepsilon)N(0,1) + \varepsilon N(0, d^2) \tag{6.80}$$

から生成されるものとする．これに対して，この分布を近似するモデルとして，単一の正規分布モデル

$$f(x|\mu, \tau^2) = \left(\frac{\tau^2}{2\pi}\right)^{\frac{1}{2}} \exp\left\{-\frac{\tau^2}{2}(x-\mu)^2\right\} \tag{6.81}$$

を想定し，パラメータ μ, τ^2 に関する事前分布として

$$\begin{aligned}\pi(\mu, \tau^2) &= N(\mu_0, \tau_0^{-2}) G_a(\tau^2|\lambda, \beta) \\ &= \left(\frac{\tau_0^2 \tau^2}{2\pi}\right)^{\frac{1}{2}} \exp\left\{-\frac{\tau_0^2 \tau^2}{2}(\mu-\mu_0)^2\right\} \frac{\beta^\lambda}{\Gamma(\lambda)} \tau^{2(\lambda-1)} e^{-\beta\tau^2}\end{aligned} \tag{6.82}$$

を仮定する．

このとき，予測分布は

$$h(z|\boldsymbol{x}) = \frac{\Gamma\left(\frac{b+1}{2}\right)}{\Gamma\left(\frac{b}{2}\right)} \left(\frac{a}{b\pi}\right)^{\frac{1}{2}} \left\{1 + \frac{a}{b}(z-c)^2\right\}^{-\frac{(a+1)}{2}} \tag{6.83}$$

で与えられる．ただし，$\bar{x} = \frac{1}{n}\sum_{\alpha=1}^{n} x_\alpha$, $s^2 = \frac{1}{n}\sum_{\alpha=1}^{n}(x_\alpha - \bar{x})^2$ とし，a, b, c は，それぞれ

$$a = \frac{(n+\tau_0^2)(\lambda + \frac{1}{2}n)}{(n+\tau_0+1)\left\{\beta + \frac{1}{2}ns^2 + \frac{\tau^2 n}{2(\tau_0^2+n)}(\mu_0 - \bar{x})^2\right\}},$$

$$b = 2\lambda + n, \quad c = \frac{\tau_0^2 \mu_0 + n\bar{x}}{\tau_0^2 + n} \tag{6.84}$$

とする．

このとき，情報量規準は (6.77) 式より

$$\mathrm{PIC} = -2\sum_{\alpha=1}^{n} \log h(x_\alpha|\boldsymbol{x}_n) + 2\left\{\frac{1}{2} + \frac{\hat{\mu}_4}{2(s^2)^2}\right\} \tag{6.85}$$

6.4 ラプラス近似によるベイズ型予測分布モデルの評価

表 6.2 混合比 ε に対する真のバイアス, $\text{tr}\{IJ^{-1}\}$, EIC と PIC_{BS} の変化

ε	$b(G)$	$\text{tr}\{IJ^{-1}\}$	EIC	PIC_{BS}
0.00	2.07	1.89	1.97	2.01
0.04	2.96	2.41	2.52	2.76
0.08	3.50	2.73	2.89	3.24
0.12	3.79	2.90	3.13	3.52
0.16	3.95	2.99	3.28	3.68
0.20	4.02	3.01	3.35	3.73
0.24	3.96	2.99	3.39	3.73
0.28	3.92	2.95	3.38	3.69
0.32	3.77	2.89	3.40	3.69
0.36	3.72	2.82	3.31	3.56
0.40	3.60	2.74	3.29	3.51

となる.ただし

$$\hat{\mu}_4 = \frac{1}{n}\sum_{\alpha=1}^{n}(x_\alpha-\bar{x})^4 \tag{6.86}$$

である.この例の場合には,ベイズモデルの予測分布の情報量規準である PIC のバイアスが,TIC と同様の式になることがわかる.また,2 次バイアス補正量は

$$E_G\left[\sum_{\alpha=1}^{n}\log h(x_\alpha|X)-\left\{\frac{1}{2}+\frac{\hat{\mu}_4}{2(s^2)^2}\right\}-n\int g(z)\log h(z|X)dz\right] \tag{6.87}$$

で与えられる.

表 6.2 は混合正規分布の混合比 ε を変化させたときの,真のバイアス $b(G)$, $\text{tr}\{IJ^{-1}\}$,ブートストラップ情報量規準 EIC および (6.79) 式の PIC_{BS} の値の変化を示す.ただし,モデルのパラメータとしては,$d^2=10$, $\mu_0=1$, $\tau_0^2=1$, $\alpha=4$, $\beta=1$ とおいて,繰り返し数 100000 回のモンテカルロ実験を行った.また EIC のバイアス推定においては,ブートストラップ回数として $B=10$ を用いている.

この表からブートストラップバイアス推定量 EIC が,TIC や GIC の補正量 $\text{tr}\{IJ^{-1}\}$ よりも真のバイアスに近いことがわかる.また,2 次補正量 PIC_{BS} は,EIC や $\text{tr}\{IJ^{-1}\}$ よりもさらに精度がよいことがわかる.

7

様々なモデル評価基準

本書では，これまで平均対数尤度の推定量という立場から情報量規準を解説してきたが，このほかにも様々な異なる観点に基づくモデル評価基準がある．本章では，クロスバリデーション，最終予測誤差 FPE，マローの C_p 基準 (Mallow's C_p)，ハナン–クイン (Hannan-Quinn) の基準について簡単に解説する．

7.1 クロスバリデーション

7.1.1 予測の観点とクロスバリデーション

予測の観点によるモデル評価とは，観測データに基づいて 1 つの統計モデルを構築したとき，そのモデルのよさをモデル構築に用いたデータとは独立に得られたデータ (テストデータ) によって評価することである．これは，統計的モデリングやデータ解析が，当該のデータそのものよりは，将来現れるデータに関する知見を得ることを最終的な目的としている場合を想定したものである．ただし現実には，別個にテストデータが得られる状況は想定しがたく，また，実際に得られる場合には，そのデータもモデル構築に用いる方がよいモデルが求まる．そこで予測の観点からの評価を観測データのみに基づいて実行しながら，なるべくパラメータ推定の精度を上げるための工夫を施した方法が**クロスバリデーション**(cross-validation; 交差検証法) である．

いま，目的変数 y と p 個の説明変数 $\boldsymbol{x}=(x_1,x_2,\cdots,x_p)'$ に対して，次のモデルを仮定する．

$$y = u(\boldsymbol{x})+\varepsilon \tag{7.1}$$

ただし，$E[\varepsilon]=0$, $E[\varepsilon^2]=\sigma^2$ とする．関数 $u(\boldsymbol{x})$ は，$E[Y|\boldsymbol{x}]=u(\boldsymbol{x})$ が成り立つことから現象の平均構造を表す．このとき，観測された n 個のデータ $\{(y_\alpha,\boldsymbol{x}_\alpha); \alpha=$

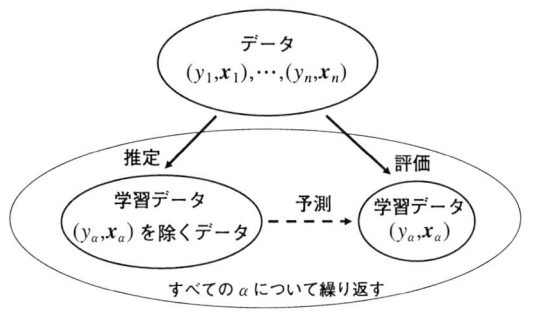

図7.1 クロスバリデーションの構造

$1,2,\cdots,n\}$に基づいて$u(\boldsymbol{x})$を推定し,これを$\hat{u}(\boldsymbol{x})$とおく.例えば,線形回帰モデル$y = \boldsymbol{\beta}'\boldsymbol{x}+\varepsilon$を想定した場合には,回帰係数$\boldsymbol{\beta}$の最小2乗推定量$\hat{\boldsymbol{\beta}} = (X'X)^{-1}X'\boldsymbol{y}$を用いて$\hat{u}(\boldsymbol{x}) = \hat{\boldsymbol{\beta}}'\boldsymbol{x}$と推定する.ただし,$X' = (\boldsymbol{x}_1,\cdots,\boldsymbol{x}_n)$とする.

推定した回帰式$\hat{u}(\boldsymbol{x})$のよさを,観測データとは独立に(7.1)式に従って各点$\boldsymbol{x}_\alpha$でランダムに採られたデータY_αに対して(平均)予測2乗誤差

$$\text{PSE} = \frac{1}{n}\sum_{\alpha=1}^{n} E\left[\{Y_\alpha - \hat{u}(\boldsymbol{x}_\alpha)\}^2\right] \tag{7.2}$$

で測るものとする.ここで,Y_αの代わりにモデルの推定に用いたデータy_αを再び用いて,この予測2乗誤差を推定したのが,一般に残差平方和と呼ばれる

$$\text{RSS} = \frac{1}{n}\sum_{\alpha=1}^{n} \{y_\alpha - \hat{u}(\boldsymbol{x}_\alpha)\}^2 \tag{7.3}$$

である.この値は,例えば$\hat{u}(x)$が多項式モデルであれば,高次のモデルほど小さくなり,見かけ上のよさは向上する.結局,常に全てのデータを通る$n-1$次の多項式を選択することになり,次数選択の基準としては役に立たない.

クロスバリデーションは,モデルの推定に用いるデータ(学習データ)とモデルの評価に用いるデータ(テストデータ)を分離して予測2乗誤差の推定を行う方法で,以下のステップを通して実行する.

[クロスバリデーション]
(1) n個の観測データの中からα番目のデータ$(y_\alpha, \boldsymbol{x}_\alpha)$を取り除いた残りの$(n-1)$個のデータに基づいてモデルを推定し,これを$\hat{u}^{(-\alpha)}(\boldsymbol{x})$とする.
(2) ステップ1で取り除いたα番目のデータ$(y_\alpha, \boldsymbol{x}_\alpha)$に対して,予測2乗誤差

$\{y_\alpha - \hat{u}^{(-\alpha)}(\boldsymbol{x}_\alpha)\}^2$ の値を求める．

(3) 全ての $\alpha \in \{1, \cdots, n\}$ に対して，ステップ 1 と 2 を実行し

$$\mathrm{CV} = \frac{1}{n} \sum_{\alpha=1}^{n} \left\{ y_\alpha - \hat{u}^{(-\alpha)}(\boldsymbol{x}_\alpha) \right\}^2 \tag{7.4}$$

を予測 2 乗誤差の推定値とする．

クロスバリデーション CV が予測 2 乗誤差 PSE の 1 つの推定量であることは，次のようにして示すことができる．まず (7.2) 式は

$$\begin{aligned}
\mathrm{PSE} &= \frac{1}{n} \sum_{\alpha=1}^{n} E\left[\{Y_\alpha - \hat{u}(\boldsymbol{x}_\alpha)\}^2 \right] \\
&= \frac{1}{n} \sum_{\alpha=1}^{n} E\left[\{Y_\alpha - u(\boldsymbol{x}_\alpha) + u(\boldsymbol{x}_\alpha) - \hat{u}(\boldsymbol{x}_\alpha)\}^2 \right] \\
&= \frac{1}{n} \sum_{\alpha=1}^{n} E\left[\{Y_\alpha - u(\boldsymbol{x}_\alpha)\}^2 + \{u(\boldsymbol{x}_\alpha) - \hat{u}(\boldsymbol{x}_\alpha)\}^2 \right. \\
&\qquad \left. + 2\{Y_\alpha - u(\boldsymbol{x}_\alpha)\}\{u(\boldsymbol{x}_\alpha) - \hat{u}(\boldsymbol{x}_\alpha)\} \right] \\
&= \frac{1}{n} \sum_{\alpha=1}^{n} E\left[\{Y_\alpha - u(\boldsymbol{x}_\alpha)\}^2 \right] + \frac{1}{n} \sum_{\alpha=1}^{n} E\left[\{u(\boldsymbol{x}_\alpha) - \hat{u}(\boldsymbol{x}_\alpha)\}^2 \right] \\
&= \sigma^2 + \frac{1}{n} \sum_{\alpha=1}^{n} E\left[\{u(\boldsymbol{x}_\alpha) - \hat{u}(\boldsymbol{x}_\alpha)\}^2 \right] \tag{7.5}
\end{aligned}$$

となる．一方，(7.4) 式の期待値は，

$$\begin{aligned}
E[\mathrm{CV}] &= E\left[\frac{1}{n} \sum_{\alpha=1}^{n} \left\{ Y_\alpha - \hat{u}^{(-\alpha)}(\boldsymbol{x}_\alpha) \right\}^2 \right] \\
&= \frac{1}{n} \sum_{\alpha=1}^{n} E\left[\left\{ Y_\alpha - u(\boldsymbol{x}_\alpha) + u(\boldsymbol{x}_\alpha) - \hat{u}^{(-\alpha)}(\boldsymbol{x}_\alpha) \right\}^2 \right] \\
&= \frac{1}{n} \sum_{\alpha=1}^{n} E\left[\{Y_\alpha - u(\boldsymbol{x}_\alpha)\}^2 + 2\{Y_\alpha - u(\boldsymbol{x}_\alpha)\}\left\{u(\boldsymbol{x}_\alpha) - \hat{u}^{(-\alpha)}(\boldsymbol{x}_\alpha)\right\} \right. \\
&\qquad \left. + \left\{u(\boldsymbol{x}_\alpha) - \hat{u}^{(-\alpha)}(\boldsymbol{x}_\alpha)\right\}^2 \right] \\
&= \sigma^2 + \frac{1}{n} \sum_{\alpha=1}^{n} E\left[\left\{u(\boldsymbol{x}_\alpha) - \hat{u}^{(-\alpha)}(\boldsymbol{x}_\alpha)\right\}^2 \right] \tag{7.6}
\end{aligned}$$

となることから，$\hat{u}^{(-\alpha)}(\boldsymbol{x}_\alpha)$ と $\hat{u}(\boldsymbol{x}_\alpha)$ は近似的に等しいと仮定すると，$E\,[\mathrm{CV}] \approx \mathrm{PSE}$ が成り立つ．したがって，CV は予測 2 乗誤差の 1 つの推定量と考えることができる．

7.1.2　クロスバリデーションによる平滑化パラメータの選択

いま，(7.1) 式の平均構造 $u(\boldsymbol{x})$ を，次の基底展開に基づく回帰モデルで推定する．

$$y_\alpha = \sum_{i=1}^{m} w_i b_i(\boldsymbol{x}_\alpha) + \varepsilon_\alpha$$
$$= \boldsymbol{w}' \boldsymbol{b}(\boldsymbol{x}_\alpha) + \varepsilon_\alpha, \qquad \alpha = 1, 2, \cdots, n \tag{7.7}$$

ただし，$\boldsymbol{w} = (w_1, w_2, \cdots, w_m)'$，$\boldsymbol{b}(\boldsymbol{x}_\alpha) = (b_1(\boldsymbol{x}_\alpha), b_2(\boldsymbol{x}_\alpha), \cdots, b_m(\boldsymbol{x}_\alpha))'$ とし，ε_α ($\alpha = 1, 2, \cdots, n$) は互いに独立で，$E[\varepsilon_\alpha] = 0, E[\varepsilon_\alpha^2] = \sigma^2$ とする．基底関数の係数ベクトル $\boldsymbol{w}$ は，正則化最小 2 乗法，すなわち $\boldsymbol{w}$ の関数

$$S_\gamma(\boldsymbol{w}) = \sum_{\alpha=1}^{n} \left\{ y_\alpha - \sum_{i=1}^{m} w_i b_i(\boldsymbol{x}_\alpha) \right\}^2 + \gamma \boldsymbol{w}' K \boldsymbol{w}$$
$$= (\boldsymbol{y} - B\boldsymbol{w})'(\boldsymbol{y} - B\boldsymbol{w}) + \gamma \boldsymbol{w}' K \boldsymbol{w} \tag{7.8}$$

を最小とする $\boldsymbol{w} = \hat{\boldsymbol{w}}$ によって推定する．ここで，$\boldsymbol{y} = (y_1, y_2, \cdots, y_n)'$，$B = (\boldsymbol{b}(\boldsymbol{x}_1), \boldsymbol{b}(\boldsymbol{x}_2), \cdots, \boldsymbol{b}(\boldsymbol{x}_n))'$ とおく．

この推定値は

$$\hat{\boldsymbol{w}} = (B'B + \gamma K)^{-1} B' \boldsymbol{y} \tag{7.9}$$

で与えられ，(7.1) 式の平均構造 $u(\boldsymbol{x})$ の回帰関数の推定値 $\hat{u}(\boldsymbol{x}) = \hat{\boldsymbol{w}}' \boldsymbol{b}(\boldsymbol{x})$ が求まる．さらに，各点 $\boldsymbol{x}_\alpha$ での予測値 $\hat{y}_\alpha = \hat{u}(\boldsymbol{x}_\alpha) = \hat{\boldsymbol{w}}' \boldsymbol{b}(\boldsymbol{x}_\alpha)$ に対して，予測値ベクトル

$$\hat{\boldsymbol{y}} = B\hat{\boldsymbol{w}} = B(B'B + \gamma K)^{-1} B' \boldsymbol{y} \tag{7.10}$$

を得る．ただし，$\hat{\boldsymbol{y}} = (\hat{y}_1, \hat{y}_2, \cdots, \hat{y}_n)'$ とする．推定回帰関数 $\hat{u}(\boldsymbol{x})$ は，$\boldsymbol{w}$ の推定を通して平滑化パラメータ γ と基底関数の個数 m にも依存するので，その最適な値を選択する必要がある．この問題にクロスバリデーションを適用すると次のようになる．

まず，基底関数の個数 m と平滑化パラメータ γ を与える．n 個の観測データ

の中から α 番目のデータ $(y_\alpha, \boldsymbol{x}_\alpha)$ を除く残りの $n-1$ 個のデータに基づいて正則化最小2乗法によって $\boldsymbol{w}$ を推定し，これを $\hat{\boldsymbol{w}}^{(-\alpha)}$ とする．対応する推定回帰関数は $\hat{u}^{(-\alpha)}(\boldsymbol{x}) = \hat{\boldsymbol{w}}^{(-\alpha)\prime}\boldsymbol{b}(\boldsymbol{x})$ で与えられる．このとき，クロスバリデーションによれば

$$\mathrm{CV}(\gamma, m) = \frac{1}{n}\sum_{\alpha=1}^{n}\left\{y_\alpha - \hat{u}^{(-\alpha)}(\boldsymbol{x}_\alpha)\right\}^2 \tag{7.11}$$

を最小とする (γ, m) が最適な値として選択される．

7.1.3　一般化クロスバリデーション

大規模データに対してクロスバリデーションを適用して平滑化パラメータおよび基底関数の個数を選択するときには，計算時間が問題となる場合がある．クロスバリデーションは，予測値 $\hat{\boldsymbol{y}}$ がデータ $\boldsymbol{y}$ には依存しない行列 H によって，$\hat{\boldsymbol{y}} = H\boldsymbol{y}$ で与えられる場合には，個々のデータを1つずつ取り除いて行う n 回の推定プロセスが不要となり，計算量を大幅に削減できる．

　行列 H は，観測データ $\boldsymbol{y}$ を予測値 $\hat{\boldsymbol{y}}$ へと変換する行列であることから**ハット行列**(hat matrix) あるいは基底関数に基づく回帰モデルのような曲線 (曲面) 推定に対しては，**平滑化行列**(smoother matrix) と呼ばれている (4.3.6 項を参照)．例えば，線形回帰モデルの予測値は，$\hat{\boldsymbol{y}} = X(X'X)^{-1}X'\boldsymbol{y}$ で与えられることから，ハット行列は $H = X(X'X)^{-1}X'$ である．また，(7.7) 式の基底展開に基づく回帰モデルの正則化最小2乗法による予測値は (7.10) 式で与えられるので，この場合には平滑化行列は

$$H(\gamma, m) = B(B'B + \gamma K)^{-1}B' \tag{7.12}$$

であることがわかる．

　一般化クロスバリデーション(generalized cross-validation) は，ハット行列または平滑化行列 $H(\gamma, m)$ を用いて次の式で与えられる (Craven and Wahba(1979))．

$$\mathrm{GCV}(\gamma, m) = \frac{1}{n}\frac{\sum_{\alpha=1}^{n}\{y_\alpha - \hat{u}(\boldsymbol{x}_\alpha)\}^2}{\left\{1 - \frac{1}{n}\mathrm{tr}H(\gamma, m)\right\}^2} \tag{7.13}$$

この式からわかるように，個々のデータを1つずつ取り除いて行う n 回の反復

7.1 クロスバリデーション　　　　　　　　　　　　　　　　　*179*

推定を実行する必要がなくなり，効率的な計算が可能となる．

この一般化クロスバリデーション GCV は，次に述べる結果に基づいて導くことができる．まず，観測された n 個のデータの中から α 番目のデータ $(y_\alpha, \boldsymbol{x}_\alpha)$ を除いた残りの $(n-1)$ 個のデータに基づいて，正則化最小 2 乗法によって推定した回帰関数を $\hat{u}^{(-\alpha)}(\boldsymbol{x}) = \hat{\boldsymbol{w}}^{(-\alpha)'}\boldsymbol{b}(\boldsymbol{x})$ とする．次に，目的変数 Y に関する n 個のデータの中で，α 番目のデータを除いて $z_j = y_j (j \neq \alpha)$ とし，α 番目のデータ y_α に替えて，$z_\alpha = \hat{u}^{(-\alpha)}(\boldsymbol{x}_\alpha)$ とする．すなわち，新たな n 次元データベクトルを
$$\boldsymbol{z} = (y_1, y_2, \cdots, \hat{u}^{(-\alpha)}(\boldsymbol{x}_\alpha), \cdots, y_n)'$$
と定義する．

このとき，α 番目のデータを除いて推定した回帰関数 $\hat{u}^{(-\alpha)}(\boldsymbol{x})$ は
$$\sum_{j=1}^n \{z_j - \boldsymbol{w}'\boldsymbol{b}(\boldsymbol{x}_j)\}^2 + \gamma \boldsymbol{w}'K\boldsymbol{w} \tag{7.14}$$
を最小とすることが，次の不等式から示すことができる．

$$\sum_{j=1}^n \{z_j - \boldsymbol{w}'\boldsymbol{b}(\boldsymbol{x}_j)\}^2 + \gamma \boldsymbol{w}'K\boldsymbol{w}$$
$$\geq \sum_{j\neq\alpha}^n \{z_j - \boldsymbol{w}'\boldsymbol{b}(\boldsymbol{x}_j)\}^2 + \gamma \boldsymbol{w}'K\boldsymbol{w}$$
$$\geq \sum_{j\neq\alpha}^n \left\{z_j - \hat{u}^{(-\alpha)}(\boldsymbol{x}_j)\right\}^2 + \gamma \hat{\boldsymbol{w}}^{(-\alpha)'}K\hat{\boldsymbol{w}}^{(-\alpha)}$$
$$= \sum_{j=1}^n \left\{z_j - \hat{u}^{(-\alpha)}(\boldsymbol{x}_j)\right\}^2 + \gamma \hat{\boldsymbol{w}}^{(-\alpha)'}K\hat{\boldsymbol{w}}^{(-\alpha)} \tag{7.15}$$

ここで，$z_\alpha - \hat{u}^{(-\alpha)}(\boldsymbol{x}_\alpha) = 0$ であることに注意する．したがって，最後の式からわかるように $\hat{u}^{(-\alpha)}(\boldsymbol{x})$ は，(7.14) 式を最小とする回帰関数である．

平滑化行列の (α, j) 成分を $h_{\alpha j}$ と表し，この結果を用いると
$$\hat{u}^{(-\alpha)}(\boldsymbol{x}_\alpha) - y_\alpha = \sum_{j=1}^n h_{\alpha j} z_j - y_\alpha$$
$$= \sum_{j\neq\alpha}^n h_{\alpha j} y_j + h_{\alpha\alpha}\hat{u}^{(-\alpha)}(\boldsymbol{x}_\alpha) - y_\alpha$$

$$= \sum_{j=1}^{n} h_{\alpha j} y_j - y_\alpha + h_{\alpha\alpha} \left\{ \hat{u}^{(-\alpha)}(\boldsymbol{x}_\alpha) - y_\alpha \right\}$$

$$= \hat{u}(\boldsymbol{x}_\alpha) - y_\alpha + h_{\alpha\alpha} \left\{ \hat{u}^{(-\alpha)}(\boldsymbol{x}_\alpha) - y_\alpha \right\} \tag{7.16}$$

となることから

$$y_\alpha - \hat{u}^{(-\alpha)}(\boldsymbol{x}_\alpha) = \frac{y_\alpha - \hat{u}(\boldsymbol{x}_\alpha)}{1 - h_{\alpha\alpha}} \tag{7.17}$$

を得る．この式を (7.11) 式に代入すると

$$\mathrm{CV}(\gamma, m) = \frac{1}{n} \sum_{\alpha=1}^{n} \left\{ \frac{y_\alpha - \hat{u}(\boldsymbol{x}_\alpha)}{1 - h_{\alpha\alpha}} \right\}^2 \tag{7.18}$$

が求まる．さらに，分母に含まれる $1 - h_{\alpha\alpha}$ をその平均値 $1 - n^{-1} \mathrm{tr} H(\gamma, m)$ で置き換えたのが，一般化クロスバリデーション (7.13) 式である．

7.2 最終予測誤差 FPE

7.2.1 FPE

Akaike(1969, 1970) は，時系列の自己回帰モデルの次数選択のための基準を与えた．この基準はモデル推定に用いたデータとは独立に，将来同じ確率構造からランダムに採られたデータを予測したときの平均予測誤差分散の推定量として構成され，最終予測誤差 (final prediction error; FPE) 規準と呼ばれる．以下では，より一般の回帰モデルの枠組みで FPE を説明する．いま，目的変数 Y と p 個の説明変数 $x_1, \cdots, x_p$ に関して観測された n 組のデータ $\{(y_\alpha, \boldsymbol{x}_\alpha); \alpha = 1, \cdots, n\}$ に次の線形回帰モデルを当てはめる．

$$\boldsymbol{y} = X\boldsymbol{\beta} + \boldsymbol{\varepsilon}, \qquad E[\boldsymbol{\varepsilon}] = \boldsymbol{0}, \quad V(\boldsymbol{\varepsilon}) = \sigma^2 I_n \tag{7.19}$$

ただし，$\boldsymbol{\beta} = (\beta_0, \beta_1, \cdots, \beta_p)'$, $\boldsymbol{\varepsilon} = (\varepsilon_1, \cdots, \varepsilon_n)'$,

$$X' = \begin{bmatrix} 1 & 1 & \cdots & 1 \\ \boldsymbol{x}_1 & \boldsymbol{x}_2 & \cdots & \boldsymbol{x}_n \end{bmatrix}_{(p+1) \times n}$$

とする．

モデルのパラメータ $\boldsymbol{\beta}$ を最小 2 乗法によって推定すると，線形回帰モデルによる予測値 $\hat{\boldsymbol{y}} = X\hat{\boldsymbol{\beta}}$ が求まる．ただし，$\hat{\boldsymbol{\beta}} = (X'X)^{-1} X' \boldsymbol{y}$ である．この予測値

7.2 最終予測誤差 FPE

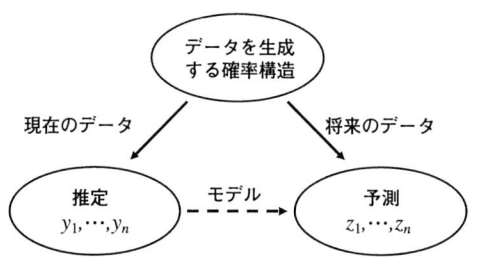

図7.2 最終予測誤差 FPE における予測評価

でもって y とは独立に，将来観測される n 次元観測値ベクトル z_0 を予測したときの誤差の平方和，すなわち予測誤差平方和

$$S_p^2 = (z_0-\hat{y})'(z_0-\hat{y}) \tag{7.20}$$

を考える．ここで $H = X(X'X)^{-1}X'$ とおくと $\hat{y} = Hy$，$HX = X$ が成り立つことから，この期待値は次の式によって与えられる．

$$\begin{aligned}
E[S_p^2] &= E[(z_0-\hat{y})'(z_0-\hat{y})] \\
&= E[\{z_0-X\beta-(\hat{y}-X\beta)\}'\{z_0-X\beta-(\hat{y}-X\beta)\}] \\
&= E[(z_0-X\beta)'(z_0-X\beta)] + E[(\hat{y}-X\beta)'(\hat{y}-X\beta)] \\
&= n\sigma^2 + E[(Hy-HX\beta)'(Hy-HX\beta)] \\
&= n\sigma^2 + E[(y-X\beta)'H(y-X\beta)] \\
&= n\sigma^2 + \mathrm{tr}\{HV(y)\} \\
&= n\sigma^2 + (p+1)\sigma^2 \tag{7.21}
\end{aligned}$$

ここで H は冪等行列で $H^2 = H$ が成り立つことと $\alpha'H\alpha = \mathrm{tr}(H\alpha\alpha')$ を用いている．上式で，未知のパラメータである誤差分散 σ^2 をモデルのもとでの不偏推定量

$$\frac{1}{n-p-1}S_p^2 = \frac{1}{n-p-1}(y-\hat{y})'(y-\hat{y}) \tag{7.22}$$

で置き換えることによって

$$\mathrm{FPE} = \frac{n+p+1}{n-p-1}S_p^2 \tag{7.23}$$

を得る．この予測誤差に基づくモデル評価基準を最終予測誤差 FPE(final prediction error) と呼ぶ．

7.2.2 AIC と FPE の関係

AIC に先行して提案された FPE は，AIC と密接な関係がある．p 次の自己回帰モデル $y_n = \sum_{j=1}^{p} a_j y_{n-j} + \varepsilon_n, \varepsilon_n \sim N(0, \sigma_p^2)$ の場合，最大対数尤度は

$$\ell(\hat{\boldsymbol{\theta}}) = -\frac{n}{2}\log\hat{\sigma}_p^2 - \frac{n}{2}\log 2\pi - \frac{n}{2} \tag{7.24}$$

で与えられる．したがって，情報量規準 AIC は

$$\mathrm{AIC}_p = n\log\hat{\sigma}_p^2 + n(\log 2\pi + 1) + 2(p+1) \tag{7.25}$$

となる．ただし，自己回帰モデル相互の比較のためには，定数部分を無視して

$$\mathrm{AIC}_p^* = n\log\hat{\sigma}_p^2 + 2p \tag{7.26}$$

を用いることが多い．

一方，自己回帰モデルの FPE は

$$\mathrm{FPE}_p = \frac{n+p}{n-p}\hat{\sigma}_p^2 \tag{7.27}$$

で与えられる．ここで，両辺の対数をとって n 倍すると

$$n\log\mathrm{FPE}_p = n\log\left(\frac{n+p}{n-p}\right) + n\log\hat{\sigma}_p^2$$

$$= n\log\left(1 + \frac{2p}{n-p}\right) + n\log\hat{\sigma}_p^2$$

$$\approx n\frac{2p}{n-p} + n\log\hat{\sigma}_p^2$$

$$\approx 2p + n\log\hat{\sigma}_p^2 = \mathrm{AIC}_p^* \tag{7.28}$$

が得られる．したがって，AIC の最小化は FPE の最小化と近似的には同等であり，自己回帰モデルに関しては，FPE 最小によって最終予測誤差を最小にするモデルの近似値が得られることを示している．

図 7.3 は，(4.198) 式の AIC, 修正 AIC, FPE および近似 FPE の補正項を $n = 50$ および 200 の場合について示す．AIC との比較のために，FPE は補正項の対数値 $n\log(1 + 2p/(n-p))$ を示す．また近似 FPE は，そのテイラー展開の第 1 項 $2pn/(n-p)$ を示す．AIC と FPE，修正 AIC と近似 FPE がそれぞれきわめて近い補正項を与えることがわかる．

図 7.3 AIC, c-AIC および FPE の比較
左：$n = 50$, 右：$n = 200$ の場合.

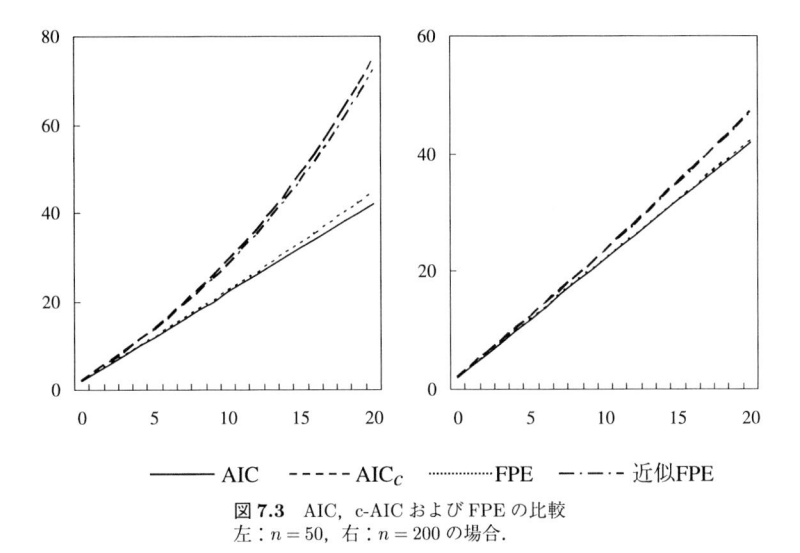

7.3 マローの C_p 基準

目的変数 Y と p 個の説明変数 $x_1, \cdots, x_p$ に関して観測された n 組のデータを $\{(y_\alpha, \boldsymbol{x}_\alpha); \alpha = 1, \cdots, n\}$ とする．また，目的変数に関する n 個のデータからなる観測値ベクトル $\boldsymbol{y} = (y_1, \cdots, y_n)'$ の期待値と分散共分散行列はそれぞれ

$$E[\boldsymbol{y}] = \boldsymbol{\mu}, \qquad V(\boldsymbol{y}) = E[(\boldsymbol{y}-\boldsymbol{\mu})(\boldsymbol{y}-\boldsymbol{\mu})'] = \omega^2 I_n \qquad (7.29)$$

であるとする．このとき，真の期待値 $\boldsymbol{\mu}$ を次の線形回帰モデルを用いて推定する．

$$\boldsymbol{y} = X\boldsymbol{\beta} + \boldsymbol{\varepsilon}, \qquad E[\boldsymbol{\varepsilon}] = \boldsymbol{0}, \quad V(\boldsymbol{\varepsilon}) = \sigma^2 I_n \qquad (7.30)$$

ただし，$\boldsymbol{\beta} = (\beta_0, \beta_1, \cdots, \beta_p)'$, $\boldsymbol{\varepsilon} = (\varepsilon_1, \cdots, \varepsilon_n)'$,

$$X' = \begin{bmatrix} 1 & 1 & \cdots & 1 \\ \boldsymbol{x}_1 & \boldsymbol{x}_2 & \cdots & \boldsymbol{x}_n \end{bmatrix}_{(p+1) \times n}$$

とおく．

回帰係数ベクトル $\boldsymbol{\beta}$ の最小 2 乗推定量

$$\hat{\boldsymbol{\beta}} = (X'X)^{-1} X' \boldsymbol{y}$$

を用いると，$\boldsymbol{\mu}$ は

$$\hat{\boldsymbol{\mu}} = X\hat{\boldsymbol{\beta}} = X(X'X)^{-1}X'\boldsymbol{y} \equiv H\boldsymbol{y} \tag{7.31}$$

と推定される．そこで，この推定量のよさを測る基準として，推定の平均 2 乗誤差

$$\Delta_p = E[(\hat{\boldsymbol{\mu}}-\boldsymbol{\mu})'(\hat{\boldsymbol{\mu}}-\boldsymbol{\mu})] \tag{7.32}$$

を考える．推定量 $\hat{\boldsymbol{\mu}}$ の期待値は，$E[\hat{\boldsymbol{\mu}}] = X(X'X)^{-1}X'E[\boldsymbol{y}] \equiv H\boldsymbol{\mu}$ であることから，平均 2 乗誤差 Δ_p は次のように表される．

$$\begin{aligned}
\Delta_p &= E[(\hat{\boldsymbol{\mu}}-\boldsymbol{\mu})'(\hat{\boldsymbol{\mu}}-\boldsymbol{\mu})] \\
&= E\left[\{H\boldsymbol{y}-H\boldsymbol{\mu}-(I_n-H)\boldsymbol{\mu}\}'\{H\boldsymbol{y}-H\boldsymbol{\mu}-(I_n-H)\boldsymbol{\mu}\}\right] \\
&= E[(\boldsymbol{y}-\boldsymbol{\mu})'H(\boldsymbol{y}-\boldsymbol{\mu})] + \boldsymbol{\mu}'(I_n-H)\boldsymbol{\mu} \\
&= \mathrm{tr}\{HV(\boldsymbol{y})\} + \boldsymbol{\mu}'(I_n-H)\boldsymbol{\mu} \\
&= (p+1)\omega^2 + \boldsymbol{\mu}'(I_n-H)\boldsymbol{\mu}
\end{aligned} \tag{7.33}$$

ここで，H, I_n-H は冪等行列であり，$H^2 = H$, $(I_n-H)^2 = I_n-H$, $H(I_n-H) = 0$ および $\mathrm{tr}H = \mathrm{tr}X(X'X)^{-1}X' = \mathrm{tr}I_{p+1} = p+1$, $\mathrm{tr}(I_n-H) = n-p-1$ となることを用いている．Δ_p の第 1 項は，パラメータ数の増加とともに大きくなり，第 2 項は推定量 $\hat{\boldsymbol{\mu}}$ のモデルのバイアスの 2 乗和で，これはパラメータ数の増加とともに小さくなる．この Δ_p を推定できれば，モデルの評価規準が得られる．

ここで，線形回帰モデルの残差平方和の期待値は

$$\begin{aligned}
E[S_e^2] &= E[(\boldsymbol{y}-\hat{\boldsymbol{y}})'(\boldsymbol{y}-\hat{\boldsymbol{y}})] \\
&= E[(\boldsymbol{y}-H\boldsymbol{y})'(\boldsymbol{y}-H\boldsymbol{y})] \\
&= E[\{(I_n-H)(\boldsymbol{y}-\boldsymbol{\mu})+(I_n-H)\boldsymbol{\mu}\}'\{(I_n-H)(\boldsymbol{y}-\boldsymbol{\mu})+(I_n-H)\boldsymbol{\mu}\}] \\
&= E[(\boldsymbol{y}-\boldsymbol{\mu})'(I_n-H)(\boldsymbol{y}-\boldsymbol{\mu})] + \boldsymbol{\mu}'(I_n-H)\boldsymbol{\mu} \\
&= \mathrm{tr}\{(I_n-H)V(\boldsymbol{y})\} + \boldsymbol{\mu}'(I_n-H)\boldsymbol{\mu} \\
&= (n-p-1)\omega^2 + \boldsymbol{\mu}'(I_n-H)\boldsymbol{\mu}
\end{aligned} \tag{7.34}$$

と計算される．(7.33) 式と (7.34) 式を比べると，仮に ω^2 を既知とすると Δ_p の不偏推定量は

$$\hat{\Delta}_p = S_e^2 + \{2(p+1)-n\}\omega^2 \tag{7.35}$$

で与えられることがわかる．

マローの C_p 基準 (Mallow's C_p) は，ω^2 の推定量 $\hat{\omega}^2$ で上式の両辺を除した次の式で定義される．

$$C_p = \frac{S_e^2}{\hat{\omega}^2} + \{2(p+1) - n\} \tag{7.36}$$

C_p 基準の小さいモデルほど望ましいモデルといえる．推定量 $\hat{\omega}^2$ としては，通常，最も複雑なモデルの誤差分散の不偏推定量が用いられる．

7.4 ハナン–クインの基準

Hannan-Quinn(1979) は自己回帰 (AR) モデル

$$y_n = \sum_{j=1}^{p} a_j y_{n-j} + \varepsilon_n, \quad \varepsilon_n \sim N(0, \sigma_p^2) \tag{7.37}$$

の次数 p の一致推定量を与えるものとして

$$\log \hat{\sigma}_p^2 + n^{-1} 2pc \log \log n \tag{7.38}$$

の形の選択基準を提案している．ただし，n はデータ数，c は 1 より大きな任意の実数である．以下では，他の情報量規準との対比のために n 倍した

$$\mathrm{IC}_{\mathrm{HQ}} = n \log \hat{\sigma}_p^2 + 2pc \log \log n \tag{7.39}$$

を用いることにする．

自己回帰モデルの分散 $\hat{\sigma}_p^2$ については，レヴィンソン (Levinson) の公式 (例えば，北川 (1993; p.154)) により

$$\hat{\sigma}_p^2 = (1 - \hat{b}_p^2) \hat{\sigma}_{p-1}^2 \tag{7.40}$$

が成り立つ．ただし，$\hat{b}_p$ は k 次の自己回帰モデルの p 番目の係数で偏自己相関係数と呼ばれる．この関係式を繰り返し用いると，$\mathrm{IC}_{\mathrm{HQ}}$ は

$$n \log \hat{\sigma}_0^2 + n \sum_{j=1}^{p} \log(1 - \hat{b}_j^2) + 2pc \log \log n \tag{7.41}$$

と表現できる．ただし，$\hat{\sigma}_0^2$ は次数 0 のモデルの分散，すなわち時系列 y_n の分散である．したがって，$\mathrm{IC}_{\mathrm{HQ}}$ の値は，次数が $p-1$ から p に増加するとき

$$\Delta \mathrm{IC} = n \log(1 - \hat{b}_j^2) + 2c \log \log n \tag{7.42}$$

だけ変化することになる．

ここで真の次数 p_0 が存在し，$a_{p_0} \neq 0$, $a_p = 0$ $(p > p_0)$ となるものとする．このとき，$b_{p_0} = a_{p_0} \neq 0$ となるので，$n \to \infty$ のときには

$$n \log(1 - \hat{b}_{p_0}^2) + 2c \log \log n < 0 \tag{7.43}$$

表 7.1 $\log n$ と $\log\log n$ の比較

n	10	100	1000	10000
$\log n$	2.30	4.61	6.91	9.21
$\log\log n$	0.83	1.53	1.93	2.22

$$n\log(1-\hat{b}_p^2)+2c\log\log n \le 0, \qquad p<p_0 \tag{7.44}$$

が成り立つ.したがって,漸近的には $p<p_0$ で $\mathrm{IC_{HQ}}$ が最小となることはない.一方,$p>p_0$ では重複対数の法則により,全ての $n>n_0$ について

$$n\log(1-\hat{b}_j^2)+2c\log\log n > 0 \tag{7.45}$$

が成り立つ n_0 が存在する.したがって,十分大きな n に対して $\mathrm{IC_{HQ}}$ は $p>p_0$ において常に増加する.以上により,$\mathrm{IC_{HQ}}$ は次数 p の一致推定量を与えることがわかる.

$\mathrm{IC_{HQ}}$ のペナルティ項 $\log\log n$ は,BIC の $\log n$ よりも小さな値を与える (表 7.1).上記の一致性の議論から,ペナルティ項が $\log\log n$ 以上のオーダーであれば次数の一致推定量を与えることがわかるが,ハナン-クインは $\log n$ は一致性をもつために必要な n に関する最小の増加率ではなく,n が大きなとき次数を過小評価することを示している.$c>1$ は任意の実数とされているが,有限のデータに対しては,c の選択は結果の善し悪しに大きな影響を及ぼす.

引用文献

1) Akaike, H. (1969): "Fitting autoregressive models for prediction", *Ann. Inst. Statist. Math.*, **21**, 243–247.
2) Akaike, H. (1970): "Statistical predictor identification", *Ann. Inst. Statist. Math.*, **22**, 203–217.
3) Akaike, H. (1973): "Information theory and an extension of the maximum likelihood principle", *2nd Inter. Symp. on Information Theory* (Petrov, B.N. and Csaki, F., eds.), Akademiai Kiado, 267–281. (Reproduced in *Breakthroughs in Statistics*, **1** (Kotz, S. and Johnson, N.L. eds.), Springer-Verlag (1992))
4) Akaike, H. (1974): "A new look at the statistical model identification", *IEEE Trans. Autom. Contr.*, **AC–19**, 716–723.
5) Akaike, H. (1977): "On entropy maximization principle", *Applications of Statistics* (Krishnaiah, P.R., ed.), North-Holland, **27**(41).
6) Akaike, H. (1980a): "On the use of predictive likelihood of a Gaussian model", *Ann. Inst. Statist. Math.*, **32**, 311–324.
7) Akaike, H. (1980b): "Likelihood and the Bayes procedure", in *Bayesian Statistics* (Bernardo, N.J., DeGroot, M.H., Lindley D.V., and Smith, A.F.M., eds.), University Press, 141–166.
8) Akaike, H. (1980c): "Seasonal adjustment by a Bayesian modeling", *Journal of Time Analysis*, **1**(1), 1–13.
9) Akaike, H. and Ishiguro, M. (1980): "Trend estimation with missing observation", *Ann. Inst. Statist. Math.*, **32**(B), 481–488.
10) 赤池弘次 (1995): 時系列解析の心構え, 時系列解析の実際 II, 12章, 197–203, (赤池弘次・北川源四郎, 編), 朝倉書店.
11) 赤池弘次・北川源四郎, 編 (1994, 1995): 時系列解析の実際 I, II, 朝倉書店.
12) 安道知寛・井元清哉・小西貞則 (2001): 動径基底関数ネットワークに基づく非線形回帰モデルとその推定, 応用統計学, **3**(1), 19–35.
13) 安道知寛・島内順一郎・小西貞則 (2002): 動径基底関数ネットワークモデルに基づく非線形判別とその応用, 応用統計学, **31**(2), 123–139.
14) Barndorff-Nielsen, O.E. and Cox, D.R. (1989): *Asymptotic Techniques for Use in Statistics*, Chapman & Hall.
15) Bishop, C.M. (1995): *Neural Networks for Pattern Recognition*, Oxford University Press.
16) de Boor, C. (1978): *A Practical Guide to Splines*, Springer-Verlag.

17) Bozdogan, H., ed. (1994): *Proceeding of the First US/Japan Conference on the Frontiers of Statistical Modeling: An Informational Approach*, Kluwer Academic Publishers.
18) Cavanaugh, J.E. and Shumway, R.H. (1997): "A bootstrap variant of AIC for state space model selection", *Statistica Sinica*, **7**, 473–496.
19) Craven, P. and Wahba, G. (1979): "Smoothing noisy data with spline functions: Estimating the correct degree of smoothing by the method of generalized cross-validation", *Numerische Mathematik*, **31**, 377–403.
20) Davison, A.C. (1986): "Approximate predictive likelihood", *Biometrika*, **73**, 323–332.
21) Davison, A.C. and Hinkley, D.V. (1997): *Bootstrap Methods and Their Application*, Cambridge University Press.
22) Diaconis, P. and Efron, B. (1983): "Computer-intensive methods in statistics", *Sci. Amer.* **248**, 116–130 (松原望, 訳 (1983): コンピュータがひらく新しい統計学. 日経サイエンス, **13**, 58–75).
23) Efron, B. (1979): "Bootstrap methods: Another look at the jackknife", *Ann. Statist*, **7**, 1–26.
24) Efron, B. (1982): *The Jackknife, the Bootstrap and Other Resampling Plans*, CBMS-NSF 38 Regional Conference Series in Applied Mathematics, SIAM.
25) Efron, B. (1983): "Estimating the error rate of a prediction rule: Improvements on cross-validation", *J. Amer. Statist. Assoc.*, **78**, 316–331.
26) Efron, B. and Tibshirani, R.J. (1993): *An Introduction to the Bootstrap*, Chapman & Hall.
27) Fujikoshi, Y. and Satoh, K. (1997): "Modified AIC and C_p in multivariate linear regression", *Biometrika*, **84**, 707–716.
28) Good, I.J. and Gaskins, R.A. (1971): "Nonparametric roughness penalties for probability densities", *Biometrika* **58**, 255–277.
29) Green, P.J. and Silverman, B.W. (1994): *Nonparametric Regression and Generalized Linear Models*, Chapman & Hall.
30) Hall, P. (1992): *The Bootstrap and Edgeworth Expansion*, Springer-Verlag.
31) Hampel, F.R., Ronchetti, E.M., Rousseeuw, P.J. and Stahel, W.A. (1986): *Robust Statistics — The approach based on influence functions*, Wiley.
32) Härdle, W. (1990): *Applied Nonparametric Regression*, Cambridge University Press.
33) Hastie, T.J. and Tibshirani, R.J. (1990): *Generalized Additive Models*, Chapman & Hall.
34) Huber, P. J. (1981): *Robust Statistics*, Wiley.
35) Hurvich, C. and Tsai, C.-L. (1989): "Regression and time series model selection in small samples", *Biometrika*, **76**, 297–307.
36) Hurvich, C. and Tsai, C.-L. (1991): "Bias of the corrected AIC criterion for underfitted regression and time series models", *Biometrika*, **78**, 499–509.
37) Imoto, S. (2001): "B-spline nonparametric regression models and information criteria", Ph. D. thesis, Kyushu University.
38) 井元清哉・小西貞則 (1999): 情報量規準に基づく B-スプライン非線形回帰モデルの推定, 応用統計学, **28**(3), 137–150.
39) Imoto, S. and Konishi, S. (2003): "Selection of smoothing parameters in B-spline non-

parametric regression models using information criteria", *Ann. Inst. Statist. Math.*, **55**, 671–687.
40) Ishiguro, M., Sakamoto, Y. and Kitagawa, G. (1997): "Bootstrapping log likelihood and EIC, an extension of AIC", *Ann. Inst. Statist. Math.*, **49**, 411–434.
41) 石黒真木夫・佐藤忠弘・田村良明・大江昌嗣 (1984): 地球潮汐データ解析――プログラム BAYTAP の紹介――, 統計数理研究所彙報, **32** (1), 71–85.
42) 河田敬義 (1987): 情報量と統計, 統計数理, **35**, 1–57.
43) 韓 太舜・小林欣吾 (1999): 情報と符号化の数理, 培風館.
44) Kitagawa, G. (1984): "Bayesian analysis of outliers via Akaike's predictive likelihood of a model", *Communications in Statisitics*, Series B, **13** (1), 107–126.
45) Kitagawa, G. and Gersch W. (1984): "A smoothness priors-state space modeling of time series with trend and seasonality", *J. Amer. Statist. Assoc.*, **79** (386), 378–389.
46) Kitagawa, G. and Gersch, W. (1996): *Smoothness priors analysis of time series*, Lecture Notes in Statistics, **116**, Springer-Verlag.
47) 北川源四郎 (1993): 時系列解析プログラミング, 岩波書店.
48) 北川源四郎・小西貞則 (1999): 一般化情報量規準 GIC とブートストラップ, 統計数理, **47** (2), 375–394.
49) Konishi, S., Ando, T. and Imoto, S. (2004): "Bayesian information criteria and smoothing parameter selection in radial basis function networks", *Biometrika*, **91**(1), 27–43.
50) Konishi, S. and Kitagawa, G. (1996): "Generalized information criteria in model selection", *Biometrika*, **83** (4), 875–890.
51) Konishi, S. and Kitagawa, G. (2003): "Asymptotic theory for information criteria in model selection-functional approach", *Journal of Statistical Planning and Inference*, **114**, 45–61.
52) 小西貞則 (1988): ブートストラップ法による推定量の誤差評価. パソコンによるデータ解析 (赤池弘次, 監修), 朝倉書店, 123–142.
53) Kullback, S. and Leibler, R.A. (1951): "On information and sufficiency", *Ann. Math. Statist.*, **22**, 79–86.
54) McQuarrie, A.D. and Tsai, C.-L. (1998): *Regression and Time Series Model Selection*, World Scientific.
55) Moody, J. and Darken, C. J. (1989): "Fast learning in networks of locally-tuned processing units", *Neural Comp.*, **1**, 281–294.
56) Murata, N., Yoshizawa, S. and Amari, S. (1994): "Network information criterion determining the number of hidden units for an artificial neural network model", *IEEE Trans. on Neural Networks*, **5**, 865–872.
57) 中村 隆 (1982): ベイズ型コウホート・モデル――標準コウホート表への適用――, 統計数理研究所彙報, **29**, 77–97.
58) 中村永友・小西貞則 (1998): 情報量規準に基づく多変量正規混合分布モデルのコンポーネント数の推定, 応用統計学, **27**(3), 165–180.
59) Ripley, R. D. (1996): *Pattern Recognition and Neural Networks*, Cambridge University Press.
60) Rissanen, J. (1989): *Stochastic Complexity in Statistical Inquiry*, World Scientific.

61) Roeder, K. (1990): "Density estimation with confidence sets exemplified by superclusters and voids in the galaxies", *J. Amer. Statist. Assoc.*, **85**, 617–624.
62) Sakamoto, Y. and Ishiguro, M. (1988): "A Bayesian approach to nonparametric test problems", *Ann. Inst. Statist. Math.*, **40**, 587–602.
63) Schwarz, G. (1978): "Estimating the dimension of a model", *Annals of Statistics*, **6**, 461–464.
64) Shao, J. and Tu, D.-S. (1995): *The Jackknife and Bootstrap*, Springer-Verlag.
65) Shibata, R. (1976): "Selection of the order of an autoregressive model by Akaike's information criterion", *Biometrika*, **63**, 117–126.
66) Shibata, R. (1989): "Statistical aspects of model selection", In *From Data to Model* (ed. by Willemsa, J.C.), 215–240, Springer-Verlag.
67) Shibata, R. (1997): "Bootstrap estimate of Kullback-Leibler information for model selection", *Statistica Sinica*, **7**, 375–394.
68) Simonoff, J. S. (1996): *Smoothing methods in statistics*, Springer.
69) Stone, M. (1977): "An asymptotic equivalence of choice of model by cross-validation and Akaike's criterion", *J. Roy. Statist. Soc.*, **B39**, 44–47.
70) Sugiura, N. (1978): "Further analysis of the data by Akaike's information criterion and the finite corrections", *Communications in Statistics*, **A78**, 13–26.
71) 竹内 啓 (1976): 情報統計量の分布とモデルの適切さの規準, 数理科学, **153**, 12–18.
72) 田辺國士 (1989): 平滑化；統計学辞典 (竹内 啓, 編), 375–380, 東洋経済新報社.
73) Tierney, L. and Kadane, J.B. (1986): "Accurate approximations for posterior moments and marginal densities", *J. Amer. Statist. Assoc.*, **81**, 82–86.
74) von Mises, R. (1947): "On the asymptotic distribution of differentiable statistical functions", *Ann. Math. Statist.*, **18**, 309–348.
75) Wand, M.P. and Jones, M.C. (1995): *Kernel Smoothing*, Chapman & Hall.
76) Withers, C.S. (1983): "Expansions for the distribution and quantiles of a regular functional of the empirical distribution with applications to nonparametric confidence intervals", *The Annals of Statistics*, **11**(2), 577–587.
77) Wong, W.-H. (1983): "A note on the modified likelihood for density estimation", *J. Amer. Statist. Assoc.*, **78**, 461–463.

索　引

ψ-関数　86
ABIC　161
AIC　46, 54, 85
　　——, TIC と GIC の関係　83
　　——と FPE の関係　182
ARMA モデル　→自己回帰移動平均モデル
AR モデル　→自己回帰モデル
BIC　151, 156
　　——の拡張　157
　　——の定義　151
　　——の導出　155
B-スプライン　101, 108
FPE　→最終予測誤差 FPE
GIC　68, 81, 82
　　——の導出　114
K-L 情報量　27
　　——の関数形　32
　　——の性質　28
MDL 基準　157
M-推定に基づく統計モデルの情報量規準　87
M-推定量　72, 75, 86, 89
　　——の影響関数　87
NIC　95
RIC　94

ア　行

赤池情報量規準　→ AIC

一般化クロスバリデーション　178
一般化状態空間モデル　25
一般化情報量規準 GIC　68, 81, 82
　　——の導出　114
影響関数　73, 81, 142
影響関数ベクトル　81

カ　行

回帰関数　90
回帰モデル　16, 90
階層ベイズモデリング　6
ガウス型基底関数　105
確率関数　10
確率分布モデル　10
　　コーシー分布モデル　11
　　混合正規分布モデル　11
　　正規分布モデル　11, 167
　　2 項分布モデル　13
　　ピアソン分布族モデル　11
　　ヒストグラムモデル　13
　　ポアソン分布モデル　13
カルバック-ライブラー情報量　27
擬似ニュートン法　39
基底関数　98
　　——ベクトル　98
基底展開　98, 159, 177
　　——に基づく統計モデルの情報量規準　101
行列 $I(\boldsymbol{\theta})$ と $J(\boldsymbol{\theta})$ の関係　45

空間モデル　25
クロスバリデーション　174

経験影響関数　82

経験分布関数　34, 69

交差検証法　→クロスバリデーション
勾配ベクトル　38
効率的リサンプリング法　139
コーシー分布モデル　11
混合正規分布　14, 55, 172
混合正規分布モデル　11

サ 行

最終予測誤差 FPE　180
最大事後確率推定値　164
最大対数尤度　35
最尤推定量　35
　　——の影響関数　84
　　——の漸近的性質　42
　　——の変動　39
最尤法　35
最尤モデル　35
差分行列　92
三角関数モデル　17
残差平方和　175
3次の精度　124

時系列モデル　22
自己回帰移動平均モデル　24
自己回帰モデル　22, 185
事後確率　152
事後分布　161, 162
次数選択　17, 66
　　——の一致性　64
次数の分布　63
周辺分布　151, 160
周辺尤度　151, 160
条件付き分布モデル　15
状態空間モデル　24
情報抽出　3
情報量規準　4, 30
　　——AIC　46, 54, 85
　　——GIC　68, 81, 82
　　——TIC　54, 85
　　——の高次補正　122

　　——の漸近的性質　120
　　ブートストラップ——EIC　137
　　ベイズ型——ABIC　161
真の分布　10, 27
真のモデル　10, 27

推定量の確率展開　78, 116
数値的最適化　38
スプライン　21
　　3次——　21
　　自然3次——　22

正規線形回帰モデルの有限修正　124
正規分布モデル　11, 167
正則化項　91, 92
正則化最小2乗法　109, 177
正則化対数尤度関数　91
正則化パラメータ　91
正則化法　5, 91, 92
　　——に基づく統計モデルの情報量規準　94
　　——に基づく統計モデルの評価基準 GBIC　159
　　——に基づくロジスティックモデルの情報量規準　98
積分のラプラス近似　152, 170
節点　21
線形回帰モデル　16, 37
線形ガウス型ベイズモデル　164

タ 行

退化した p 次元正規分布　158
大数の法則　34
対数尤度　34, 46
　　——のバイアス　81
　　——のバイアス補正　47
対数尤度関数　35
多項式モデル　17, 20, 60
多変量中心極限定理　45

中心極限定理　42, 43
超パラメータ　160

索　引

定義関数　69
データの復元抽出　132

動径基底関数　104
動径基底関数展開　104
統計的汎関数　69
統計的モデル　1, 9, 10
　　——の評価　4

ナ　行

2項分布モデル　13
2次差分　92
2次の精度　122
2次のバイアス補正項　123
2次のバイアス補正を施した一般化情報量規　　準　124
ニュートン-ラフソン法　38

ハ　行

バイアスの導出　50
バイアス補正項　117
バイアス補正の精度　138
ハイパーパラメータ　160
罰則付き最小2乗法　110
罰則付き最尤法　92
罰則付き対数尤度関数　91
ハット行列　112, 178
ハナン-クインの基準　185
汎関数　69
　　——の微分　72
汎関数ベクトル　81

ピアソン分布族モデル　11
ヒストグラムモデル　13
非線形回帰モデル　18
非線形ロジスティックモデル　106
　　——の情報量規準　108

フィッシャー一致性　77, 85
フィッシャー情報行列　43
フィッシャースコア法　96
ブートストラップ　129
　　——シミュレーション　132
　　——情報量規準 EIC　137
　　——推定値　131
　　——バイアス推定　134
　　——標本　130, 132
　　——分布の比較　145
部分回帰モデル　149
分散減少法　139
分散変動モデル　18
分布関数　9
分布間の近さを測る尺度　29

平滑化行列　112, 178
平滑化パラメータ　91
平均構造　90
平均対数尤度　33, 46
ベイズ型情報量規準 ABIC　161
ベイズ型モデル評価基準 BIC　151, 156
ベイズ型予測分布モデル　162, 169
ベイズモデリング　5
ヘッセ行列　38
ペナルティ項　→正則化項
ベルヌーイ分布　36
変化点モデル　146
変数選択　17

ポアソン分布モデル　13
ボルツマンのエントロピー　31

マ　行

マローの C_p 基準　183

密度関数　10

メジアン　88, 144
　　——絶対偏差　88

モデリング　10
モデル　10
　　——の自由度　111
モデル選択　5
モデル族　10

ヤ 行

有限修正　62
有効自由度　112
有効パラメータ数　112
尤度方程式　36

予測誤差分散　23
予測2乗誤差　175
予測情報量規準 PIC　163
予測の視点　2
予測分布　24, 162, 169
予測尤度　162

ラ 行

ラプラス分布　126, 143

離散型　10
離散分布モデル　27
離散モデル　27
リッジ推定量　96

連続型　10
連続分布モデル　27
連続モデル　27

ロジスティックモデル　95

著者略歴

小西 貞則（こにし さだのり）
1948年　岡山県に生まれる
1974年　広島大学大学院理学研究科
　　　　博士課程中退
現　在　九州大学大学院数理学研究院教授
　　　　理学博士
著　書　『パソコンによるデータ解析』
　　　　（共著，朝倉書店，1988）
　　　　『医学統計学ハンドブック』
　　　　（共著，朝倉書店，1995）

北川 源四郎（きたがわ げんしろう）
1948年　福岡県に生まれる
1974年　東京大学大学院理学系研究科
　　　　博士課程中退
現　在　統計数理研究所所長
　　　　理学博士
著　書　『情報量統計学』
　　　　（共著，共立出版，1983）
　　　　『時系列解析プログラミング』
　　　　（岩波書店，1993）
　　　　『時系列解析の実際』I, II
　　　　（共編，朝倉書店，1994-1995）
　　　　"*Smoothness Prior Analysis of Time Series*"（Springer-Verlag，1996）
　　　　『時系列解析の方法』
　　　　（共編，朝倉書店，1998）

シリーズ〈予測と発見の科学〉2
情 報 量 規 準　　　　　　　　　　　　　定価はカバーに表示

2004年9月25日　初版第1刷
2024年5月25日　　　第15刷

著　者　小　西　貞　則
　　　　北　川　源四郎
発行者　朝　倉　誠　造
発行所　株式会社　朝　倉　書　店
　　　　東京都新宿区新小川町 6-29
　　　　郵便番号　162-8707
　　　　電　話　03(3260)0141
　　　　F A X　03(3260)0180
　　　　https://www.asakura.co.jp

〈検印省略〉

©2004〈無断複写・転載を禁ず〉　印刷・製本　デジタルパブリッシングサービス
ISBN 978-4-254-12782-9　C 3341　　　Printed in Japan

JCOPY ＜出版者著作権管理機構 委託出版物＞
本書の無断複写は著作権法上での例外を除き禁じられています．複写される場合は，そのつど事前に，出版者著作権管理機構（電話 03-5244-5088，FAX 03-5244-5089，e-mail: info@jcopy.or.jp）の許諾を得てください．

好評の事典・辞典・ハンドブック

数学オリンピック事典	野口 廣 監修	B5判 864頁
コンピュータ代数ハンドブック	山本 慎ほか 訳	A5判 1040頁
和算の事典	山司勝則ほか 編	A5判 544頁
朝倉 数学ハンドブック［基礎編］	飯高 茂ほか 編	A5判 816頁
数学定数事典	一松 信 監訳	A5判 608頁
素数全書	和田秀男 監訳	A5判 640頁
数論＜未解決問題＞の事典	金光 滋 訳	A5判 448頁
数理統計学ハンドブック	豊田秀樹 監訳	A5判 784頁
統計データ科学事典	杉山高一ほか 編	B5判 788頁
統計分布ハンドブック（増補版）	蓑谷千凰彦 著	A5判 864頁
複雑系の事典	複雑系の事典編集委員会 編	A5判 448頁
医学統計学ハンドブック	宮原英夫ほか 編	A5判 720頁
応用数理計画ハンドブック	久保幹雄ほか 編	A5判 1376頁
医学統計学の事典	丹後俊郎ほか 編	A5判 472頁
現代物理数学ハンドブック	新井朝雄 著	A5判 736頁
図説ウェーブレット変換ハンドブック	新 誠一ほか 監訳	A5判 408頁
生産管理の事典	圓川隆夫ほか 編	B5判 752頁
サプライ・チェイン最適化ハンドブック	久保幹雄 著	B5判 520頁
計量経済学ハンドブック	蓑谷千凰彦ほか 編	A5判 1048頁
金融工学事典	木島正明ほか 編	A5判 1028頁
応用計量経済学ハンドブック	蓑谷千凰彦ほか 編	A5判 672頁

価格・概要等は小社ホームページをご覧ください．